Hüwe/Hüwe

IoT at Home

Peter Hüwe
Stephan Hüwe

IoT at Home

Smart Gadgets mit Arduino, Raspberry Pi, ESP8266 und Calliope entwickeln

HANSER

Die Autoren:
Peter Hüwe, Gersthofen
Stephan Hüwe, Augsburg

MIX
Papier aus verantwortungsvollen Quellen
FSC® C020353
FSC www.fsc.org

Bibliografische Information der Deutschen Nationalbibliothek:
Die Deutsche Nationalbibliothek verzeichnet diese Publikation in der Deutschen Nationalbibliografie; detaillierte bibliografische Daten sind im Internet über http://dnb.d-nb.de abrufbar.

Internet: www.hanser-fachbuch.de
Lektorat: Julia Stepp
Herstellung: Björn Gallinge
Einbandrealisierung: Max Kastopoulos
Satz: Kösel Media GmbH, Krugzell
Druck und Bindung: NEOGRAFIA, a.s., Martin-Priekopa (Slowakei)
Printed in Slovakia

Print-ISBN: 978-3-446-45661-7
E-Book-ISBN: 978-3-446-45980-9
ePub-ISBN: 978-3-446-46160-4

Inhaltsverzeichnis

1 Einführung

Die Cloud und das Internet der Dinge (Internet of Things, IoT) sind seit einigen Jahren die beherrschenden Themen in der IT-Branche und versprechen ein immenses wirtschaftliches Potential. Es handelt sich dabei jedoch um keine neue Erfindung. Bereits vor circa 20 Jahren wurde die Idee geboren, „Dinge“ miteinander zu vernetzen und so den Menschen bei seinen Tätigkeiten zu unterstützen. Diese Dinge können Geräte oder Sensoren sein und Daten untereinander austauschen. Ziel von IoT ist es, die reale und virtuelle Welt zu verbinden. Namen gab und gibt es dafür viele, z. B. Ubiquitous Computing, Ambient Intelligence und Physical Computing, um nur ein paar zu nennen. Auch der aktuelle Trend der Wearables ist nichts wirklich Neues[1].

Durch die Verfügbarkeit von Internet mit entsprechender Bandbreite (via WLAN und LTE) sowie durch deutlich geringere Kosten für passende Hardware können heutzutage zahlreiche Geräte mit Internet aus- bzw. nachgerüstet werden. Somit ist es möglich, eine große Anzahl von „Dingen“ über das Internet in vernetzte Prozesse und Entscheidungen einzubeziehen. In ähnlicher Form wird diese Art der Informationsgewinnung bereits täglich genutzt. Wetterdaten werden ebenfalls durch Sensoren bereitgestellt und stehen für die Weiterverarbeitung zur Verfügung (Unwetterwarnungen, Veranstaltungstipps, gezielte Werbung an heißen Tagen etc.).

Das Internet der Dinge geht jedoch noch einen Schritt weiter und bietet die Möglichkeit, auch Daten enger definierter räumlicher Bereiche zu beziehen. Diese sogenannten Domänen können sich auch auf Personen beziehen. Somit kann die Datengrundlage für Prozesse besser lokal fokussiert und enger gefasst werden. So kann zum Beispiel die gemessene Temperatur an einer Maschine in einer Werkshalle zur gemessenen Außentemperatur am Standort in Relation gesetzt werden. Das Ergebnis liefert deutlich spezifischere Ergebnisse, als wenn z. B. die Temperatur in der nächstgelegenen Stadt als Bezugsgröße verwendet worden wäre. Dasselbe gilt natürlich auch für unser Zuhause. Wurde früher ein zent-

[1] Die Jacke mit integriertem 128 MB-MP3-Player aus dem Jahr 2004: *https://www.infineon.com/cms/de/about-infineon/press/market-news/2004/132017.html*

raler Sensor für die Heizungssteuerung verwendet, besitzt nun jeder Raum seinen eigenen und regelt die Temperatur individuell.

Bei automatisierten Prozessen ist zum Beispiel folgendes Szenario denkbar: Ein Sensor zur Erkennung eines Füllstands registriert, dass ein Mindestwert unterschritten ist. Damit ist klar, dass der Vorrat nicht mehr lange reichen wird. Daraufhin wird automatisch eine Bestellung beim Lieferanten generiert und elektronisch verschickt. Das beliebteste Beispiel ist der intelligente Kühlschrank, der erkennt, dass die Milch zu Neige geht und diese automatisch bestellt oder zumindest als Posten auf dem Einkaufszettel einträgt (siehe Abschnitt 5.8).

Im Bereich Sensoren ist auch denkbar, dass sich diese „absprechen" oder selbst Recherchen einleiten können. Ein mögliches Beispiel: Mehrere Sensoren werden in einem Raum, zum Beispiel einem Rechenzentrum, verteilt. Diese Geräte messen periodisch die Temperatur. Der Sensor auf der Südseite registriert zur Mittagszeit einen deutlichen Temperaturanstieg, der der direkten Sonneneinstrahlung geschuldet ist. Durch gezielte Kommunikation mit den anderen Sensoren wird die Durchschnittstemperatur ermittelt. Des Weiteren werden die aktuelle amtliche Außentemperatur und die Wetterdaten über das Internet bezogen. Mithilfe dieser Werte kann geschlussfolgert werden, dass nur ein Temperatursensor eine Abweichung festgestellt hat, da draußen gerade die Sonne scheint. Dadurch kann ein Fehlalarm verhindert werden.

Anstatt Daten lokal am Sensor auszuwerten, werden die Daten von vielen Sensoren zentral gesammelt, in der Cloud kombiniert und ausgewertet. Sämtliche großen Cloud-Provider wie AWS, Google oder Microsoft Azure haben mindestens ein IoT Board im Programm oder ermöglichen eine Integration von IoT-Lösungen. Für den Privatanwender werden die Daten hingegen oft in einer Smart Home-Plattform gesammelt und ausgewertet, z. B. zur Steuerung der Heizung.

Die Umsetzung dieser Szenarien ist technisch schon länger möglich, jedoch ermöglichen der rapide Preisverfall der Bauteile und der technologische Fortschritt einen kostengünstigen und zuverlässigen Einsatz. Selbst komplexe Bauteile, wie z. B. ein GPS-Modul, können für wenige Euro bezogen und in einem Projekt verbaut werden.

Genau diesen Umstand machen wir uns in diesem Buch zunutze. Wir werden dir zeigen, wie du deine Geräte mit preiswerter Hardware wie Arduino, Raspberry Pi, ESP8266, Calliope & Co. smart machst.

1.1 Worum geht es in diesem Buch?

Wenn man es genau nimmt, könnte man sagen: Man kann gut ohne die in diesem Buch vorgestellten IoT Gadgets leben. Doch von einer Sache sind wir fest überzeugt: Sie bringen jede Menge Spaß – und mit Spaß lernt es sich am besten. Anhand von spannenden Beispielprojekten möchten wir dir fundiertes, aber stets praxisorientiertes Wissen zum Thema Internet der Dinge bzw. Internet of Things (IoT) vermitteln. Natürlich funktioniert das nicht ganz ohne Theorie.

In Kapitel 2 erlernst du deshalb die wichtigsten Grundlagen der Elektrotechnik, der Vernetzung und der Schaltplanerstellung. Außerdem enthält das Kapitel einen Überblick über die zur Verfügung stehenden Netzwerktechnologien.

In Kapitel 3 erfährst du, wie du deine Projekte absicherst, um nicht Opfer eines Angriffs zu werden. Dazu wirst du auch kurz die Brille eines Angreifers aufsetzen.

In Kapitel 4 geben dir einen Überblick, welche Mikrocontroller, Einplatinencomputer, Sensoren und Smart Home-Devices du für deine IoT-Projekte verwenden kannst, wie du die jeweilige Hardware einsetzt und wie du deine Smart Gadgets mit der dazugehörigen Software programmierst.

In Kapitel 5 stellen wir acht smarte Beispielanwendungen vor, die dir Anregungen für eigene Ideen liefern sollen. Diese Projekte haben wir alle schon selbst umgesetzt. Teile davon sind tatsächlich täglich im Einsatz und bringen jede Menge Spaß. Für die Umsetzung der Projekte liefern wir eine Teile- und Einkaufsliste mit. Den Programmcode findest du als kommentiertes Listing im Buch und auch zum Download unter *https://github.com/stephanhuewe/iotgadgets*.

Um unsere Projekte miteinander zu vernetzen zu können, schauen wir uns in Kapitel 6 die vier gängigsten Smart-Home-Plattformen im Detail an und installieren jede davon als mögliche Schaltzentrale für unser „IoT@Home“.

Was die Programmiersprachen angeht, haben wir uns sehr breit aufgestellt. Python, Arduino C, Shell-Skripte und auch eine grafische Programmiersprache kommen zum Einsatz. Wir sind keine Profis in allen Programmiersprachen, sondern haben immer die Sprache gewählt, die uns schnell ans Ziel bringt. Mit einem Grundverständnis in einer Hochsprache ist es aus unserer Sicht möglich, die Programmbeispiele zu verstehen und gegebenenfalls anpassen zu können. Die Listings und die dazugehörigen Erklärungen helfen dabei.

Dieses Buch ist jedoch nicht nur hinsichtlich der Programmiersprachen breit aufgestellt. Auch in anderen Bereichen versuchen wir einen Überblick zu geben, was alles möglich bzw. am Markt vorhanden ist. Wir schauen dabei immer über den Tellerrand hinaus und geben Hinweise auf weitere Ideen, die man noch umsetzen könnte. Dabei gehen wir eher in die Breite anstatt uns in Details zu verstricken, auch wenn wir vermutlich über viele der behandelten Themen ein eigenes Buch hätten schreiben können.

An erster Stelle wollen wir dich inspirieren, eigene Ideen und Lösungen umzusetzen. Den passenden Baukasten hältst du mit diesem Buch in den Händen.

1.2 Material zum Buch

Sämtliche Codebeispiele und Projekte aus diesem Buch sind bei GitHub hinterlegt und können dort kostenlos heruntergeladen werden. Die Projektseite findest du unter *https://github.com/stephanhuewe/iotgadgets*. Sofern notwendig, werden diese Projekte kontinuierlich verbessert und überarbeitet. Auf GitHub findest du auch Erweiterungen, die es nicht mehr ins Buch geschafft haben, sowie Errata, falls sich bei einem Projekt der Fehlerteufel eingeschlichen hat. Wir freuen uns auch über Forks (Abspaltungen) deiner eigenen Projekte.

1.3 Für wen ist dieses Buch geeignet und für wen nicht?

Dieses Buch eignet sich für alle, die sich für das Internet der Dinge interessieren, experimentierfreudig sind und ein wenig Programmiererfahrung mitbringen. Technisches Verständnis und ein wenig Geschick schaden sicher auch nicht. Für alles Weitere vermitteln wir die notwendigen Grundlagen. Uns ist aber auch klar, dass ein Buch niemals alle Themenbereiche vollständig abdecken kann. An Stellen, an denen eine umfassende Erläuterung zu weit führen würde, möchten wir dich trotzdem nicht im Regen stehen lassen. Wir öffnen stets Türen für Lösungsansätze und weiterführende Informationen und Ideen. So findest du hoffentlich immer eine geeignete Lösung für die Realisierung deiner Projekte. Nicht zuletzt entwickelt sich dieses Themenfeld natürlich stetig weiter, weshalb wir keine Zeitlosigkeit der Inhalte gewährleisten können.

Dieses Buch ist ein Rundumschlag zu den Themen IoT, Smart Gadgets und Smart Home. Solltest du also auf der Suche nach einem Buch sein, das in die Arduino-Programmierung einführt oder dir zeigt, wie du das Letzte aus deiner Smart Home-Installation herausholst, raten wir zu spezieller Literatur über das jeweilige Thema. Dieses Buch hingegen soll ein Ratgeber durch den IoT-Dschungel sein, der dir dabei hilft, die für dich passende Lösung für die Realisierung deiner Projekte zu finden.

Dieses Buch ist auch keine Einführung in die Programmierung, obwohl wir natürlich versucht haben, die Einstiegshürden so gering wie möglich zu halten, und jedes Listing genauestens kommentieren.

Da wir sehr viel Spaß bei der Erstellung unserer Projekte hatten und im täglichen Betrieb immer noch haben, gehen wir die Themen sehr locker an. Den ein oder anderen Witz konnten wir uns also nicht verkneifen. Wir haben zumindest versucht, ihn in den Fußnoten zu verstecken. Solltest du also auf der Suche nach trockener und sachlicher Literatur sein, dann ist dieses Buch vermutlich nichts für dich.

1.4 Wichtige Hinweise

Wir gehen davon aus, dass du ein neugieriger Charakter bist, der gerne experimentiert. Neben der Programmierung hat dieses Buch logischerweise auch einen deutlichen Hardwarebezug. Von daher gibt es auch viele Projekte, die mit elektrischen Schaltungen und damit einer Stromquelle zu tun haben. Das könnte vielleicht in ein oder anderer Hinsicht Neuland für Dich sein.

> Deshalb gilt der Grundsatz: Der leichtsinnige Umgang mit Strom ist immer gefährlich. Die Netzspannung mit 220 V ist generell tabu, doch auch niedrigere Spannungen können gefährlich sein. Von daher der dringende Rat: Sollte dir etwas unklar sein, dann mache nicht weiter, sondern suche den Rat eines Fachkundigen. Überprüfe außerdem vor jedem Testlauf gewissenhaft den Aufbau auf mögliche Gefahren.

Wir haben uns bemüht, unsere Vorgehensweisen und Bezugsquellen möglichst genau zu beschreiben. Die Welt da draußen dreht sich allerdings schnell weiter. Von daher kann es gut sein, dass sich einige der hier ausgeführten Sachverhalte in der Zwischenzeit geändert haben. Auch verschwinden Links und Webseiten aus dem Netz. Hersteller kaufen oder werden aufgekauft. Sollte ein Inhalt nicht mehr erreichbar sein, empfehlen wir dir, gezielt nach der URL zu suchen. Darüber hinaus ist *www.archive.org* ein guter Anlaufpunkt, sofern die Website archiviert wurde. Sollte ein Bauteil im Baumarkt deines Vertrauens nicht mehr erhältlich sein, empfehlen wir bei den gängigen Onlinehändlern (Amazon, eBay, Conrad, Voelkner, Watterott) zu suchen oder anzufragen.

Wir haben uns bemüht, alle wichtigen Details sehr genau zu beschreiben. Gleichzeitig möchten wir nicht deine Kreativität beschneiden. Vielmehr möchten dich ermutigen, unsere Projekte nach deinen Wünschen abzuwandeln und zu erweitern. Sollte dir etwas partout nicht gelingen, darfst du uns jederzeit gerne kontaktieren. Wir versuchen dir dann im Rahmen unserer Möglichkeiten weiterzuhelfen.

1.5 Wer sind wir?

Bevor wir uns ins Thema stürzen, möchten wir dir noch ein bisschen etwas über uns erzählen. Die Namensgleichheit lässt es erahnen: Wir sind Brüder. Auch darüber hinaus gleicht sich unser Lebenslauf in einigen Punkten.

Dipl.-Inf. (FH) Stephan Hüwe

Ich bin selbstständiger Softwareentwickler, Coach und Consultant sowie Lehrbeauftragter für Elektrotechnik/Informatik an der Hochschule Augsburg. Ich habe bei Hanser bereits *Raspberry Pi für Windows 10 IoT Core* (ISBN 978-3-446-44719-6) veröffentlicht.

Dipl.-Inf. (FH) Peter Hüwe

Ich bin Senior Staff Engineer bei der Infineon Technologies AG und kümmere mich dort um die Sicherheit von Embedded Systems, elektronischen Reisepässen und Trusted Platform Modules. Außerdem bin ich Lehrbeauftragter für Python, C/C++ und Embedded Linux an der Hochschule Augsburg.

Du kannst dir sicher vorstellen, dass es in einer Techie-Familie computertechnisch hoch her geht. Wir sind ständig am Experimentieren, Bauen und Basteln – manchmal zum Leidwesen des einen oder anderen Familienmitglieds. An dieser Stelle möchten wir uns noch einmal recht herzlich bei unseren Familien bedanken, die uns während der Erstellung dieses Buches unterstützt haben, insbesondere bei Bine, Sonja und natürlich Oma. Sonja Hemmersbach danken wir zudem für die Erstellung einiger Fotografien in diesem Buch.

Abschließend bleibt uns nur noch zu sagen: Zögere nicht, uns zu kontaktieren, wenn du Fragen hast. Idealerweise meldest du dich per Mail unter iotgadgets@huewe.info. Auf diesem Wege antworten wir meist innerhalb kürzester Zeit.

Und nun wünschen wir dir viel Freude bei der Lektüre unseres Buches!

Gersthofen/Augsburg, im Februar 2019

Peter Hüwe

Stephan Hüwe

2 Grundlagen

Was du in diesem Kapitel erfährst:

- Wie lassen sich Schaltungen sauber dokumentieren?
- Grundlagen der Elektrotechnik
- Welche Netzwerkprotokolle stehen zur Verfügung, um Gadgets smart zu machen?
- Einführung in Bluetooth Low Energy (BLE)
- Übersicht über die im Buch eingesetzten Programmiersprachen

Wie die Überschrift bereits verrät, behandelt dieses Kapitel Grundlagenthemen. Solltest du bereits Vorkenntnisse in den genannten Themenbereichen besitzen, kannst du dieses Kapitel überspringen und bei Bedarf hier nachschlagen, falls du bei einem deiner Projekte nicht weiterkommst.

2.1 Prototyping und Testaufbauten

Um intelligente Gegenstände für dein Zuhause entwickeln zu können, benötigst du einiges an Hard- und Software. Dazu zählen z. B. ein Arduino-Board, die dazugehörige Software zur Programmierung und diverse Komponenten, wie Sensoren, Schalter etc. (siehe Kapitel 4). In der Entwicklungsphase eines Projekts solltest du jedoch erst einmal mit Prototypen arbeiten. In diesem Abschnitt erfährst du, welche Hard- und Software du für Testaufbauten verwenden kannst.

2.1.1 Breadboarding

Während der Entwicklung und für den Hardwareaufbau von Prototypen und empfiehlt es sich, Breadboards zu verwenden. Bild 2.1 zeigt den schematischen Aufbau eines solchen Steckbretts. Es handelt es sich hierbei um eine Steckplatine aus Kunststoff mit zahlreichen Kontaktfedern, auf der elektronische Bauteile ohne Löten befestigt werden können. Diese müssen einfach nur eingesteckt werden. Dies hat den Vorteil, dass Fehlerkorrekturen und Umbauten leicht umgesetzt werden können. Wurde die Schaltung ausgiebig getestet und soll so beibehalten werden, spricht nichts dagegen, sie fest zusammenzulöten. Hierfür eignen sich Lochrasterplatinen besser als Breadboards.

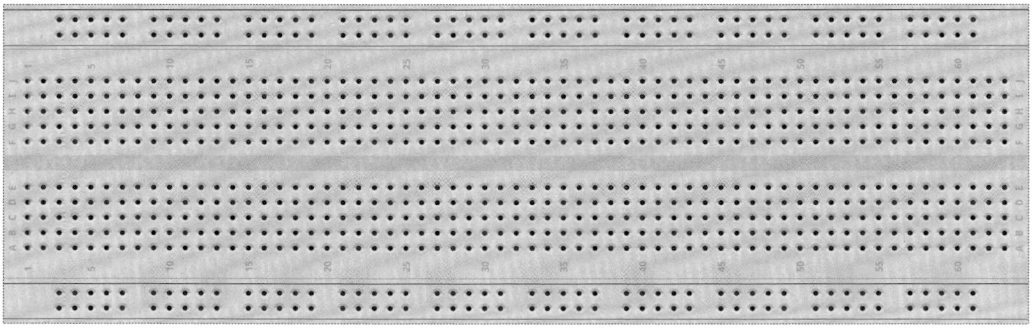

Bild 2.1 Schematischer Aufbau eines Breadboards (hier eine Darstellung der Software Fritzing)

Der Abstand zwischen den Kontaktpunkten beträgt – z.B. analog zu den GPIO-Pins auf einem Raspberry Pi – in der Regel 2,54 mm (0,1 Inch) als Normwert. Fast alle Bauteile folgen diesem Raster und können somit mühelos in die Reihen gesteckt werden. Die Kontaktpunkte sind untereinander über Netze intern verbunden, sodass einzelne Bauteile ohne weitere Drähte vernetzt werden können. Die Aufteilung der Netze kann je nach Breadboard-Typ variieren, lässt sich jedoch optisch leicht erkennen. Die Breadboards sind in unterschiedlichen Größen erhältlich.

Beginne zunächst mit Breadboards mittlerer Größe. Große Platinen lassen sich nämlich nur schwer verbauen. Kleine Boards hingegen bieten oftmals nicht ausreichend Platz, um die Gestaltung eines übersichtlichen Layouts zu ermöglichen. Bist du dir bezüglich der Netzgestaltung nicht sicher, empfiehlt es sich, zur Sicherheit nachzumessen, um Beschädigungen an Bauteilen zu vermeiden. ■

Gibt es keine Verbindung über das interne Netz oder müssen weitere Strecken überbrückt werden, so bietet sich die Verwendung von Drahtbrücken oder Litzen an. Diese sollten idealerweise isoliert sein. Im Handel gibt es hierfür sogenannte Jumper Wires (Bild 2.2).

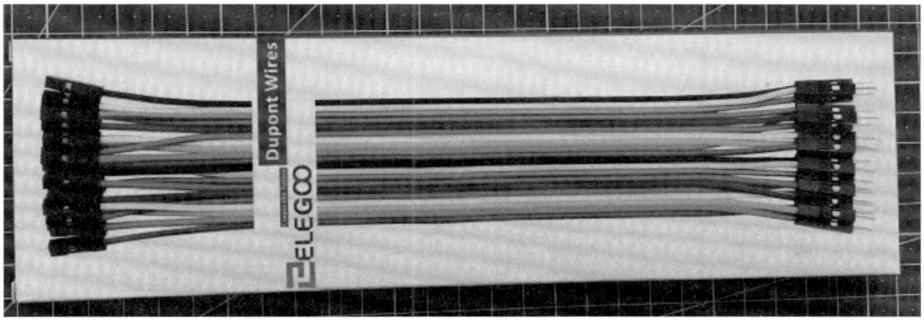

Bild 2.2 Jumper Wires

Die Verwendung von Breadboards hat jedoch auch einige Nachteile. Durch das einfache Stecken von Bauteilen wird keine dauerhafte Verbindung hergestellt. Dies führt dazu, dass es zu Fehlkontakten kommt, die die Fehlersuche erschweren. Darüber hinaus hat das Breadboard eine schlechte Wärmeabfuhr, sodass Bauteile sehr warm werden können. Die Strombelastbarkeit ist ebenfalls eingeschränkt und liegt in der Regel bei ca. 1 A (Ampere).

2.1.2 Software zur Schaltplanerstellung

Es ist sinnvoll, sich vor der Umsetzung Gedanken über die Struktur und den Aufbau eines Projekts zu machen. Schaltungen, die ohne Vorplanung auf Breadboards umgesetzt werden, neigen dazu, schnell unübersichtlich und schlecht wartbar zu werden. Deshalb gibt es Softwaretools, mit denen sich Schaltungen bereits vorab virtuell zusammenstellen lassen. Im professionellen Umfeld gibt es etablierte Lösungen, mit denen sich komplexe Schaltungslayouts erstellen lassen, wie z. B. EAGLE der Firma Autodesk. Diese Werkzeuge sind sehr mächtig, jedoch für Einsteiger und Kleinprojekte meist zu komplex. Dieses Buch beschränkt sich bei der Auswahl der Werkzeuge auf zwei Produkte, die auch für Einsteiger geeignet sind: Fritzing und Virtual Breadboard.

2.1.2.1 Fritzing

Bei Fritzing handelt es sich um eine Open-Source-Initiative, deren Ursprung auf ein Projekt der FH Potsdam zurückgeht. Die Idee ist es, eine freie Software anzubieten, die bei der Entwicklung von elektronischen Projekten unterstützt. Neben der Möglichkeit, Leiterplatten und Schaltpläne zu erstellen, bietet Fritzing eine Breadboard-Ansicht an. In der mitgelieferten Bibliothek findest du zahlreiche Komponenten aus der Welt der Elektronik, von der LED bis hin zum Raspberry Pi. So kannst du deine Schaltung virtuell am PC zusammenstecken, bevor du sie baust.

Ein Großteil der im Buch gezeigten Schaltungen wurde mit Fritzing erstellt oder basiert darauf. Sofern nicht explizit gekennzeichnet, erkennst du Fritzing-Zeichnungen recht einfach am Comicstil. Die Lizenz von Fritzing und der Teile erlaubt ausdrücklich das Erstellen und Veröffentlichen von Schaltungen, sofern du auf Fritzing hinweist und auch unter gleicher Lizenz veröffentlichst. Wir danken an dieser Stelle dem Fritzing-Projekt und allen Mitwirkenden für dieses tolle Tool.

Du kannst Fritzing kostenfrei unter *http://fritzing.org/home* herunterladen. Fritzing liefert bereits im Standard eine große Anzahl von Bauteilen mit. Sollte dir ein Bauteil fehlen, liefern einige Hersteller zu ihren Bauteilen auch passende Fritzing-Elemente, die du in die Software importieren kannst. Auch wenn die letzte Version von Fritzing im Juni 2016 veröffentlicht wurde, wird die Teilebibliothek regelmäßig aktualisiert und neue Bauteile werden hinzugefügt. Fritzing lädt diese Aktualisierung bei jedem Start nach.

Fritzing ist nahezu selbsterklärend. Fritzing liefert auf seiner Website zahlreiche Tutorials für den tieferen Einstieg. An dieser Stelle soll daher nur eine kurze Einführung gegeben werden, damit du direkt beginnen kannst. Die Software ist grob in zwei Bereiche aufgeteilt: in den Arbeitsbereich in der Mitte und in den Bauteilebereich auf der rechten Seite (Bild 2.3). In der Bauteileübersicht kannst du das gewünschte Bauteil suchen und dann mit Drag & Drop auf die Steckplatine ziehen und dort entsprechend verkabeln. Über das Eigenschaftenfenster rechts unten lassen sich die Bauteile noch im Detail weiter konfigurieren.

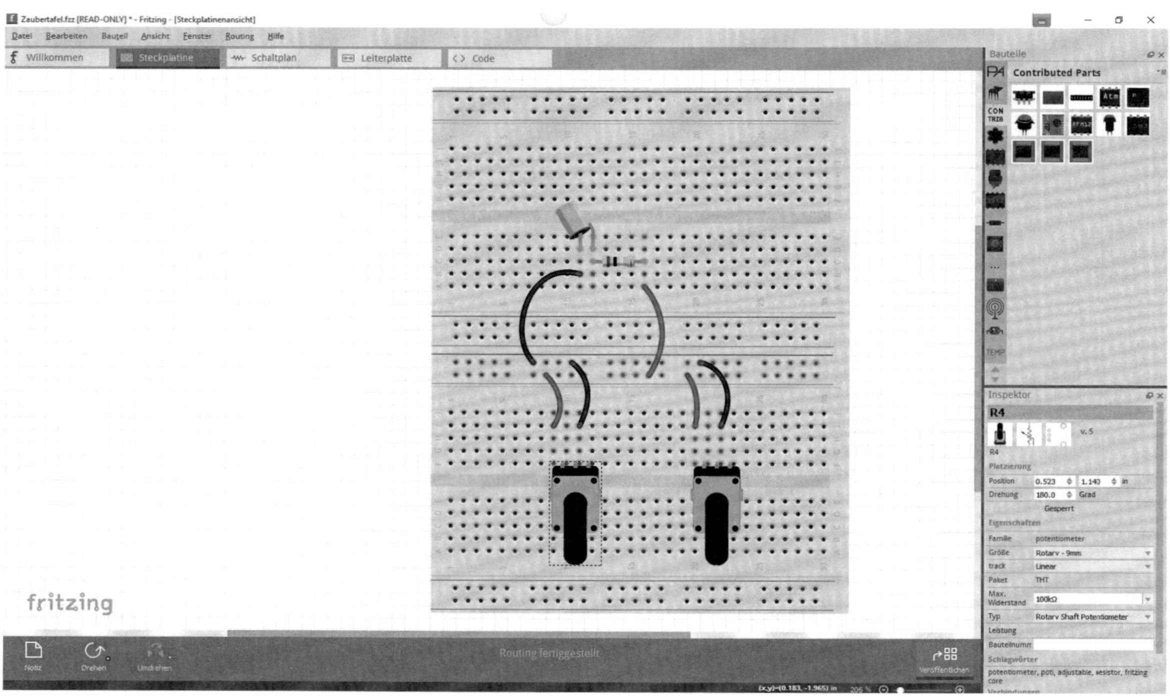

Bild 2.3 Bedienoberfläche von Fritzing

Neben der Steckplatinen-Ansicht kannst du dir die erstellte Schaltung auch als Schaltplan oder Leiterplatte anzeigen lassen (Bild 2.4). Fritzing bietet noch viele weitere nützliche Funktionen, wie z. B. das Veröffentlichen von Schaltungen oder die Direktbestellung von Leiterplatten. Schaltungen lassen sich bequem in gängige Formate wie PDF oder PNG exportieren und somit weitergeben oder wie in diesem Buch zur Illustration abdrucken.

Bild 2.4 Wechsel des Ansichtsmodus in Fritzing

2.1.2.2 Virtual Breadboard

Ein weiteres hilfreiches Tool ist Virtual Breadboard (VBB). Es handelt sich dabei um ein ähnliches Werkzeug wie Fritzing, wie bereits der Aufbau der Software vermuten lässt (Bild 2.5). Im Gegensatz zu Fritzing steht VBB unter keiner freien Lizenz und bietet einen Modus zur Simulation und zum Debugging von Schaltungen. Das Tool kannst du unter *http://www.virtualbreadboard.com* herunterladen.

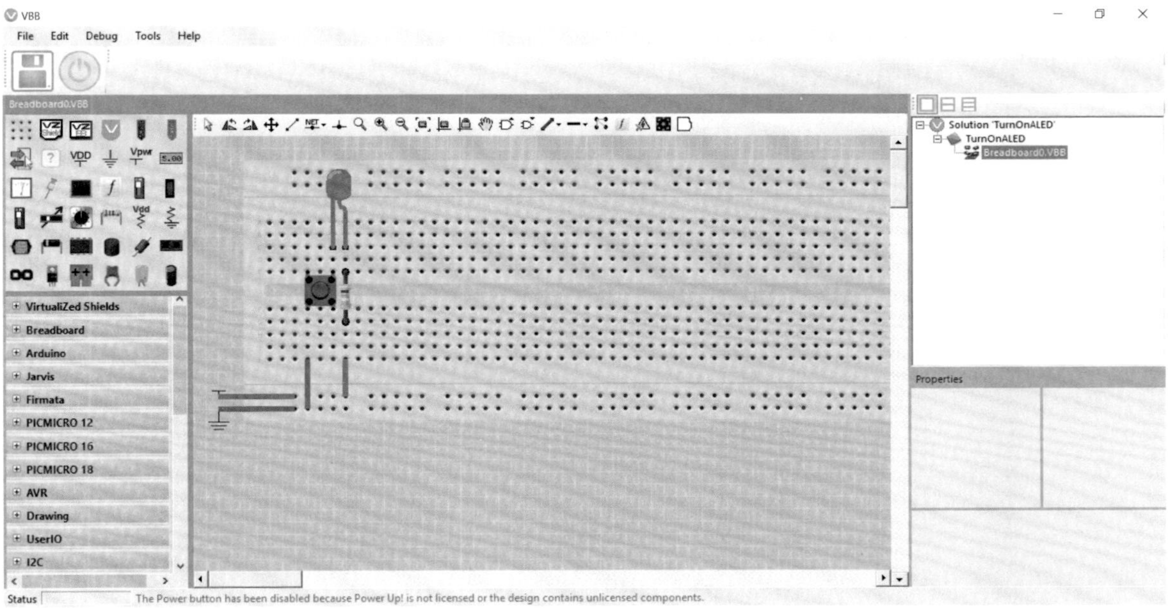

Bild 2.5 Projektansicht bei Virtual Breadboard

2.2 Elektrotechnische Grundlagen

Da wir in den Beispielprojekten dieses Buches auch Hardware ansprechen möchten, benötigst du einige elektrotechnische Grundlagen. Dieser Abschnitt fasst – ohne lange Herleitung oder theoretische Ausführungen – die wichtigsten Informationen und Konzepte für dich zusammen. Dieses Wissen reicht aus, um die Projekte im Buch nachvollziehen zu können.

2.2.1 Begriffserklärungen und Definitionen

Um sich im Kauderwelsch der Produktdatenblätter zurechtzufinden, enthält die folgende Tabelle eine Übersicht der wichtigsten Begriffe, die einem darin begegnen.

Begriff	Erklärung
VCC	Versorgungsspannung (innerhalb von Schaltungen meist 5 V, 3,3 V oder 1,8 V)
GND	Ground/Masse (0 V), das Gegenstück zu VCC
CLK	Clock (Eingangstakt)
NC	Not Connected (nicht angeschlossen): Diese Pins werden einfach ignoriert.
GPIO	General Purpose Input/Output (Ein-/Ausgang)
#RESET	Reset-Leitung, die das System zurücksetzt
High „1“	Ein Signal wird als „High“ bzw. logische 1 erkannt, wenn eine hohe Spannung im Vergleich zu VCC anliegt (z. B. ≥ 60 % von VCC).
Low „0“	Ein Signal wird als „Low“ bzw. logische 0 erkannt, wenn eine geringe Spannung im Vergleich zu VCC anliegt (z. B. ≤ 15 % von VCC).
Floating	Sollte ein Wert zwischen den Grenzen von „High“ und „Low“ anliegen, ist das Verhalten meist undefiniert, d. h., mal liegt „High“, mal „Low“ an. Dies kann z. B. vorkommen, wenn eine Spannung einbricht oder nicht verbunden ist.
Tri-State „Z“	Neben den Zuständen „High“ und „Low“ kann ein Signal auch noch den Tri-State-Zustand „Z“ annehmen (auch oft als „hochohmig“ bezeichnet). Dem Ausgang ist hierbei ein extrem hoher Widerstand vorgeschaltet, sodass er effektiv das Signal nicht mehr beeinflussen kann.
Active Low, #SIGNAL	Manche Signale haben eine invertierte Logik. Das bekannteste Beispiel hierfür ist #RESET: Erkennt ein #RESET-Eingang eine logische 0, wird der Reset ausgelöst. Liegt eine logische 1 an, passiert nichts. Diese umgekehrte Logik erlaubt eine relativ einfache und stromsparende Anbindung mehrerer Teilnehmer an ein Signal. Diese Signale sind entweder mit einer Raute (#) oder mit einem Schrägstrich (/) vor oder über dem Signalnamen gekennzeichnet. Weitere Beispiele: #IRQ (Interrupt), #CS (ChipSelect) #CE (ChipEnable)

Begriff	Erklärung
Pull-up	Hoher Widerstand zwischen einer Signalleitung und VCC, der das Signal auf „High“ zieht. Möchte ein Teilnehmer das Signal auf „Low“ ziehen, braucht er nur kurz seinen Ausgang mit GND zu verbinden. Typische Werte: 10 kΩ, 1 kΩ
Pull-down	Genau wie Pull-up, nur eben umgekehrt
I2C, TWI	Inter-Integrated Circuit, Two Wire Interface: „langsamer“ serieller Datenbus mit den Leitungen SDA und SCL (siehe Abschnitt 4.2.2)
SPI	Serial Peripheral Interface: „schneller“ serieller Datenbus mit den Leitungen MISO, MOSI, SCLK und #CS (siehe Abschnitt 4.2.1)
UART	Auch bekannt als serielle Schnittstelle, nur mit 5 V bzw. 3,3 V (siehe Abschnitt 4.2.3)
OneWire	Sehr langsamer serieller Datenbus, jedoch mit der Besonderheit, dass man neben GND wirklich nur eine Leitung braucht (für Kommunikation und Spannungsversorgung)

2.2.2 Vorsichtsmaßnahmen im Umgang mit Spannungen

Wie die meisten technischen Geräte benötigen deine Gadgets eine Stromversorgung mit passender Spannung (Volt) und einer geeigneten Stromstärke (Ampere). Typischerweise funktionieren die meisten Boards und Schaltungen mit 1,8 V, 3,3 V oder 5 V und benötigen bis zu 1 A (meistens deutlich weniger). Sie sind damit erst einmal relativ ungefährlich.

In der Regel passiert nichts, wenn man die Pins eines Boards mit bloßen Händen anfasst, solange man mit diesen Spannungen und Stromstärken arbeitet. Dennoch sollte man dies im stromführenden Zustand nach Möglichkeit vermeiden, speziell mit feuchten Händen. Hat man mit größeren Stromstärken und höheren Spannung zu tun, z.B. im Umgang mit Relais oder Motortreibern und den dazugehörigen Steckernetzteilen, sollte deutlich mehr Vorsicht an den Tag gelegt werden.

! Grundsätzlich gilt: Der Zugang zum Stromnetz/zur Netzspannung ist nicht notwendig und zudem gefährlich. Ist es unausweichlich, dass z.B. 230-V-Geräte geschaltet werden (wie z.B. Lampen und Geräte), so bietet es sich stattdessen an, Funksteckdosen zu verwenden. Diese können z.B. gefahrlos über einen 433-MHz-Funksender mit dem Raspberry Pi oder per WLAN geschaltet werden. ■

Generell gilt die VDE-Regel: Trennen und auf Spannungsfreiheit prüfen, bevor du Arbeiten durchführst. Speziell größere Kondensatoren können noch einiges an Ladung besitzen, auch wenn du die Stromzufuhr getrennt hast.

Kurzschlüsse und falsche Polungen von Bauteilen sind unbedingt zu vermeiden. Diese können zu Beschädigungen an Bauteilen und auch zu Bränden führen. Um Haustiere und Kinder zu schützen sowie die Schaltungen vor ungewollten Kurzschlüssen zu bewahren, empfiehlt es sich, jede Schaltung in ein Gehäuse zu verpacken. Dies erhöht auch die Wahrscheinlichkeit, dass die Schaltung im Wohnzimmer vom Partner akzeptiert wird.

2.2.3 Statische Aufladung vermeiden

Durch Kunststofffasern in Bodenbelägen und Kleidung kann man sich statisch aufladen. Das hat jeder schon einmal erlebt, wenn er an einen Türgriff fasst und einen kleinen Schlag bekommt. Bei der Berührung elektronischer Bauteile oder des Mikrocontrollers kann es dabei zu irreparablen Beschädigungen kommen, auch wenn man selbst nichts davon merkt. Im professionellen Bedarf gibt es spezielle Hilfsmittel, wie Schuhe, Armbänder und Matten, die die Aufladung verhindern sollen. Für unseren Bereich reicht es, sich kurz zu entladen, bevor du z. B. eine Schaltung zusammensteckst oder den Raspberry berührst. Hierzu genügt es, z. B. das PC-Gehäuse oder einen Heizkörper anzufassen.

2.2.4 Ohmsches Gesetz

Das wohl wichtigste Gesetz der Elektronik ist das ohmsche Gesetz.[1] Es dient als Grundlage zur Erklärung des Zusammenhangs zwischen Stromstärke, Spannung und Widerstand.

Durch eine Schaltung fließt Strom. Die Spannung, die in Volt (V) gemessen wird, regelt dabei, wie schnell dieser fließen kann, und ist die treibende Kraft der Ladungsbewegung. Der Stromfluss, also die Menge an Energie, die durch die Schaltung fließt, wird in Ampere (A) gemessen. Soll der Fluss gebremst werden, braucht es einen Gegenspieler. Beim Strom ist das der Widerstand, gemessen in Ohm (Ω). Mit Widerstand wird in der Regel das Bauteil bezeichnet. Jedoch hat auch jedes Material (z. B. ein Kupferdraht) einen spezifischen Widerstandswert.

Das ohmsche Gesetz ist eine Gleichung, die folgenden Zusammenhang herstellt:

- Der Quotient aus Spannung und Stromstärke definiert den Widerstand.
- Dieser Widerstand ist unabhängig von Spannung und Stromstärke und damit konstant.

$$Widerstand = \frac{Spannung}{Stromstärke} \rightarrow R = \frac{U}{I} \qquad \text{Formel 2.1}$$

[1] Benannt nach dem deutschen Physiker Georg Simon Ohm (1789 – 1854)

Die Abkürzungen für Spannung, Widerstand und Stromstärke lauten:

- U ist die Spannung in Volt.
- R ist der Widerstand in Ohm.
- I ist die Stromstärke in Ampere.

Durch Umformen erhält man folgende Gleichungen:

$$U = R \times I \qquad \text{Formel 2.2}$$

$$I = \frac{U}{R}$$

Diese Gleichung hilft z. B. bei der Berechnung des benötigten Widerstandes zum Betreiben einer LED. Mit zwei bekannten Werten kann der dritte jeweils berechnet werden.

In einer Schaltung fließt 0,5 A, der Widerstand beträgt 10 Ω. Welche Spannung liegt an?
Lösung: U = 10 Ω × 0,5 A = 5 V

2.3 Netzwerktechnik

Während früher noch aufwendig Kabel durch das komplette Haus gelegt werden mussten, um Dinge miteinander zu vernetzen, steht heutzutage eine Vielzahl von Standards und Technologien zur Verfügung, um deine Gadgets drahtlos zu verbinden. Damit steht dem Smart Home selbst in Altbauten nichts mehr im Wege. Obwohl alle der hier vorgestellten Technologien demselben Zweck der Vernetzung dienen, könnten sie teilweise unterschiedlicher nicht sein. Speziell beim Thema Reichweite wird dies sehr deutlich. Von ein paar Metern bis hin zu weltweitem Empfang ist alles möglich. Im Folgenden stellen wir einige wichtige Smart Home-Netzwerktechnologien kurz vor.

2.3.1 WLAN

Über WLAN braucht man heutzutage nicht mehr viele Worte zu verlieren. Fast jeder hat sein eigenes WLAN zu Hause und benutzt es täglich mit Smartphone, Tablet und Computer. Mittels WLAN Repeater ist das Zuhause meist schon perfekt ausgeleuchtet, sodass jeder Winkel im Haus zumindest akzeptablen Empfang hat. Genau dies ist der große Vorteil von WLAN für die Smart Gadgets: WLAN ist verfügbar, hat keine speziellen weiteren Anschaffungskosten und erlaubt dir, deine Smart Gadgets direkt vom Smartphone oder Tablet aus zu steuern oder Nachrichten von ihnen zu erhalten. Vom heimischen WLAN ins

Internet zu gelangen ist dann auch kein Problem mehr. Damit stehen dir alle Möglichkeiten offen.

Auch auf Gadget-Seite ist WLAN mittlerweile kostengünstig und einfach zu benutzen. Entweder rüstest du es per Shield nach oder greifst auf die oft eingebaute WLAN-Lösung (z. B. beim Raspberry Pi Zero W oder ESP8266) zurück – und schon ist dein Gadget ein vollwertiges Mitglied deines Netzwerkes mit voller Bandbreite und Übertragungsgeschwindigkeit.

Warum dann überhaupt noch auf andere Lösungen ausweichen, wenn WLAN so ideal ist? WLAN hat den entscheidenden Nachteil, dass es relativ stromhungrig ist, sowohl aufseiten der Hardware beim Senden und Empfangen als auch beim Verarbeiten der Daten im Protokoll. Somit kann es einen Akku relativ schnell leer saugen. Damit ist es für Gadgets, die nicht direkt am Stromnetz hängen, eher ungeeignet, und selbst für Geräte am Stromnetz kann sich dieser Verbrauch je nach Anzahl auf der Stromrechnung bemerkbar machen.[2]

Dass man dennoch stromsparende Gadgets mit WLAN aufbauen kann, zeigen wir in Abschnitt 5.8.4.3.

Auf einen Blick

Pro und contra:

(+) Standardtechnologie

(+) nah an Computer, Tablet und Smartphone

(+) überall vorhanden, einfach in bestehende Infrastruktur integrierbar

(+) Apps/Tools/Webserver lassen sich einfach betreiben.

(+) hohe Geschwindigkeiten/hohe Bandbreite

(–) hoher Stromverbrauch

(–) Overhead bei der Verarbeitung

(–) WLAN-Netzwerke in städtischen Gebieten sind relativ überlastet.

Datenrate:

Theoretisch bis zu mehreren Gigabit pro Sekunde (Gbit/s)

Reichweite:

Bis zu 100 m, in Gebäuden teilweise deutlich weniger

Anwendungsgebiete:

Universell einsetzbar im Heimbereich

Sonstiges:

Mit dem ESP8266 bzw. ESP32 und dem Raspberry Pi Zero W lässt sich jedes Gadget kostengünstig mit WLAN ausstatten.

[2] Ein ESP8266 verbraucht im Dauerbetrieb mit WLAN ca. 75 mA mit gelegentlichen Spitzen von 300 mA. Gehen wir von 200 mA im Durchschnitt aus, ergibt sich über das Jahr ein Verbrauch von 8 – 10 kWh, damit ca. 2 € Stromkosten (ohne Berücksichtigung des Steckernetzteils).

2.3.2 GSM/3G/LTE

In einer ähnlichen Kategorie wie WLAN spielt das mobile Internet: GSM, EDGE, UMTS, LTE und ihre Verwandten. Mobiles Internet ist fast weltweit verfügbar. Die Preise für die Datenübertragung sowie die „Modems" werden immer preisgünstiger. Der große Vorteil ist, dass sich das Gadget nicht in einem festen Gebiet aufhalten muss, sondern, wie der Name sagt, mobil und dennoch vollwertiges Mitglied des Internets ist, mit allen Vor- und Nachteilen (Sicherheit).

Auf einen Blick

Pro und contra:

(+) weltweit verfügbar und einsetzbar

(+) Standardtechnologie

(–) Kosten für Sim-Karte bzw. Daten

(–) hohe Roaming-Gebühren im Ausland möglich

(–) spezielles Modem/Stick notwendig

(–) Missbrauch bei Verlust

(–) Geräte hängen mit öffentlicher IP direkt am Internet (Sicherheit).

Datenrate:

56 kbit/s bis 300 Mbit/s bei diversen Anbietern, je nach Netzausbau und Technologie

Reichweite:

Quasi „weltweit"

Anwendungsgebiete:

- mobile Sensoren/Gadgets
- Location Tracker/Diebstahlschutz

Sonstiges:

Viele Prepaid-Anbieter (z. B. Blau) bieten 1–10 MB kostenlos an, zumindest im Inland und bei regelmäßiger Nutzung und Aufladung. Als weltweite Alternative bietet sich Hologram.io an (siehe Abschnitt 5.2.2).

2.3.3 ZigBee

Das ZigBee-Protokoll eignet sich speziell für stromsparende Sensornetzwerke. Dabei verbinden sich die einzelnen Netzwerkteilnehmer zu einem Mesh-Netzwerk, in dem Nachrichten von einem Gerät zum nächsten weitergeleitet werden. Dadurch kann man weite Strecken mit geringer Sendeleistung überbrücken. Die Datenrate ist jedoch mit 250 kbit/s sehr gering.

Auf einen Blick

Pro und contra:

(+) sehr stromsparend

(+) Mesh-Netzwerk

(–) eigene Router/Gateways notwendig, parallele Infrastruktur

Datenrate:

250 kbit/s

Reichweite:

10 – 100 m, verlängert durch Mesh-Netzwerk

Anwendungsgebiete:

Kommerzielle Produkte im Smart Home

Sonstiges:

Philips-Hue-Produkte bzw. Osram Smart Plug verwenden ZigBee als Standard.

2.3.4 Z-Wave

Z-Wave könnte man als direkten Konkurrenten zu ZigBee sehen. Es verfolgt ähnliche Designziele wie ZigBee und wird ebenfalls als Mesh-Netzwerk aufgebaut. Das Z-Wave-Ökosystem ist sehr stark reguliert und spezifiziert. So beschreibt die Spezifikation feste Geräteklassen, die die Anforderungen z. B. an Lichtschalter festlegen. Die Datenrate ist mit 100 kbit/s und 40 kbit/s Nutzdaten sehr gering.

Auf einen Blick

Pro und contra:

(+) sehr stromsparend

(+) Mesh-Netzwerk

(–) eigene Router/Gateways notwendig, parallele Infrastruktur

Datenrate:

100 kBit/s, davon 40 Nutzdaten

Reichweite:

200 m außen, 30 – 40 m innerhalb von Gebäuden, verlängert durch Mesh-Netzwerk

Anwendungsgebiete:

Kommerzielle Produkte im Smart Home

Sonstiges:

Z-Wave verwendet nicht das überladene 2,4-GHz-Band, sondern je nach Land bzw. Region eine andere Frequenz, z. B. 869 MHz in Europa.

2.3.5 Bluetooth Low Energy

Mit Bluetooth Smart bzw. Bluetooth Low Energy (BLE) wurde ein komplett neuer Bluetooth-Standard entwickelt, der neben reduziertem Energieverbrauch auch eine deutlich einfachere Anwendung verspricht. Dabei ist zu bemerken, dass BLE nicht kompatibel zum klassischen Bluetooth (Bluetooth Classic) ist, die meisten größeren Geräte (Smartphones, Laptops) jedoch beide Standards unterstützen (Bluetooth 4.2 oder höher). Kleinere Embedded-Geräte implementieren hingegen nur BLE.

Die Reichweite von BLE beträgt wenige Meter, meist um die 10 m. Das zugrunde liegende Protokoll verwendet relativ viel Bandbreite für Fehlerkorrektur und Verbindungsaufbau, sodass die Nettodatenrate auf ca. 250 kbit/s sinkt. Dabei wurde der Verbindungsaufbau zwischen zwei BLE-Geräten deutlich vereinfacht und kann in wenigen Millisekunden abgewickelt werden. Danach kann sich das Embedded-BLE-Gerät wieder schlafen legen.

Bevor eine Verbindung zustande kommt, schickt ein BLE-Gerät in regelmäßigen Abständen sogenannte Advertising-Pakete. Diese können bis zu 31 Bit an Daten enthalten, somit kann man auch ohne Verbindungsaufbau eine Einwegkommunikation ermöglichen.[3] Die Advertising-Pakete werden an alle Geräte in der Nähe gesendet.

Sobald eine Verbindung zustande kommt, findet der Rest der Kommunikation über das Generic Attribute Protocol (GATT) statt: Das Gerät, das die Advertising-Pakete geschickt hat, wird zum GATT Server,[4] das andere zum GATT Client.[5] Der GATT Server bietet dem Client gewisse Dienste *(Services)* an, der Client ruft diese ab. Sämtliche Kommunikation wird dabei vom Client initiiert.

Jeder Service hat eine eindeutige UUID,[6] die entweder 16 Bit lang ist, wenn es ein standardisierter Service ist (ein Herzfrequenzsensor hat z. B. die UUID 0x180D)[7], oder eine 128 Bit lange Custom UUID, wenn es sich um einen selbst definierten Service handelt.[8] Jeder Server kann mehrere Services anbieten. Eine spezielle Kombination aus mehreren Services nennt man *Profile*. Erfüllt der Server die Anforderungen an das Heart Rate Profile, implementiert er neben Heart Rate auch den *Device Information Service*.

Jeder Service stellt seine Daten mittels sogenannter *Characteristics* zur Verfügung, auf die lesend oder schreibend zugegriffen werden kann. Dabei entspricht jede Charakteristik einem Datensatz.[9] Ein Service kann mehrere Characteristics besitzen. Der bereits erwähnte

[3] Dieses Feature wird z. B. in Apple iBeacon bzw. Google EddyStone verwendet.
[4] z. B. ein Gadget
[5] z. B. ein Smartphone
[6] Universally Unique Identifier, eine 128 Bit lange Kennung
[7] *https://www.bluetooth.com/specifications/gatt/viewer?attributeXmlFile=org.bluetooth.service.heart_rate.xml*
[8] *https://www.uuidgenerator.net* eignet sich zum Erstellen eigener UUIDs.
[9] Dieser kann jedoch auch aus mehreren Daten bestehen.

Herzfrequenzsensor besitzt die Characteristics *Heart Rate Measurement*[10] und *Client Characteristic Configuration* sowie optional *Body Sensor Location*.

Auch jede Characteristic hat eine UUID, wiederum als 16-Bit-Standardwert, z. B. 0x2A37 für Heart Rate Measurement oder 128 Bit UUID für Eigenimplementierungen.

Nordic UART Service UUID

Einer der bekanntesten Custom Services ist der Nordic UART Service mit der UUID `6E400001-B5A3-F393-E0A9-E50E24DCCA9E`. Dieser ermöglicht eine einfache, UART-artige Übertragung von Daten.

Dieser Service bietet zwei Characteristics:

- **RX Characteristic** (UUID: `6E400002-B5A3-F393-E0A9-E50E24DCCA9E`) zum Empfangen von Daten vom Server
- **TX Characteristic** (UUID: `6E400003-B5A3-F393-E0A9-E50E24DCCA9E`) zum Senden von Daten an den Server

Der Nordic UART Service kann auch vom Calliope mini aus verwendet werden.

Auf einen Blick

Pro und contra:

(+) Standardtechnologie

(+) bestehende Infrastruktur

(+) geringer Stromverbrauch (10–15 mA)

(–) geringe Reichweite

Datenrate:

1–2 Mbit/s, deutlich weniger Nutzdaten

Reichweite:

10 m

Anwendungsgebiete:

Smartwatches, Fitness Tracker, Verbindung zwischen Mikrocontrollern

Sonstiges:

Calliope mini, ESP32 und Raspberry Pi Zero W bzw. 3B bieten alle Unterstützung für Bluetooth Low Energy (BLE).

[10] *https://www.bluetooth.com/specifications/gatt/viewer?attributeXmlFile=org.bluetooth.characteristic.heart_rate_measurement.xml*

2.4 Programmiersprachen

Um deinen Gadgets Leben einzuhauchen, musst du die entsprechende Software oftmals erst noch schreiben. Dazu benötigst du eine passende Programmiersprache. Doch welche solltest du nehmen? Es gibt so viele verschiedene Programmiersprachen am Markt, dass wir nicht auf jede im Detail eingehen können. Jede Programmiersprache hat je nach Einsatzzweck und persönlicher Vorliebe ihre Vor- und Nachteile. In diesem Abschnitt wollen wir auf möglichst neutrale Weise auf die im Buch verwendeten Sprachen eingehen.

2.4.1 C/C++/Arduino C

Die Sprache C hat in Programmiererkreisen einen berühmt-berüchtigten Status. Die einen lieben sie, die anderen hassen sie, und wieder andere finden sie zu unsicher oder zu unkomfortabel. Fakt ist jedoch, dass sehr viele Programme in C geschrieben wurden und immer noch werden. Speziell wenn es darum geht, Programme für kleine Mikrocontroller zu schreiben, steht C nach wie vor unbestritten auf Platz 1, da es mit C möglich ist, sehr effizienten Code zu schreiben, wenn man weiß, was man tut. Und dies ist genau das „Problem“ an C: Die Lernkurve ist vor allem am Anfang relativ steil. Um ein einfaches „Hello World“ auf dem Bildschirm auszugeben, muss man das Konzept von Header Files, Präprozessor, Funktionen, Arrays und gegebenenfalls Zeigern verstanden haben.

```
#include <stdio.h>
int main(int argc, char ** argv) {
  const char name[] = "iot@home"; // Auf Texteingabe wurde verzichtet.
  printf("Hallo %s !\n", name);
}
```

Sofern einem die Entwicklungsumgebung nicht unter die Arme greift, muss man anschließend noch den Compiler mit den richtigen Parametern aufrufen und hoffen, dass man nirgendwo den Strichpunkt vergessen hat.

Dies klingt alles sehr kompliziert, und das ist es auch, aber hast du C einmal komplett verstanden, ist der Umstieg auf andere Programmiersprachen sehr einfach. Sehr viele Programmiersprachen wurden direkt oder indirekt durch C beeinflusst. Um die Lernkurve etwas abzumildern, gibt es heutzutage gute Entwicklungsumgebungen, die dir bei der Programmentwicklung helfen und dir ein paar Details abnehmen. Hier können wir Visual Studio Code (*https://code.visualstudio.com*) wärmstens empfehlen.[11]

Zur Programmierung von Mikrocontrollern musst du jedoch nicht zwingend klassisches C/C++ verwenden, sondern kannst auf die Arduino IDE zurückgreifen, eine stark verein-

[11] Funktioniert mit PlatformIO auch für Arduino, ESP & Co.

fachte Entwicklungsumgebung, die dem Programmierer zwei Funktionen namens `setup` und `loop` anbietet. Zusammen mit der Arduino-Bibliothek reichen auch elementare Programmierkenntnisse für erste Ergebnisse, und ratzfatz ist das Projekt umgesetzt. Dabei entspricht die Arduino-Sprache der Syntax von C bzw. C++, der objektorientierten Variante von C, denn genau darin ist Arduino und sind viele der Bibliotheken geschrieben. Die meisten, die schon einmal mit Arduino programmiert haben, haben somit C-Code geschrieben, ohne es zu merken.

Auf einen Blick

Pro und contra:

(+) schnell

(+) universell

(+) sehr viele Bibliotheken verfügbar

(–) keine echten Strings

(–) Sicherheitslücken sind einfach zu programmieren.

(–) steile Lernkurve

(–) gegebenenfalls höhere Entwicklungszeit

Anwendungsgebiete:

Programmierung von Mikrocontrollern

Sonstiges:

Arduino vereinfacht die Programmierung von Mikrokontrollern deutlich bei geringer Lernkurve.

2.4.2 Python 3

Die zweite Sprache, die in den Beispielprojekten dieses Buches eingesetzt wird, ist Python, genauer gesagt Python 3. Diese Skriptsprache wurde mit dem Ziel entwickelt, dass sie leicht zu lernen und einfach anzuwenden ist, damit auch Anfänger damit einfach programmieren können, ohne ständig über Ausnahmen und Spezialfälle zu purzeln.[12]

Dies soll jedoch nicht bedeuten, dass Python eine Anfängersprache ist, ganz im Gegenteil. Python ist eine äußerst mächtige Programmiersprache mit einer sehr großen Bibliothek im Rücken. Egal, was du suchst, meist reicht ein `import FeatureName`, und du hast eine passende Bibliothek gefunden. Python verwendet im Hintergrund oft auch in C/C++

[12] Man kann jedoch Python-Code auch so schreiben, dass nur noch wahrhaftige Königs-Pythonista ihn verstehen oder bearbeiten können. Dies entspricht jedoch nicht dem Zen of Python: *https://legacy.python.org/dev/peps/pep-0020*

geschriebene Bibliotheken, um eine gute Performance zu erhalten. Die Sprache ist sehr gut dokumentiert, und es gibt eine Vielzahl an Büchern darüber.

Das „Hello World“-Programm sieht in Python wie folgt aus:

```
name = input("Wie ist dein Name?:")
print ("Hallo " + name)
```

Eine Besonderheit an Python ist auch, dass es keine geschweiften Klammern zur Markierung von Blöcken (z.B. Funktionen) verwendet, sondern eine bestimmte Einrückung erzwingt. Außerdem verwendet es keine Strichpunkte, um das Ende eines Befehls zu markieren.

```
def abs(a):
    if (a < 0):
        return a * -1
    else:
        return a
```

Wie oben erwähnt, ist Python eine Skriptsprache. Dies bedeutet, dass der Source Code zur Laufzeit interpretiert wird. Der Code muss nicht vorher mit einem Compiler in Maschinensprache „übersetzt“ werden, dies passiert on-the-fly.

Python 3 statt Python 2

Wenn du bisher noch nicht mit Python gearbeitet hast, solltest du dich unbedingt für Python 3 entscheiden. Mit der Umstellung von Python 2 auf Python 3 wurden einige Designfehler in der Sprache zurechtgezogen. Durch diese Umstellung sind auch manche Dinge gerade für Programmierneulinge einfacher geworden. Als Beispiel dient hier der beliebteste Fehler der Informatik: Was ist das Ergebnis von 1/2? In Python 3 lautet das Ergebnis 0,5, also so, wie du es gelernt hast. In Python 2 lautet das Ergebnis dagegen 0 (so wie in den meisten anderen Programmiersprachen auch). Diese und ähnliche Fehlerklassen wurden mit Python 3 behoben. ■

Auf einen Blick

Pro und contra:

(+) schnell gelernt

(+) schnelle Entwicklung

(+) viel Dokumentation

(+) mächtige Standardbibliothek

(+) Paketverwaltung (pip)

(–) Einrückung mit Tabs vs. Leerzeichen verursacht oft Probleme.

Anwendungsgebiete:

Textverarbeitung, Automatisierung, generelle Softwareentwicklung, Prototyping

Sonstiges:

Obwohl Python eine Schlange als Symbol trägt, leitet sich der Name von Monty Python ab. Python lässt sich auch zum Programmieren von Mikrocontrollern verwenden, zumindest mit reduziertem Sprachumfang. Das MicroPython-Projekt *(https://micropython.org)* macht es möglich. ■

2.4.3 JavaScript/Node.js

Eine weitere Skriptsprache, die in den Beispielprojekten zum Einsatz kommt, ist JavaScript. JavaScript wurde ursprünglich nur als Hilfssprache benutzt, um Webseiten interaktiver zu gestalten. Spätestens mit Web 2.0 hat JavaScript jedoch den Sprung auf die große Bühne der Programmiersprachen geschafft. JavaScript ist eine relativ einfach zu erlernende Sprache, speziell wenn man bereits vorher etwas programmiert hat. Den Interpreter hat man fast immer dabei: den Browser. Beim Surfen mit dem Browser laufen Tausende in JavaScript geschriebene Funktionen ab, ohne dass wir dies merken.

Mit der Entwicklung von Node.js schaffte JavaScript dann den Sprung aus dem Browser. Auf Basis der Node.js-Plattform und der JavaScript-Engine V8 lassen sich komplett eigenständige Programme entwickeln. Mit dem Node Package Manager (NPM) bietet sich eine breite Palette an Softwarebibliotheken, die man quasi per Knopfdruck nachinstallieren kann. Durch die Wurzeln von JavaScript im Web ist die Interaktion zwischen Web und Node.js sehr einfach.

So sieht das „Hello World" in JavaScript aus (dieses Mal direkt aus der Dokumentation von Node.js)[13]:

[13] *https://nodejs.org/en/docs/guides/getting-started-guide*

```
const http = require('http');

const hostname = '127.0.0.1';
const port = 3000;

const server = http.createServer((req, res) => {
  res.statusCode = 200;
  res.setHeader('Content-Type', 'text/plain');
  res.end('Hello World\n');
});

server.listen(port, hostname, () => {
  console.log('Server running at http://${hostname}:${port}/');
});
```

Dabei lauscht ein Webserver auf Port 3000, der uns mit „Hallo Welt" begrüßt. Wem das zu kompliziert ist, der verwendet ein einfaches `console.log('Hello World\n');`.

Auf einen Blick

Pro und contra:

(+) Sprache für alle Webentwickler

(+) große Standardbibliothek

(–) Laufzeitumgebung zur Ausführung benötigt (Browser oder Node.js)

Anwendungsgebiete:

Node.js ist die Verbindung zwischen klassischen Programmen und dem Web. JavaScript ist die Sprache, die hinter MakeCode steckt (siehe Abschnitt 2.4.4).

Sonstiges:

Mit http://johnny-five.io und Firmata lassen sich auch viele Boards mit Node.js steuern.

2.4.4 Grafische Programmiersprachen

Etwas aus der Reihe der klassischen Programmiersprachen fallen die sogenannten grafischen Programmiersprachen, oft auch Blocksprachen genannt. Die bekanntesten Vertreter sind Scratch (*https://scratch.mit.edu*), Microsoft MakeCode (*https://www.makecode.com*) und OpenRoberta Lab (*https://lab.open-roberta.org*). Hierbei muss man nicht die Syntax einer gewissen Programmiersprache lernen, sondern klickt die Bestandteile seines Programms einfach zusammen. Die einzelnen Bausteine, wie z. B. Schleifen, If-Abfragen oder Variablen, sind so gestaltet, dass sie nur in einer syntaktisch korrekten Reihenfolge miteinander verknüpft werden können, ähnlich einem Puzzle. Der Sprachumfang steht normalen Programmiersprachen in der Regel in nichts nach, auch wenn manche Dinge textuell einfacher bzw. kürzer zu realisieren sind. Somit lassen sich prinzipiell auch komplexere Programme grafisch programmieren, jedoch werden diese schnell unübersichtlich.

Anwendung finden die grafischen Programmiersprachen vor allem im Lernbereich, speziell wenn es darum geht, Kinder an das Programmieren heranzuführen. Das Konzept von Variablen, Abfragen und Schleifen lässt sich auf diese Weise einfacher lernen als in einem einfachen Texteditor. Dass diese grafischen Sprachen aber nicht nur für Kinder geeignet sind, merkt man recht schnell, wenn man sie ein wenig ausprobiert. Innerhalb von wenigen Minuten hat man seine Lösung mit den entsprechenden Blöcken einfach, schnell und komfortabel zusammengepuzzelt.

Wichtig ist jedoch, dass die entsprechende Entwicklungsumgebung viele Bibliotheken als Bausteine zur Verfügung stellt. Beim Calliope mini ist dies mit MakeCode sehr gut gelöst, in dieser Umgebung werden sehr viele Features des Calliope-mini-Boards als Bausteine zur Verfügung gestellt.

Bild 2.6 zeigt das obligatorische „Hello World" in Scratch.

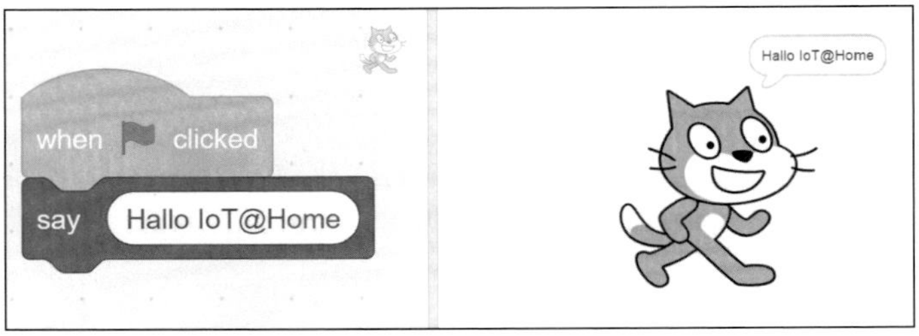

Bild 2.6 „Hello World" in Scratch

Auf einen Blick

Pro und contra:

(+) kein Vorwissen notwendig

(+) einfach, schnell und angenehm

(+) für Kinder und Jugendliche geeignet

(–) Die Möglichkeiten sind teilweise eingeschränkt.

(–) Programme werden schnell unübersichtlich.

Anwendungsgebiete:

Grafische Programmiersprachen eignen sich für Einsteiger, die Programmiergrundlagen erlernen und direkt praktisch anwenden möchten (z. B. Ansteuerung eines Servomotors).

Sonstiges:

https://code.org bietet verschiedene Kurse mithilfe von grafischer Programmierung an. Wer lieber seine eigene Android-App schreiben möchte, sollte mal bei *http://appinventor.mit.edu/explore* vorbeischauen.

3 Sicherheitsaspekte

Was du in diesem Kapitel erfährst:

- Grundlegendes über Security und Safety eines Systems
- Security Best Practices aus Sicht eines Angreifers
- Sicherer Zugriff auf deine Gadgets von unterwegs

Natürlich darf in einem Buch über IoT Gadgets der Aspekt Sicherheit nicht fehlen. Wenn man die Nachrichten verfolgt, jagt eine Schlagzeile über IoT-Sicherheitslücken die nächste. Täglich gibt es neue Angriffe auf IoT-Geräte. Der Grund hierfür ist relativ einfach. Die große Zahl und einfache Verfügbarkeit von IoT-Geräten machen diese zu einem sehr lukrativen Angriffsziel für Hacker.

Aufgrund des IoT-Hypes der letzten Jahre wurde der Markt mit Geräten geflutet, für die Sicherheit eher eine untergeordnete Rolle spielt. Für den Hersteller ist es wichtig, seine Time-to-Market (Produkteinführungszeit) so kurz wie möglich zu halten, um nicht den Anschluss an den Wettbewerb zu verlieren und auf der IoT-Welle mitzureiten. Auch der Preis soll möglichst niedrig sein. Der Kunde wünscht sich zudem ein Produkt, das „einfach funktioniert“. Es soll kein kompliziertes Setup geben, sondern er will das Produkt einfach einstecken, vielleicht noch das WLAN-Passwort in eine App eintragen und dann direkt loslegen.

Ob das Produkt sicher ist, interessiert erst einmal nicht. Hauptsache, es funktioniert. Man verfährt nach der Devise: „Solange ich per App meine LED-Wohnzimmerbeleuchtung an meine Stimmung anpassen kann, ist doch alles super.“ Doch leider gilt das nur so lange, bis der Nachbar plötzlich ungebetener Gast im heimischen WLAN ist und jeden Abend, kurz bevor du auf der Couch einschläfst, dein Wohnzimmer per App zur Disko macht. Das ist das Tückische an der Sicherheit. Du merkst erst, dass sie fehlt, wenn es bereits zu spät ist.

3.1 Sicherheit: Security vs. Safety

Wenn man in den Medien von Sicherheitsproblemen im IoT-Umfeld hört, ist damit meistens der Schutz (von Daten) vor unbefugtem Zugriff von Angreifern gemeint. Das Englische bietet hier den Begriff *Security* an, im Deutschen wird er manchmal auch als Angriffssicherheit umschrieben.

Daneben gibt es noch einen weiteren Aspekt der Sicherheit: die Betriebssicherheit (im Englischen *Safety* genannt). Hierbei geht es darum, dass vom Betrieb eines Geräts keine Gefahr ausgeht, d. h., der Benutzer sollte bei ordnungsgemäßem Gebrauch nicht verletzt werden. Als einfaches Beispiel dient hier eine Akku-Stichsäge: Das versehentliche Einschalten beim Transport könnte ernsthafte Verletzungen verursachen und ist damit ein hohes Safety-Risiko. Um dies zu verhindern, muss man erst einen zweiten Sicherheitsschalter zur Seite drücken, bevor man den „Abzug" betätigen kann.

Neben den normalen Betriebsrisiken wie der 220-V-Netzspannung ist Safety für deine IoT Gadgets insofern relevant, als du dir immer überlegen musst: Was könnte passieren, wenn sich das Gadget nicht so verhält, wie es soll, oder eine Aktion versehentlich oder willentlich durch einen Angreifer ausgelöst wird? Brennt die Küche ab, wenn die Kaffeemaschine unbeabsichtigt eingeschaltet wird? Steht die Haustür plötzlich offen, wenn der Strom ausfällt? Kann ich die Türe überhaupt noch öffnen, wenn der Strom ausfällt? Diese Fragen solltest du dir bei jedem Gerät stellen, dass du in Betrieb nimmst - und als Maker gleich zweimal.

3.2 Security-Analyse am Beispiel des Raspberry Pi

Mit mehr als 23 Millionen verkauften Stück ist der Raspberry Pi das perfekte Beispiel, um dir die Security eines Systems im Detail anzusehen. Dazu setzt du einfach mal die Brille eines Angreifers auf und suchst nach verwundbaren Systemen. Es ist davon auszugehen, dass die meisten Anwender die Standarddistribution Raspbian verwenden.

> **!** Um nicht in rechtliche Schwierigkeiten zu kommen, bitten wir dich, folgende Schritte nur theoretisch zu betrachten und sämtliche Versuche nur mit deinen eigenen Systemen durchzuführen! Ohne Erlaubnis des jeweiligen Eigentümers erfüllt man sehr schnell verschiedenste Tatbestände der Computerkriminalität.

Sucht man mit der „Hacker-Suchmaschine“ Shodan.io nach „Raspbian“, findet man aktuell ca. 159 000 öffentlich erreichbare Raspberry-Pi-Systeme[1] (Bild 3.1). Dies sagt zwar noch nichts über die Sicherheit der Systeme aus, aber zumindest entkräftet dies den Mythos „die IP meines Raspberry Pi errät doch sowieso keiner“.

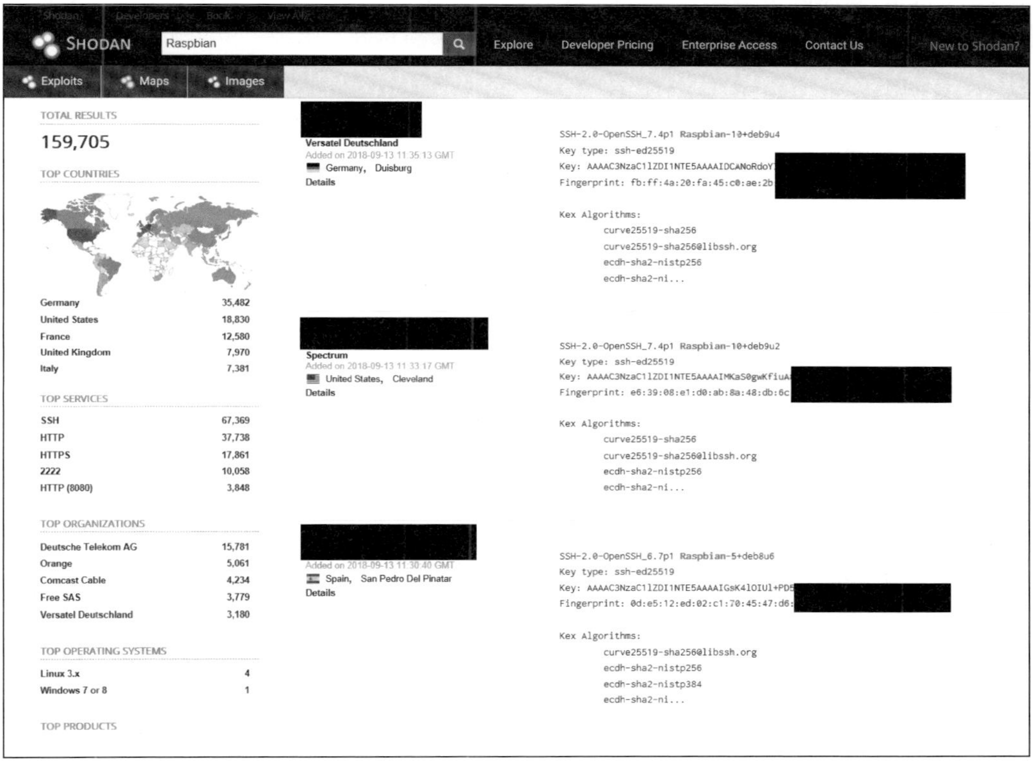

Bild 3.1 Screenshot der „Hacker-Suchmaschine“ Shodan.io

Security-Tipp: Kein direkter Zugriff über das Internet

Jedes System, das im Internet direkt erreichbar ist, wird über entsprechende Suchmaschinen auch gefunden. Es ist in der Regel deutlich sicherer, das System hinter einem Router zu betreiben. Die Kommunikation des Systems mit dem Internet wird dadurch nicht beeinträchtigt. Sollte dennoch ein Zugriff von außen notwendig sein, sollte man entweder nur die Dienste, die wirklich benötigt werden, per Port Forwarding freischalten oder besser gleich ein VPN benutzen, wie in Abschnitt 3.4.2 beschrieben.

[1] Es ist davon auszugehen, dass ein Teil dieser Systeme bewusst offen und anfällig ist (sogenannte Honey Pots). Diese Honey Pots werden aufgestellt, um mehr über aktuelle Angriffe und Methoden zu erfahren und auch um Hacker zu überführen. Das ist ein weiterer Grund, warum man nicht an beliebigen Systemen herumprobieren sollte.

Schränkt man die Suche etwas weiter auf „Raspbian SSH" ein, finden sich nur noch ca. 91 000 Systeme. Damit fallen ca. 40 % der Systeme aus dem Angriffsszenario heraus, weil der SSH-Dienst gar nicht erst aktiviert oder nicht von außen zugänglich ist.[2]

Security-Tipp: Unnötige Dienste ausschalten

Was nicht läuft und was nicht installiert ist, kann auch nicht angegriffen werden. Solltest du einen öffentlichen Dienst auf deinem Raspberry Pi bereitstellen wollen, solltest du wirklich nur diesen per *Port Forwarding* freischalten. ■

Der SSH Dienst kann generell als sehr sicher angesehen werden, sofern er aktuell ist, richtig konfiguriert wurde und die User Accounts über sichere Passwörter verfügen.

Für jeden der Einträge könnte man nun in einer CVE-Datenbank (Common Vulnerabilities and Exposures)[3] nachschauen, ob es passende Sicherheitslücken und Exploits[4] gibt. Hierfür gibt es mit Nessus und Metasploit zwei populäre Tools, die einem die Arbeit erleichtern. Mit ein bisschen Glück hat man den passenden Exploit angewendet, und schon hat man ein System erfolgreich übernommen. Da dies jedoch nicht unsere Systeme sind und wir nicht in rechtliche Schwierigkeiten kommen wollen, lassen wir diesen Schritt hier aus. Bitte probiere das – wenn überhaupt – ausschließlich an eigenen Systemen aus!

Security-Tipp: Systeme aktuell halten

In jeder Software finden sich früher oder später Bugs und Fehler. Diese werden in neueren Versionen behoben. Deshalb solltest du immer schauen, ob das System auf dem neuesten Stand ist, und Updates installieren. Auf einem Raspbian-System ist dies einfach: `sudo apt update && sudo apt upgrade`. Auf den sonstigen Embedded-Systemen ist dies leider etwas schwieriger. ■

Doch bevor ein Angreifer zu den schweren Geschützen der Exploits greift, wird er erst einmal einen deutlich leichteren Weg versuchen: Standard-Logins und -passwörter sowie Brute-Force-Angriffe auf das Passwort. Für unsere Raspberry-Pi-Systeme ist dies relativ einfach, denn Raspbian besitzt einen Standard-User namens `pi` mit dem Passwort `raspberry`. In fast jeder Raspberry-Pi-Anleitung wird das Ändern des Passwortes als einer der ersten Schritte beschrieben. Dennoch sieht man das Standardpasswort in der Praxis immer und immer wieder. Aus diesem Grund zeigen neuere Versionen von Raspbian auch eine Warnmeldung an, wenn man noch immer das Standardpasswort verwendet und SSH aktiv ist. Diese Standardkombination bei jedem der Systeme einmal auszuprobieren, ist

---

[2] Oder auf einem anderen Port lauscht, der nicht gescannt wurde. Das Ändern des Standard-Ports eines Dienstes hilft zwar gegen diverse Skript-Kiddie-Attacken, aber auch nur bedingt, denn Shodan.io listet für Raspbian ssh port:„2222" immer noch ca. 10 000 Ergebnisse!

[3] Zum Beispiel: *http://cve.mitre.org*

[4] Tools und Software, um Sicherheitslücken auszunutzen

äußerst trivial und innerhalb kürzester Zeit erledigt[5]. Sollte sich hier kein Erfolg einstellen, wird ein Angreifer eventuell noch ein paar weitere Standardpasswörter versuchen oder eben mittels Brute-Force-Attacke alle Kombinationen durchprobieren. Um so wichtiger ist ein gutes Passwort. Für einen öffentlich zugänglichen SSH bietet sich auch das deutlich sicherere passwordless SSH an. Hierbei benutzt man statt eines Passwortes eine Schlüsseldatei. Mehr Details hierzu findest du unter *https://www.raspberrypi.org/documentation/remote-access/ssh/passwordless.md*.

Security-Tipp: Keine Standardpasswörter und -Logins

Der erste Schritt nach der Installation eines Systems sollte immer das Ändern des Standardpasswortes sein. Von fast allen Geräten sind die Standard-Login-Daten öffentlich verfügbar und mittels einer einfachen Suche zu finden. Auch für unsere Software aus Kapitel 5 solltest du immer sichere Passwörter verwenden. Für den Raspberry Pi führst du einfach `passwd` von einer Kommandozeile aus oder änderst es mithilfe der Raspberry Pi-Konfiguration: `sudo raspi-config`.

3.3 Security Best Practices

3.3.1 Zugriffsbeschränkungen

Um Informationen zu schützen und die Auswirkungen von Angriffen einzudämmen, ist es wichtig, sich zu überlegen, welche Zugriffsbeschränkungen man anwenden kann. Was ist notwendig, um Daten anzuschauen, was ist notwendig, um Daten zu verändern? Wer darf die Daten sehen? Wer nicht? Wer darf die Daten ändern? Als Grundprinzip solltest du den Zugriff immer auf ein Mindestmaß beschränken, d. h., zunächst darf niemand etwas, und anschließend definierst du Ausnahmen (sogenanntes *White Listing*).

Am Beispiel der in Kapitel 6 vorgestellten Smart Home-Gateways lässt sich dies gut erklären. Ist das System auf Sicherheit ausgelegt, erscheint beim ersten Zugriff eine Login-Maske. Als „anonymer Benutzer“ ist die einzige Option, die du hast, der Login. Ein Zugriff auf weitere Daten bleibt dir verwehrt. Nach dem Login bist du ein „bekannter Nutzer“ und hast eine zugewiesene Rolle.

Der Nutzer „Informations-Display“ bekommt z. B. die Rolle „Daten-Lesen“ und kann damit alle Daten anzeigen, aber nichts verändern. Bekommt ein Angreifer nun Zugriff auf den

[5] Auch hier gibt es genügend fertige Lösungen (z. B. *https://github.com/btx3/Shodan-RPi*), jedoch nur zum Anschauen, nicht zum Ausprobieren!

Nutzer „Informations-Display" kann er zwar Daten anzeigen und abgreifen, aber er kann nicht deine Küche mit der Kaffeemaschine fluten.

Als „Hausbewohner" bekommst du eine Rolle, die dich berechtigt, auch Steckdosen, Thermostate oder Schlösser zu schalten. Damit lässt sich schon deutlich mehr anstellen. Die Konfiguration des Systems lässt sich jedoch als dieser Nutzer nicht ändern und ist erst einmal sicher.

Erst als „Master of Disaster" in der „Administrator"-Rolle kann die Konfiguration des Systems geändert und damit das System gegebenenfalls komplett lahmlegt werden. Diesen Account solltest du natürlich nur verwenden, wenn du ihn brauchst und dich auskennst.

Dieses feingranulare Rollenkonzept klingt in der Theorie sehr gut, wird jedoch in der Praxis meist aus Bequemlichkeit deutlich aufgeweicht. Die Datenanzeige erfolgt erst einmal ohne Login, und auch das Schalten von Steckdosen & Co. ist per 1-Klick-Lösung bequemer, als vorher umständlich einen Login auszuführen. Lediglich für die Administratorrolle wird oft ein Login benötigt.

Ähnlich verhält es sich beim Raspberry Pi: Grundlegend gibt es den normalen, unprivilegierten Nutzer *pi* und den Administrator *root*. Diese haben getrennte Rechte und getrennte Rollen. Um Befehle mit Administrationsrechten auszuführen, reicht jedoch ein einfaches Voranstellen von `sudo`. Hierbei muss man je nach Konfiguration nicht mal mehr das User-Passwort eingeben, erhält damit aber den *pi*- und den *root*-Zugang gleich gratis dazu. Das Rechte-/Rollenkonzept ist damit effektiv ausgehebelt. Lediglich gegen die versehentliche Ausführung von Befehlen mit Administrationsrechten hilft es vielleicht. Natürlich kannst du dein Raspbian so konfigurieren, dass `sudo` nicht mehr möglich ist und du den Benutzer mit Passworteingabe wechseln muss, bequem ist dies jedoch nicht mehr. Die Entscheidung darüber, ob du diese Extra-Sicherheit im heimischen WLAN benötigst, bleibt dir überlassen.

3.3.2 Verschlüsselung

Ein weiterer sehr wichtiger Baustein für die Sicherheit deines Systems ist die Verschlüsselung von Daten. In diesem Fall benötigt der Angreifer neben den Daten zusätzlich noch das Verschlüsselungsgeheimnis, den Schlüssel. Das Thema Verschlüsselung lässt sich in unserem Fall in zwei Teilbereiche aufteilen, die man getrennt voneinander betrachten muss: *Data at Rest* und *Data in Transit*.

Verschlüsselung von Data at Rest

Der erste Teilbereich umfasst Daten *at Rest*, also bei Nichtbenutzung. Das klassische Beispiel hierfür ist die Festplattenverschlüsselung von Notebooks oder PCs. Ist der PC ausgeschaltet, liegen die Daten in verschlüsselter Form auf der Festplatte, wird das Notebook in diesem Zustand geklaut, sind die Daten sicher. Wird der PC gestartet, muss zur Entschlüsselung eine „Passphrase“ eingegeben werden, anschließend stehen die Daten unverschlüsselt zur Verfügung.

Für den Raspberry Pi und andere Linux-Systeme lässt sich diese Art von Full Disk Encryption mittels `cryptsetup/LUKS` (Linux Unified Key Setup) realisieren[6]. Damit lässt sich der Raspberry Pi z. B. auch im Gartenhaus oder an weniger geschützten Orten betreiben, ohne dass man Angst vor Datenklau haben muss.[7] Für Mikrocontroller ist diese Betriebsart leider weniger bzw. nicht verbreitet. Es ist zwar in der Regel etwas schwieriger, die Daten eines Mikrocontrollers auszulesen, als die SD-Karte des Raspberry Pi in einen Rechner zu stecken, aber es ist dennoch nicht unmöglich. Du solltest in diesem Fall versuchen, sensible Daten verschlüsselt auf dem Mikrocontroller abzuspeichern oder, falls auch dies nicht möglich ist, sie zumindest verschleiert abzulegen.[8]

Verschlüsselung von Data in Transit

Der zweite Teilbereich umfasst Daten *in Transit*, also während der Übertragung. Hierbei werden die Daten vor der Übertragung vom Sender verschlüsselt und vom Empfänger entschlüsselt. Dies ist – speziell, wenn Daten über das Internet oder in nicht vertrauenswürdigen WLANs übertragen werden – besonders wichtig, da alle Daten, die nicht verschlüsselt sind, im Klartext mitgelesen werden können.

Wie einfach dies möglich ist, zeigt Bild 3.2. Hierbei wurde die Kommunikation zwischen einem unserer Rechner und der Home-Assistant-Installation mittels Wireshark belauscht. Die Zugangsdaten sind offensichtlich, da sie noch passenderweise mit `username` bzw. `password` im JSON-Datenformat benannt sind.[9]

> **!** Ruft man die gleiche Installation mit HTTPS auf, ist die Verbindung geschützt, und der Angreifer kann nicht so einfach mitlesen (Bild 3.2 unten). Er müsste nun die Verbindung aktiv per Man-in-the-Middle-Angriff angehen, was jedoch dazu führen könnte, dass sein Versuch bemerkt wird. Deshalb surfe bitte immer mit HTTPS.

Die ganze Arbeit hinter HTTPS wird durch das TLS-Protokoll verrichtet: TLS kümmert sich um den Austausch von Zertifikaten und Session-Schlüsseln und um die eigentliche Verschlüsselung. Das TLS-Protokoll lässt sich über die meisten anderen Protokolle einfach überstülpen, ohne dass große Änderungen an der Software unternommen werden müssen, z. B. lässt sich das in Abschnitt 6.1.1 beschriebene MQTT-Protokoll auch einfach per

---

[6] Eine Anleitung hierzu findet sich z. B. unter *https://carlo-hamalainen.net/2017/03/12/raspbian-with-full-disk-encryption*.

[7] Wobei es auch genügend Leute gibt, die eher am Raspberry Pi als an den darauf enthaltenen Daten interessiert sind.

[8] In der Praxis macht dies jedoch leider fast niemand, zumindest nicht im Hobbybereich, und falls doch, könnte ein gewillter Angreifer versuchen, über Seitenkanalangriffe die Verschlüsselung anzugehen. Wie einfach dies heutzutage gegen normale Mikrocontroller mit nicht gehärteten Algorithmen funktioniert, zeigt das ChipWhisperer-Projekt von NewAE (*https://newae.com/tools/chipwhisperer*). Dennoch ist es wieder eine weitere Hürde, die ein Angreifer erst einmal knacken müsste.

[9] Das Passwort haben wir anschließend geändert, natürlich in „SUPERSECRET2!“.

TLS absichern. TLS ist wieder ein sehr gutes Beispiel, dass sich Sicherheit und Usability nicht gegenseitig ausschließen müssen. Ist TLS entsprechend eingerichtet, merkt der Anwender wenig bis nichts davon.

> Wie du deine Smart Home-Gateways mittels TLS absicherst und ein passendes Zertifikat mit letsencrypt generierst, zeigen wir dir in Abschnitt 6.1.1.

3.3.3 Sichere Programmierung

Der letzte Baustein, auf den wir eingehen möchten, ist die sichere Programmierung deiner Software. Die beste Verschlüsselung und das beste Rechtemanagement helfen nicht, wenn sich beides über einen Programmierfehler aushebeln lässt. Leider ist das Gebiet der sicheren Programmierung sehr weitläufig und hängt auch von der verwendeten Sprache/Technologie und Plattform ab. Die Klassiker Buffer-Overflow, (SQL) Injection, Missing Input Validation und Cross-Site Scripting sind die ersten Baustellen, die du dir genauer anschauen solltest. OWASP (Open Web Application Security Project) gibt jedes Jahr eine Top 10 der Security-Risiken für Applikationen heraus. Auch hier findest du genügend Anhaltspunkte für weitere Informationen.[10]

Spätestens dann, wenn man sich vor Seitenkanalangriffen schützen möchte, hat man als Hobbyentwickler relativ wenige Chancen. Wen das Thema interessiert, der sei hier auf ChipWhisperer verwiesen.[11] Eine einfache Lösung für dieses Problem gibt es leider nicht, dennoch folgen hier ein paar Praxistipps:

1. Erfinde das Rad nicht neu. Eine gut getestete Bibliothek oder Funktion hat in der Regel die meisten Fehler schon behoben, die du selbst erst noch einbauen müsstest.
2. Gute Dokumentation und gutes Softwaredesign zahlen sich immer aus. Das gilt auch für die Sicherheit.
3. Manchmal muss man bewusst die Angreiferrolle übernehmen, einfach um einmal zu schauen, ob man selbst irgendetwas aufhebeln kann mit verfügbaren Tools (z. B. Wireshark, Nessus, Metasploit), und um diese Lücken dann abzusichern. Dies gilt auch für gekaufte Geräte: Welche Daten schickt die smarte Steckdose übers Netzwerk?
4. Statische Code Analyzer finden den einen oder anderen Bug. Für Open-Source-Projekte auf Github gibt es Coverity Scan gratis.
5. Compiler-Warnungen solltest du nicht ignorieren. Oftmals weisen diese auf versteckte Bugs hin.

---

[10] Siehe auch: *https://www.owasp.org/index.php/Top_10-2017_Top_10*

[11] Oder kann sich direkt an Peter wenden – daran arbeitet er hauptberuflich.

6. Und zu guter Letzt: Keine Panik! Man muss immer das Angriffspotenzial im Hinterkopf behalten. Ein kleines Gadget, das im heimischen WLAN kommuniziert und per Firewall-Regeln nur von bestimmten Geräten aus erreichbar ist, benötigt deutlich weniger Schutz als ein Gerät, das komplett über das Internet zugänglich ist.

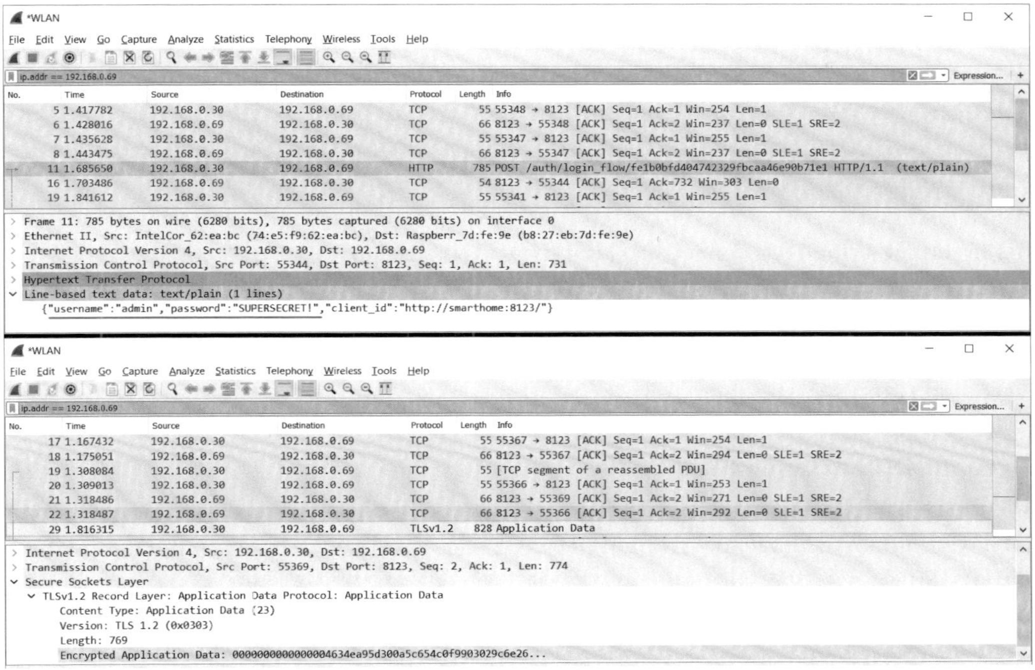

Bild 3.2 Oben: Username/Passwort im Klartext, unten: verschlüsselt mit HTTPS/TLS

3.4 Sicherer Zugriff über das Internet

Oft wünscht man sich, auch von unterwegs auf IoT Gadgets zugreifen zu können. Man möchte per Smartphone überprüfen können, wie viel Milch noch im Kühlschrank ist, ob der Trockner noch läuft oder ob man die Kaffeemaschine ausgeschaltet hat (und falls diese noch an ist, möchte man sie am besten auch ausschalten können[12]). Was im heimischen WLAN noch sehr einfach ist, wird ungleich schwieriger, wenn man unterwegs ist und keinen direkten Zugriff auf die Geräte im Heimnetz mehr hat. Jedes Gerät direkt ins Internet zu hängen, ist allein aus Sicherheitsgründen keine Lösung. In diesem Abschnitt stellen wir dir ein paar Ansätze vor, wie du deine Gadgets von überall aus steuern kannst.

[12] … und so tun, als hätte man eben nicht mal wieder vergessen, sie auszuschalten.

3.4.1 Dynamic DNS statt statischer IP

Um von außen auf dein Heimnetz zugreifen zu können, musst du wissen, wo es ist, du brauchst also die IP-Adresse deines Internetanschlusses. Jedoch verfügen die meisten privaten Internetanschlüsse in Deutschland über keine feste (statische) IP-Adresse, sondern erhalten bei jeder Verbindung eine neue dynamische IP-Adresse, typischerweise einmal am Tag.

Um nicht jeden Morgen nachschauen zu müssen, wie die aktuelle IP-Adresse lautet, gibt es sogenannte Dynamic-DNS-Dienste (DDNS). Das Prinzip ist relativ einfach: Bei der Registrierung erhält man eine URL vom Dynamic-DNS-Betreiber. Erhält der Betreiber eine Anfrage auf diese URL, leitet er die Anfrage an die gespeicherte IP-Adresse weiter. Damit die IP immer aktuell ist, meldet sich ein kleines Tool, das auf dem Router oder einem Rechner (z. B. einem Raspberry Pi) im Heimnetz läuft, in regelmäßigen Abständen beim Dynamic-DNS-Server. Dieser speichert dann die öffentliche IP-Adresse des Anschlusses in seiner Datenbank ab. Somit steht unter der DDNS-URL immer die aktuelle IP-Adresse zur Verfügung.

Dynamic DNS mit FRITZ!Box 7390

Die meisten FRITZ!Box-Router unterstützen Dynamic DNS von Haus aus und bieten damit eine sehr einfache Möglichkeit, einen DDNS-Service zu nutzen. Hierzu musst du lediglich auf der FRITZ!Box-Oberfläche unter INTERNET > FREIGABEN > DYNAMIC DNS das Häkchen bei DYNAMIC DNS BENUTZEN setzen und die passenden Zugangsdaten des Dynamic-DNS-Dienstes eintragen.

Alternativ bietet AVM, der Hersteller der FRITZ!Box, mit seinem Dienst MyFRITZ! eine komplett integrierte Lösung an. Die Einrichtung geht ähnlich schnell unter INTERNET > MYFRITZ! KONTO bzw. unter *https://myfritz.net.*

3.4.2 Port Forwarding

Obwohl du nun die öffentliche IP-Adresse deines Internetanschlusses kennst, kannst du noch nicht auf einen Dienst in deinem Heimnetz zugreifen. Dazu musst du ihn noch nach außen freischalten – und zwar mithilfe einer Port-Weiterleitung, auch Port Forwarding oder Port-Freigabe genannt. Dabei öffnet der Router einen Port seiner öffentlichen IP-Adresse und leitet alle Anfragen an einen Port eines Geräts in seinem privaten Netz weiter. Somit wird dein Dienst von außen erreichbar.

> **!** Du solltest nur Dienste und deren Ports freigeben, die als sicher anzusehen sind (z. B. SSH mit ausschließlichem Login per Passwort-File). Ein freigegebener Dienst ist für jedermann im Internet zugreifbar und damit ein perfektes Ziel. ■

Port Forwarding mit FRITZ!Box 7390

Auch beim Port Forwarding leistet die FRITZ!Box gute Dienste. Das Port Forwarding ist schnell eingerichtet: Unter INTERNET > FREIGABEN > PORT FREIGABEN klickst du rechts auf NEUE PORTFREIGABE. Nun erscheint eine Eingabemaske, wie sie in Bild 3.3 dargestellt ist. Dort wählst du *Andere Anwendungen* aus der Dropdown-Liste aus und gibst einen passenden Namen ein. Das Protokoll ist in der Regel *TCP* (manchmal *UDP*), das Feld *von Port* beschreibt den öffentlichen Port. Anschließend wählst du noch im Feld *an Computer* das passende Gadget in deinem Heimnetz aus, legst den Ziel-Port (im Feld *an Port*) fest und bestätigst das Ganze mit OK. Danach ist deine Port-Weiterleitung eingerichtet.

Unter der Einstellung exposed host ist es theoretisch möglich, ein Gerät deines Heimnetzes direkt und komplett im Internet verfügbar zu machen. Dies solltest du aus Sicherheitsgründen aber unbedingt unterlassen. ■

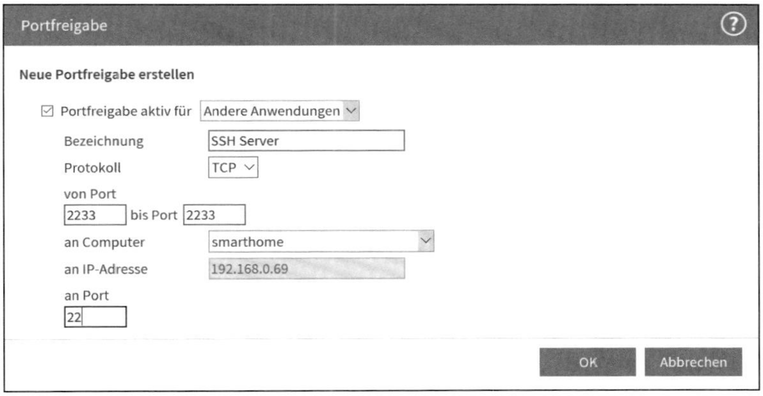

Bild 3.3 Freigabe eines SSH-Servers (Port 22 an *smarthome*) unter dem öffentlichen Port 2233

3.4.3 VPN

Eine deutlich bessere und sicherere Alternative zur Port-Freigabe ist die Verwendung eines Virtual Private Networks (VPN). Hierzu verbindest du dich mit dem Router über eines der VPN-Protokolle und wirst so wieder Teil des Heimnetzes. Dadurch werden kein Gerät und kein Dienst öffentlich[13], und alles funktioniert genau so, als säße man zu Hause am Kaffeetisch und befände sich im heimischen WLAN – nur eben von unterwegs.

[13] Außer dem Router, aber dieser ist sowieso öffentlich.

> Ein VPN bietet sich auch an, wenn du viel in öffentlichen WLAN-Hot-Spots unterwegs bist, speziell wenn es sich um unverschlüsselte Netzwerke handelt (siehe auch Abschnitt 3.3.2). Nachdem du dich mit dem unsicheren WLAN-Hot-Spot verbunden hast, verbindest du dich per VPN mit dem Router zu Hause. Sämtlicher Traffic wird dann verschlüsselt zum heimischen Router geschickt und von dort dann weiter. So kannst du auch in den unsichersten Netzen wieder beruhigt surfen und bist zumindest genauso sicher wie zu Hause.

Die Technik hierbei ist effektiv identisch mit den kommerziellen VPN-Angeboten, die oftmals verwendet werden, um z. B. US-Serien anschauen zu können. Auch hier wird man „virtuell" Teil eines anderen Netzwerkes, das sich dann eben in den USA befindet.

VPN mit FRITZ!Box 7390

Auch die Einrichtung eines VPNs ist mit der FRITZ!Box relativ einfach. Zuerst musst du einen Benutzer anlegen, den du später für die VPN-Verbindung verwendest. Hierzu klickst du auf SYSTEM > FRITZ!BOX BENUTZER > BENUTZER HINZUFÜGEN.[14] In der Eingabemaske (Bild 3.4) füllst du die Felder zu Benutzernamen, E-Mail und Passwort entsprechend aus und setzt das Häkchen unten bei *VPN*. Alle anderen Optionen, inklusive *Zugang auch aus dem Internet erlaubt*, kannst du entfernen. Nach einem Klick auf OK erscheint ein Pop-up-Menü mit den Einstellungen für Apple- und Android-Geräte.

> Falls das Pop-up-Menü nicht erscheint oder du die Informationen später noch einmal benötigst, klickst du einfach unter SYSTEM > FRITZ!BOX BENUTZER rechts auf den BEARBEITEN-Bleistift und auf der nächsten Seite ganz unten auf VPN-EINSTELLUNGEN ANZEIGEN.

[14] Das gleiche Menü findest du auch etwas versteckter unter INTERNET > FREIGABEN > VPN.

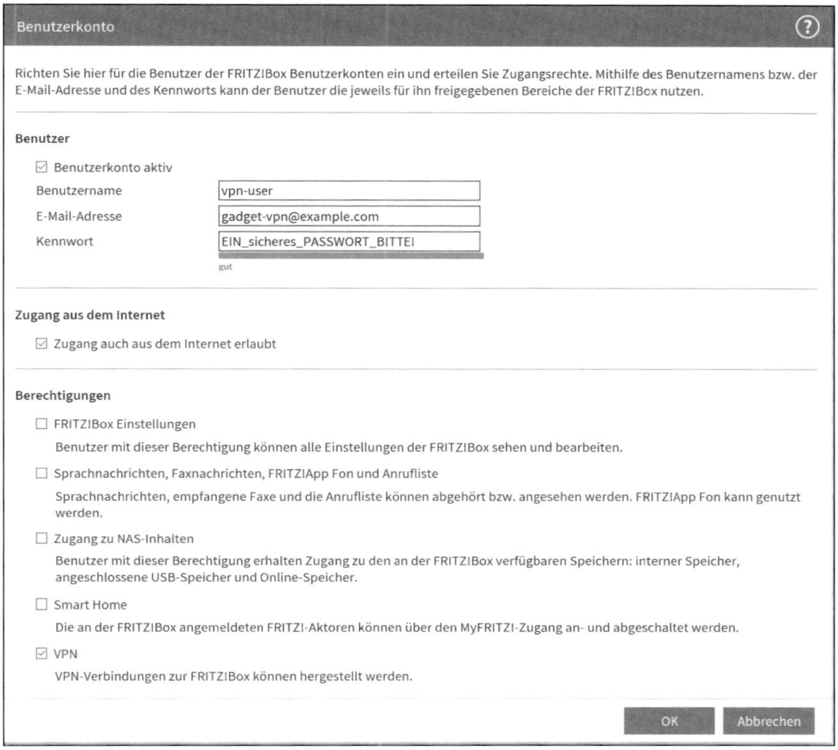

Bild 3.4 Einstellungen für einen VPN-Benutzer in der FRITZ!Box

3.4.4 Indirekter Zugriff über Server von Dritten

Eine weitere Alternative, um von außen auf deine Gadgets zugreifen zu können, geht über einen kleinen Umweg mittels Server von Dritten. Dies klingt im ersten Moment deutlich komplizierter, als es eigentlich ist. Ein kleines Beispiel soll dies verdeutlichen: Um den Status deiner Kaffeemaschine abzufragen, schickst du eine signierte E-Mail mit dem Betreff *[STATUS]* an kaffeemaschine@example.com. Die E-Mail wird vom E-Mail-Provider auf dessen Server gespeichert. In regelmäßigen Abständen ruft deine Kaffeemaschine ihre E-Mails ab, schaut nach ihrem Status und antwortet dir per E-Mail, auch wieder über den E-Mail-Provider.

Die Kommunikation findet indirekt über einen Server (von Dritten) statt: Weder du noch dein Gadget muss den Zugriff von außen erlauben. Dennoch musst du dafür Sorge tragen, dass kein Unbefugter diesen Kommunikationspfad ausnutzen kann, um deine Küche mit Kaffee zu fluten. Als aufmerksamer Leser hast du sicher bemerkt, dass unsere Kaffeemaschine nur von uns signierte E-Mails liest und alle anderen ignoriert (mit Ausnahme natürlich der E-Mails ihres heimlichen Verehrers ...[15]).

Neben der klassischen E-Mail bieten sich auch andere Dienste, wie z.B. der Messenger-Dienst Telegram, für diese Kommunikation an. Telegram erlaubt es über eine einfache API, Bots zu erstellen, die du genau für diese Zwecke nutzen kannst. Ein Beispiel hierfür ist das beliebte Telegram-Plug-in Octoprint für 3D-Drucker und unser selbstgeschriebener Telegram-Bot aus Abschnitt 5.8.4.2.

[15] Ein ganz heißer Typ, dieser Backofen. Das nächste Date findet bei Kaffee und Kuchen statt.

4 Plattformen, Schnittstellen und Komponenten

In diesem Kapitel erfährst du,

- welche Hardwareplattformen auf dem Markt sind,
- welche Vor- und Nachteile jedes dieser Boards hat,
- wie man die Arduino-IDE installiert und einrichtet (auch für ESP8266 und ESP32),
- wie man einen Raspberry Pi in Betrieb nimmt und einrichtet,
- welche Schnittstellen zur Verfügung stehen,
- welche Komponenten häufig zum Einsatz kommen und wie man diese verwendet.

4.1 Plattformen

Neben dem passenden Netzwerk (siehe Kapitel 2) benötigst du für deine Smart Home Gadgets auch eine geeignete Hardwareplattform (oft Board genannt). Hier stehen eine ganze Reihe von Boards zur Auswahl. Von günstig und klein (Arduino) bis groß und leistungsfähig (Raspberry Pi 3B+) lässt sich für jeden Einsatzzweck das passende Board finden.

Wie bei den meisten Dingen im Leben gilt auch hier: Wähle stets das richtige Werkzeug für die richtige Aufgabe. Natürlich kannst du eine Schraube auch mit dem Hammer in die Wand treiben, doch dies ist einerseits sehr mühselig, und andererseits freuen sich weder die Wand noch die Schraube darüber, sofern sie es denn überhaupt überstehen. Genau das Gleiche gilt für die Hardwareplattformen. Ein Arduino-Board als zentrales Gateway für deine Smart Gadgets ist zwar mit Aufwand (und zusätzlicher Hardware) durchaus möglich, aber nicht unbedingt sinnvoll. Auf einem Raspberry Pi geht dies deutlich einfacher. Auf der anderen Seite macht es wenig Sinn, jeden einzelnen Sensor direkt mit einem Raspberry Pi anzusteuern. Abgesehen von den höheren Anschaffungskosten benötigt der

Raspberry Pi auch eine gute Stromversorgung. Deshalb ist der direkte Zugriff mittels Arduino meist deutlich einfacher.

In diesem Abschnitt werden wir eine Auswahl von Hardwareplattformen vorstellen. Dabei gehen wir auch auf die Vor- und Nachteile, Besonderheiten und optimalen Anwendungsgebiete des jeweiligen Boards ein, damit du für jedes Projekt das passende Werkzeug zur Hand hast.

4.1.1 Historie

Wenn man nur ein paar Jahre zurückschaut, war Heimautomatisierung (wie es damals noch genannt wurde) noch ein sehr teures und zeitintensives Hobby. Es gab nur wenige kommerzielle Anbieter, die sich Ihre Steuerungen fürstlich bezahlen ließen, und der Traum von der eigenen Heizungsteuerung verschlang die besten Jahre mancher Bastler und füllte Hunderte Ausgaben der einschlägigen Magazine.

Die Datenblätter jedes Sensors mussten mühselig recherchiert werden und dann die Ansteuerung selbst auf einen kleinen AVR8 oder PIC-Mikrocontroller portiert werden. Doch bevor man den Mikrocontroller endlich mit Temperatursensor-Firmware v0.1b bespielen konnte, musste man erst noch die passende Flasher-Schaltung bauen und den Mikrocontroller dort einlegen. Doch wie waren noch einmal die korrekten Fuse Settings, um den internen Oszillator mit 8 MHz zu verwenden? Und schon musste man abermals das Datenbuch des Mikrocontrollers wälzen.[1] Eine ausgedruckte Kopie des Datenbuches des ATTiny85 steht bei uns noch immer im Schrank, mittlerweile mit einer sehr dicken Staubschicht drauf – Arduino sei Dank![2]

Heute lädst du dir die Bibliothek für den gewünschten Sensor herunter, bespielst den ESP32 „Over The Air" und schickst innerhalb kürzester Zeit die Sensordaten per WLAN an dein Smart Home-Gateway (Raspberry Pi), das die Daten über sämtliche Kanäle zur Verfügung stellt – und das Ganze für ein paar Euro. Dass dies heute möglich ist, liegt neben dem technologischen Fortschritt, dem Internet und Plattformen wie Github auch sehr stark an den vier großen revolutionären Entwicklungen im Bereich der Hardwareplattformen: Arduino, Raspberry Pi, ESP8266 und Raspberry Pi Zero W. Jede dieser Plattformen trägt ihren eigenen Teil dazu bei, dass du heute dieses Buch in der Hand hältst und auf relativ einfache Weise deine Smart Gadgets bauen kannst. Und wer weiß, vielleicht steht mit dem Calliope mini ja schon die nächste Revolution in den Startlöchern …

---

[1] Die Antwort lautet `avrdude -U lfuse:w:0x62:m -U hfuse:w:0xdf:m -U efuse:w:0xff:m` für den ATTiny85.

[2] Hier sei noch mal ausdrücklich erwähnt, dass das Lesen von Datenbüchern, speziell bei unbekannten Bausteinen, nach wie vor sehr wichtig ist, doch mit der passenden Bibliothek und Beispielen braucht man nicht mehr jedes Detail auswendig zu wissen bzw. muss nicht jedes Mal wieder bei null anfangen.

4.1.2 Arduino

Der Einstieg in die Welt der Mikrocontroller wurde mit der Erfindung des Arduino deutlich vereinfacht. Dabei ist der Begriff Arduino nicht ganz eindeutig, denn gemeint ist damit das ganze Ökosystem, bestehend aus einem Arduino-Board, der Arduino-Entwicklungsumgebung, der Arduino-Sprache, den Arduino-Bibliotheken und natürlich der Arduino-Dokumentation. Als Erweiterung gibt es außerdem noch die Arduino-Shields. Das klingt auf den ersten Blick ziemlich kompliziert und komplex, doch genau das Gegenteil ist der Fall, denn Arduino wurde entwickelt, um weniger technikaffinen Menschen, speziell Künstlern, einen einfachen Zugang zur hardwarenahen Programmierung zu bieten.

Das Arduino-Board bestand ursprünglich aus einem AVR8-Mikrocontroller mit einem speziellen Bootloader, der es ermöglichte, ein neues Programm via USB aufzuspielen. Außerdem gab es zwei fest definierte Buchsenleisten, zu denen die wichtigsten Pins des AVR8 herausgeführt wurden, um sie einfach nutzbar zu machen. Nachdem die Schaltpläne für die ersten Arduino-Boards unter eine freie Lizenz gestellt wurden, gab es innerhalb kürzester Zeit kostengünstige „Klone" von Drittanbietern.

Die Arduino-Entwicklungsumgebung (auch Arduino-IDE genannt) versteckt die Komplexität der Programmerstellung, der Bibliotheksverwaltung und des Flashens hinter einer einfachen Oberfläche: ÜBERPRÜFEN und HOCHLADEN sind die wohl am meisten genutzten Funktionen, die in Form zweier einfacher Buttons realisiert wurden. Dazu gibt es ein kleines Statusfenster und einen sehr einfachen Texteditor – mehr braucht es nicht. Es gibt keine komplexe Projekt-/Dateiverwaltung, keine Compiler-Flags, aber auch keinen Debugger.

In der Arduino-IDE wird vor allem in der Arduino-Sprache programmiert. Die Arduino-Sprache ist in Wirklichkeit normales C und wird nur durch die Bereitstellung diverser Funktionen und Bibliotheken vereinfacht.[3] Die Arduino-Bibliothek gehört fest zur Arduino-Sprache und erlaubt es, mittels Funktionen typische Aktionen einfach auszuführen, wie z. B. das Schreiben und Lesen auf der seriellen Schnittstelle. Daneben gibt es noch weitere Softwarebibliotheken, die zum Standard gehören, z. B. gibt es die Wire-Bibliothek, um per I2C zu kommunizieren.

Um dem Programmierer den Einstieg zu erleichtern, ist jede dieser Funktionen und jede Bibliothek ausführlich in der Arduino-Dokumentation beschrieben, oftmals auch mit praktischen Beispielen. Die meisten dieser Beispiele werden auch direkt als Code mit der Arduino-IDE ausgeliefert, sodass diese nicht erst aus der Dokumentation händisch kopiert werden müssen, sondern direkt ausprobiert werden können.

Da die Belegung der Buchsenleisten des Arduino-Boards standardisiert ist, kamen nach kurzer Zeit etliche Erweiterungsplatinen auf den Markt, die sogenannten *Shields*. Die

---

[3] Siehe *https://www.arduino.cc/en/Main/FAQ#toc13*

Palette reicht hierbei von einfachen LED-Shields bis hin zur komplexen Motorsteuerung – die Basis vieler 3D-Drucker.

Durch den großen Erfolg des Arduino-Ökosystems gibt es mittlerweile sehr viele Arduino-kompatible Boards. Diese haben mit dem ursprünglichen Arduino-Board nur noch wenig gemeinsam, sie lassen sich aber entweder einfach mit der Arduino-IDE programmieren, oder man kann dort Arduino-Shields aufstecken. Manchmal geht auch beides.

Shields, Hats, Capes & Co.

Die Idee eines gemeinsamen Standards für Aufsteck- und Erweiterungsboards war so erfolgreich, dass andere Embedded Boards ihren eigenen Standard entwickelten. Dabei ist natürlich ein witziger Name wichtig. Während sich der Arduino hinter seinen Schilden *(Shields)* versteckt, trug das früher sehr populäre BeagleBone *Capes*, also Umhänge, für den namengebenden superheldenhaften Beagle-Hund. Und der Raspberry Pi? Der trägt modische Hüte (englisch: *HATs*), aber das steht natürlich ganz seriös für „Hardware Attached on Top".

Arduino-IDE: Erste Schritte

Der Einstieg in die Welt der Arduinos beginnt mit einem Arduino-kompatiblen Board, in unserem Fall ein Arduino Uno R3 (Bild 4.1), und natürlich dem Herzstück der Arduino-Community: der Arduino-IDE. Diese lädst du unter *https://www.arduino.cc/en/Main/Software* für das Betriebssystem deiner Wahl herunter und installierst sie wie gewohnt.

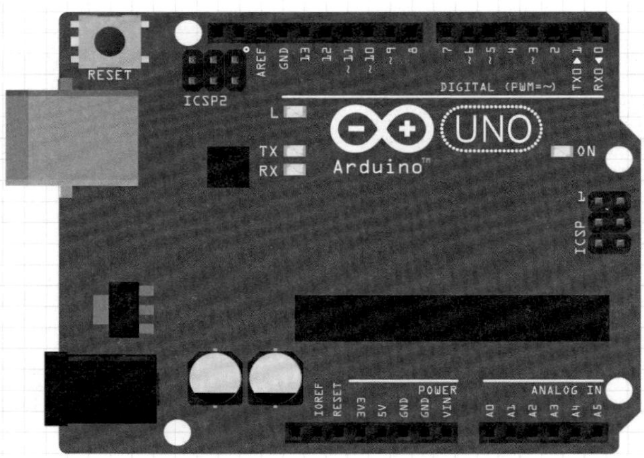

Bild 4.1 Schematische Darstellung eines Arduino Uno R3 (Screenshot aus Fritzing)

Nach der Installation schließt du das Arduino-Board per USB an den Rechner an und startest die Arduino-IDE. Nach wenigen Augenblicken präsentiert sich ein unscheinbarer Texteditor mit dem Grundgerüst deines ersten Arduino-Programms (diese heißen dort auch *Sketches*, grob übersetzt also Entwurf): den beiden Funktionen `setup()` und `loop()`. Die `setup()`-Funktion wird nur einmal ausgeführt, nachdem dein Arduino-Board startet, z. B. wenn du es an den Strom anschließt, ein neues Programm aufspielst oder den Reset-Button drückst. Hier musst du all die Dinge programmieren, die einmalig zu Beginn initialisiert werden müssen oder einfach nur einmalig ausgeführt werden sollen. Ist die `setup()`-Funktion abgearbeitet, springt dein Arduino-Board in die `loop()`-Funktion und führt diese immer und immer wieder aus, solange das Board mit Strom versorgt ist. Hier schreibst du später das eigentliche Programm (Bild 4.2).

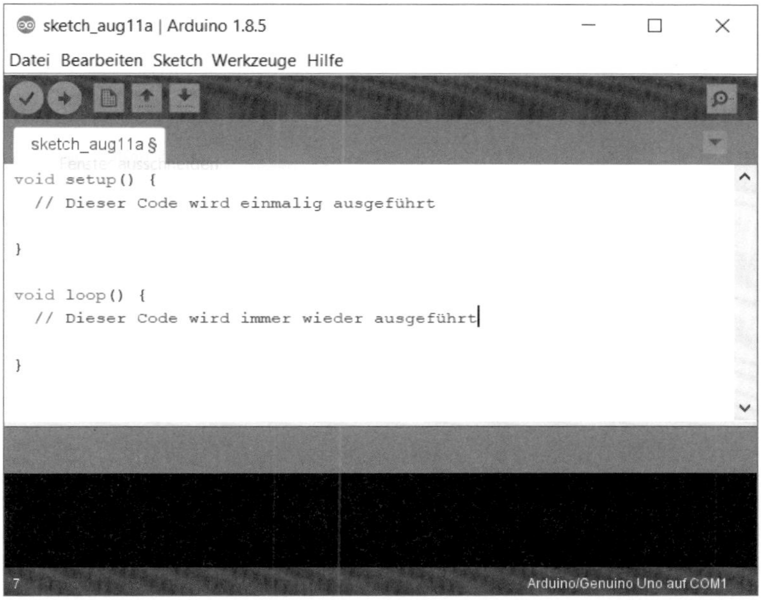

Bild 4.2 Arduino-IDE mit den Funktionen `setup` und `loop`

Um den Einstieg in die Arduino-Welt zu erleichtern, bringt die Arduino-IDE eine Menge Beispiele mit, die als guter Ausgangspunkt für deine eigenen Projekte dienen, denn genau davon lebt auch die Arduino-Community: von dem Verändern und Neukombinieren bestehender Beispiele und Projekte zu neuen Ideen. Um zu testen, ob deine Installation erfolgreich war und dein Board auch funktioniert, probierst du am besten eines dieser Beispiele aus. Dazu wählst du BLINK unter DATEI > BEISPIEL > 01 BASICS aus.

Damit dieses Programm von deinem Arduino-Board auch verstanden wird, musst du es erst in ein passendes Format übersetzen. Diesen Schritt nennt man Kompilieren oder im Arduino-Sprachgebrauch auch Überprüfen. Du klickst dazu entweder auf das Hakensymbol oder wählst aus dem Menü SKETCH > ÜBERPRÜFEN/KOMPILIEREN. Um das Programm laufen zu lassen, musst du es anschließend auf dein Board hochladen. Dies geschieht entweder über einen Klick auf das Pfeilsymbol oder auch wieder über den Menüpfad SKETCH > HOCHLADEN. Wenn du das zum ersten Mal machst, erhältst du eventuell prompt eine Fehlermeldung: „Fehler beim Hochladen auf das Board“. Doch keine Panik, dies liegt nur daran, dass die Arduino-IDE nicht weiß, wohin sie das Programm hochladen soll bzw. wo dein Arduino-Board angesteckt ist. Also wählst du unter WERKZEUGE > PORT den passenden Port aus (z. B. *COM3*) und versuchst dann erneut, dein Blink-Beispiel hochzuladen. Ist das Hochladen abgeschlossen, startet dein Board neu, und eine kleine LED in der Nähe des USB-Anschlusses beginnt zu blinken.

Der Blink-Sketch ist zwar nicht das eindrucksvollste Beispiel, um die Fähigkeiten eines Arduino zu zeigen, aber mit dem Blinken einer LED auf einem Embedded Board verhält es sich wie mit dem „Hello World“ beim normalen Programmieren: Sobald dieses erst einmal läuft, ist der Rest „trivial“.

Um ein Gefühl für die Arduino-IDE zu bekommen, empfiehlt es sich, die anderen Beispiele auszuprobieren und mit diesen herumzuexperimentieren. So erhältst du nicht nur relativ einfach einen guten Überblick, was auf einem Arduino alles möglich ist, sondern lernst auch gleich die passenden Bausteine für deine zukünftigen Projekte kennen.

Auf einen Blick

Pro und contra:

(+) einfache IDE

(+) Es sind sehr viele fertige Bibliotheken verfügbar.

(+) einfache Ansteuerung von Hardwarekomponenten

(+) Arduino als Ökosystem für andere Mikrocontroller

(+) sehr große Entwicklergemeinde

(–) Der Original-Arduino Uno ist etwas leistungsschwach (8-Bit-Mikocontroller @ 16 MHz Taktfrequenz). Leistungsstärkere Alternativen sind der Arduino Due mit 32-Bit-ARM Cortex-M3 Mikrocontroller @ 84 Mhz oder diverse Arduino-Klone.

Anwendungsgebiete:

- Auswertung von Sensoren
- Schnittstelle zwischen PC-Welt und Mikrocontroller

Sonstiges:

Egal, welches Projekt man realisieren möchte, im Arduino-Umfeld findet sich fast immer eine Lösung für die Umsetzung.

4.1.3 Raspberry Pi

Über den Raspberry Pi muss man eigentlich nicht mehr viele Worte verlieren. Fast jeder kennt ihn, und die meisten haben ihn schon in der einen oder anderen Variante zu Hause im Einsatz. Die Erfolgsgeschichte begann 2009, als sich die Erfinder an der Universität in Cambridge zusammenfanden und die Raspberry Pi Foundation gründeten, um eine moderne Variante des klassischen Heimcomputers zu entwickeln – analog zum früheren C64 – als erschwinglichen Berührungspunkt für Kinder und Jugendliche mit der IT und der Programmierung. Die Raspberry-Pi-Erfinder wollten hiermit dem Trend entgegenwirken, dass die Leute zwar immer mehr Technik nutzen, diese aber immer weniger verstehen und zu reinen Benutzern verkommen.

Die geringen Kosten und die Verbundenheit zu Open-Source-Software standen von Anfang an im Fokus. Die Namensgebung des Raspberry („Himbeere") geht auf die Tradition zurück, Computer nach Obstsorten zu benennen. Die bekannteste „Computerfrucht" kennt man heute noch überall: Apple.

Die erste Serienproduktion begann 2011/2012. Bis heute (Stand Dezember 2018) wurden bereits über 23 Millionen Geräte verkauft[4].

> Auch wenn die Aussprache „Pie" lautet und eine kulinarische Kombination zum Himbeerkuchen verlockend wäre, so steht das Pi beim Raspberry für Python Interpreter. Ursprünglich sollte es einen fest eingebauten Interpreter geben, wie es z. B. beim C64 mit Basic der Fall war, diese Idee wurde jedoch bald verworfen.

4.1.3.1 Varianten

Wenn wir die verschiedenen Raspberry-Pi-Versionen zählen, die wir im Laufe der Jahre angesammelt und teilweise noch immer im Einsatz haben, kommen wir auf eine stattliche Anzahl von acht verschiedenen Modellen, inklusive eines historisch-wertvollen Raspberry-Pi-Modells 1B vom Dezember 2011 (Bild 4.3). Dabei ist das gerade einmal knapp die Hälfte der produzierten Varianten, denn schließlich gibt es mittlerweile 15 verschiedene Modelle. Bei genauerer Betrachtung sind für uns jedoch nur fünf davon interessant, da der Rest entweder veraltet ist oder in einem sehr speziellen Formfaktor produziert wird.

[4] *https://blog.adafruit.com/2018/12/21/23-million-raspberry-pi-computers-sold-raspberry_pi-raspberrypi*

Bild 4.3 Verschiedene Raspberry Pi-Generationen: Pi 1B (mit der charakteristischen Cinchbuchse), Pi 2B, Pi 3B+, Pi Zero W (im Uhrzeigersinn); © Sonja Hemmersbach

Das älteste Modell, das sich für unsere Zwecke eignet, ist das Modell 2B von 2015. Dieses hatte erstmals einen Quadcore-Prozessor und 1 GB RAM und damit genügend Leistung für die meisten unserer Anwendungen. Braucht man noch etwas mehr Power, greift man entweder zum direkten Nachfolgermodell 2B v1.2 (neuere CPU, aber auch 900 MHz) oder besser gleich zum Modell 3B oder zum 3B+. Das Modell 3B steigert die Taktfrequenz der CPU auf 1,2 GHz und bringt auch erstmals WLAN (802.11 b/g/n im 2,4-GHz-Band) und Bluetooth 4.1 mit BLE (Bluetooth Low Energy) direkt mit, ist damit also ein perfekter Kandidat für unsere Projekte. Jedoch benötigt man für die zusätzliche Leistung auch ein wenig mehr Strom und damit ein etwas stärkeres Netzteil. Noch etwas mehr Power bietet das seit 2017 erhältliche Modell 3B+. Die Taktfrequenz steigt auf 1,4 GHz pro Kern, und auch die Konnektivität wurde verbessert durch Gigabit-LAN[5], schnelleres WLAN (802.11 b/g/n/ac im 2,4- und 5-GHz-Band[6]) und auch Bluetooth 4.2 mit BLE. Nachdem sich die Preise zwischen den einzelnen Modellen mittlerweile nur noch um wenige Euro unterscheiden, sprechen wir eine Empfehlung für das Modell 3B+ aus.

Möchte man wirklich Geld sparen, z. B. weil man mehrere Pis einsetzen möchte, gibt es noch eine Geheimwaffe: den Raspberry Pi Zero W. Der Zero W ist der Nachfolger des Pi Zero, mit dem Unterschied, dass beim Zero W WLAN gleich mit an Bord ist. Dieser kleine

[5] Leider nur theoretisch 1000 Mbit/s, da durch die interne USB-2.0-Anbindung limitiert auf ca. 300 Mbit/s.

[6] Besonders interessant, wenn das 2,4-GHz-Band schon recht dicht besiedelt ist, z. B. in Städten.

Unterschied schlägt sich zwar auch ordentlich im Preis nieder (ursprünglich 10 € statt 5 €), ist jedoch jeden Cent wert, da der Zero ansonsten über keinerlei Konnektivität an Bord verfügt. Selbst Tastatur und Maus benötigen einen speziellen Adapter. Der Zero W ist deutlich kleiner als seine Brüder, er misst nur ein Drittel des klassischen Kreditkartenformats, aber ansonsten ist er vollständig kompatibel mit diesen. Aus Platz- und Kostengründen wurde beim Zero/Zero W auf das Auflöten der GPIO-Pin-Header verzichtet. Möchte man den Header nicht selbst auflöten, gibt es für einen kleinen Aufpreis mit dem Zero WH[7] die Lösung. Den größten Abstrich, den man beim Zero/Zero W machen muss, ist neben der allgemeinen Konnektivität (kein LAN, nur 1 × Micro-USB, Mini-HDMI) die Performance. Der Zero W verwendet effektiv die alte CPU des Raspberry Pi 1B mit einem kleinen Upgrade auf 1 GHz und 512 MB RAM.

Nachdem sowohl die Performance als auch die Konnektivität des Zero W eher dürftig sind, empfiehlt es sich, erst einmal alles auf einem Pi 2B/Pi 3B/Pi 3B+ zu installieren und zu konfigurieren. Sobald alles wie gewünscht funktioniert, nimmst du die SD-Karte aus dem großen Pi und kannst sie direkt im Zero W verwenden. So lassen sich viele Stunden des Wartens einsparen.

Tabelle 4.1 zeigt eine Übersicht aller Modelle für den direkten Vergleich.

Tabelle 4.1 Raspbberry Pi – Modellübersicht

Modell	CPU/ Architektur	MHz	RAM	LAN	WLAN	USB	BT/ BLE	Preis
Zero W	BCM2835 ARMv6	1 × 1000	512 MB	-	2,4 GHz b/g/n	1 Micro-USB 2.0	4.1 BLE	10 €
2B	BCM2836 ARMv7	4 × 900	1 GB	10/ 100 Mbit	-	4 × USB 2.0	-	35 €
2B v1.2	BCM2837 ARMv8	4 × 900	1 GB	10/ 100 Mbit	-	4 × USB 2.0	-	35 €
3B	BCM2837 ARMv8	4 × 1200	1 GB	10/100/ 1000 Mbit	2,4 GHz b/g/n	4 × USB 2.0	4.1 BLE	35 €
3B+	BCM2837B0 ARMv8	4 × 1400	1 GB	10/ 1000 Mbit	2,4 GHz 5 GHz b/ g/n/ac	4 × USB 2.0	4.2 BLE	35 €

[7] Früher auch als Pi Zero W easy vertrieben, z. B. von buyzero.de.

4.1.3.2 Hardwareaufbau

Obwohl der Raspberry Pi lediglich über die Dimensionen einer Kreditkarte verfügt, handelt es sich hierbei um ein vollwertiges System mit einer Menge Anschlussmöglichkeiten. Bild 4.4 zeigt eine Übersicht der verfügbaren Anschlüsse des Raspberry Pi 2:

- HDMI
- Audio/Klinkenstecker
- 4 × USB 2.0
- Ethernet 100 Mbit/RJ45
- CCI (Camera Connector Interface), zum Anschluss der Raspberry-Kamera
- DSI (Display Serial Interface), zum Anschluss eines LCD-Displays/Monitors
- 40 GPIO-Pins
- Steckplatz für die microSD-Karte

Die Anschlüsse sind beim 3B+ weitestgehend identisch.

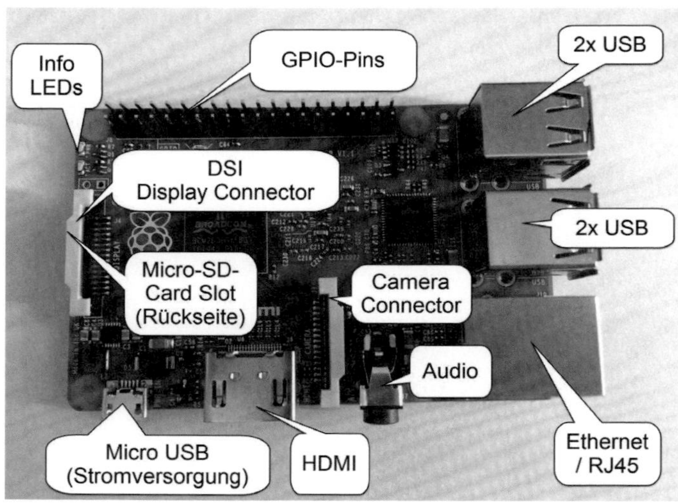

Bild 4.4 Hardwareaufbau und Schnittstellen am Beispiel des Raspberry Pi 2

4.1.3.3 Schnittstellen

Der Raspberry Pi verfügt über eine 40-polige Steckerleiste, auf der die GPIO-Ports angeordnet sind. Über diese Steckerleiste werden verschiedenste Schnittstellen zum Raspberry Pi bereitgestellt. Bild 4.5 zeigt eine Übersicht über die GPIO-Pins. Dieser Darstellung kann sowohl die Nummerierung der Ports als auch deren Beschaltung entnommen werden. Die angebotenen Pins haben unterschiedliche Funktionen. Zum einen gibt es Pins zur Versorgungsspannung (3,3 V und 5 V) und Massepins (Ground, 0 V). Bei den restlichen Pins handelt es sich um Kontakte, die frei als Ein- oder Ausgänge verwendet werden können (GPIO). Einige dieser GPIO-Ports haben noch eine Sonderfunktion, da sie weitere Schnittstellen (z. B. I^2C, UART und SPI) bereitstellen. Im Folgenden werden diese Schnittstellen näher erläutert, da diese auch für unsere Entwicklung zur Verfügung stehen.

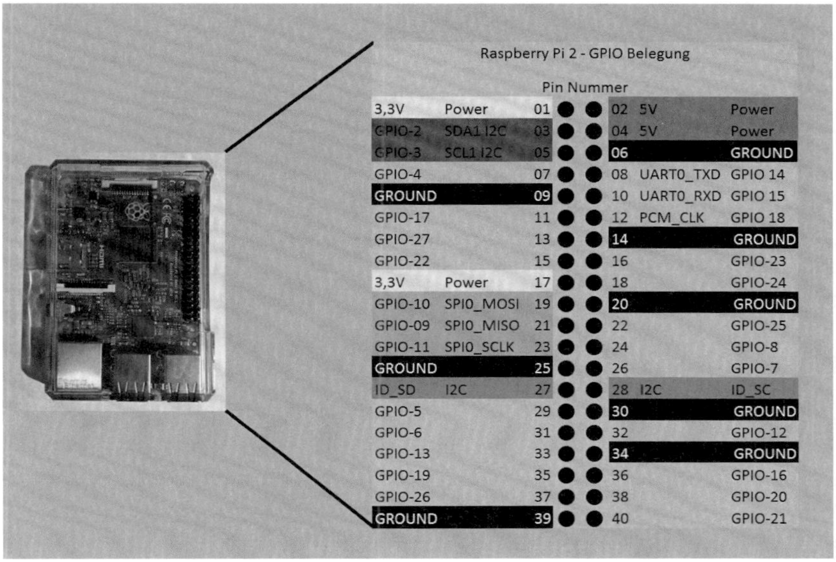

Bild 4.5 Pinbelegung des Raspberry Pi 2

4.1.3.4 Installation und Inbetriebnahme

Nachdem unser Raspberry Pi ein vollwertiger PC ist, benötigt er natürlich auch ein vollwertiges Betriebssystem – in unserem Fall Raspbian Stretch. Raspbian ist ein Kofferwort bestehend aus Raspberry (für den Raspberry Pi) und Debian, eine der ältesten und sehr weit verbreiteten Linux-Distributionen.[8] Die aktuelle Version von Debian ist Debian 9 mit dem Codenamen Stretch. Die Raspberry Pi Foundation hat mit Raspbian eine spezielle Variante von Debian veröffentlicht, die speziell für den Pi angepasst wurde und auch die entsprechende Firmware für den Pi beinhaltet, und ist deshalb unsere erste Wahl für unsere weiteren Projekte. Das wohl bekannteste Derivat von Debian ist vermutlich Ubuntu Linux, das viele Linux-Neueinsteiger auf dem Desktop nutzen und das theoretisch auch auf dem Raspberry Pi läuft. Den besten Support für den Raspberry Pi erhältst du dennoch mit Raspbian.

Keine Sorge, für die Basisinstallation musst du weder Linux-Experte sein noch dich stundenlang wie in alten Hacker-Filmen mit einer Grün auf Schwarz blinkenden Kommandozeile herumschlagen.[9] Hierfür gibt es entweder grafische Alternativen, oder die entsprechenden Schritte werden von uns erklärt.

[8] Linux-Variante

[9] Sie blinkt nun in der Regel Weiß auf Schwarz.

Für den Raspberry Pi gibt es kein „klassisches" Windows, wie man es von den meisten PCs/Laptops her kennt. Es gibt jedoch von Microsoft eine eigene Windows-Version für das Internet der Dinge, passenderweise Windows 10 IoT Core genannt, die sich jedoch teilweise grundlegend vom klassischen Desktop-Windows unterscheidet. Beispielsweise kann man Programme wie einen Browser nicht einfach nachinstallieren. Diese Variante ist seit Mitte 2015 auch auf dem Pi lauffähig. Wer sich für Windows 10 IoT Core im Detail interessiert, dem sei Stephans Buch Raspberry Pi für Windows 10 IoT Core (ISBN 978-3-446-44719-6), erschienen im Hanser Verlag, hiermit wärmstens empfohlen.

4.1.3.4.1 Raspbian-Varianten

Um Raspbian auf deinem Pi zu installieren, musst du zunächst das entsprechende Image von *https://www.raspberrypi.org/downloads/raspbian* herunterladen. Auf dieser Seite hast du die Auswahl zwischen drei verschiedenen Varianten. Um möglichst wenige Pakete nachinstallieren zu müssen, wählst du am besten RASPBIAN STRETCH WITH DESKTOP AND RECOMMENDED SOFTWARE. Falls du einen etwas schlankeren Download und damit auch etwas mehr freien Platz auf der SD-Karte haben möchtest, kannst du auch RASPBIAN STRETCH WITH DESKTOP herunterladen. Wählst du das Image RASPBIAN STRETCH LITE aus, erhältst du ein sehr minimalistisches System, **ohne** grafische Oberfläche. Die meisten Pakete müssen hier später händisch nachinstalliert werden. Durch einen Klick auf den entsprechenden Button DOWNLOAD ZIP lädst du das gewünschte Image herunter. Das Image muss vorerst nicht entpackt werden.

4.1.3.4.2 Installation von Raspbian unter Windows

Um Raspbian für deinen Pi zu installieren, musst du das Image auf eine leere SD-Karte (mindestens 4 GB) flashen[10]. Ein einfaches Kopieren oder Entpacken reicht hierfür leider nicht aus. Der Flash-Vorgang geht am einfachsten und zuverlässigsten mit balenaEtcher[11]. Nach der Installation wählst du im ersten Schritt dein Image aus, z. B. *2018-11-13-raspbian-stretch-full.img.zip*. Anschließend wählst du die SD-Karte aus. Diese muss natürlich in den PC gesteckt werden, entweder über einen USB-SD-Kartenleser oder, falls vorhanden, direkt in den SD-Kartenleser des PCs. Wenn du die SD-Karte bereits einmal mit Raspbian oder Ähnlichem bespielt hast, erscheint die SD-Karte als zwei Laufwerke, für jede Partition eine. balenaEtcher erkennt jedoch, dass es sich hierbei um eine SD-Karte handelt.

Bitte beachte unbedingt, dass du die richtige SD-Karte auswählst. Sind mehrere SD-Karten verfügbar, oder steckt noch ein weiterer USB-Stick, kannst du schnell das falsche Laufwerk erwischen und deine Daten unwiderruflich überschreiben.

[10] Beim Flashen wird die SD-Karte mit einer exakten 1:1-Kopie des Image bespielt (inklusive Partitionstabelle). Der Begriff Flashen wird auch dann verwendet, wenn man ein Embedded System mit komplett neuer Software bespielt.

[11] *https://www.etcher.io* (früher oft auch nur etcher genannt)

Bist du dir sicher, dass alles korrekt ist, beginnt durch einen Klick auf FLASH das Beschreiben der SD-Karte. Dieser Vorgang benötigt einige Minuten Zeit und sollte so aussehen wie in Bild 4.6. Sobald die Karte fertig beschrieben wurde, überprüft balenaEtcher noch, ob alles geklappt hat, und meldet mit *Flash Complete* Erfolg. Die SD-Karte ist nun fertig für den Pi.

Diese Methode lässt sich auch wunderbar für andere Images verwenden, wie z. B. die vorkonfigurierten Images von ioBroker, Home Assistant und openHab.

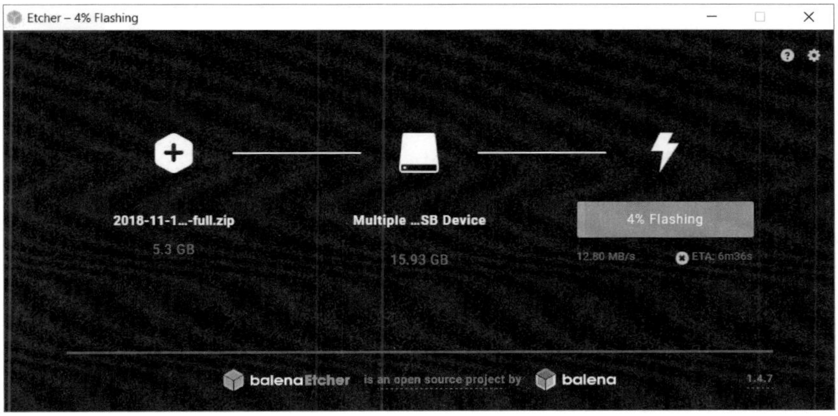

Bild 4.6 balenaEtcher während des Flash-Vorgangs

Du kannst die SD-Karte nun in den Pi stecken, HDMI, Maus, Tastatur und Netzteil anschließen und das System booten.

Sobald balenaEtcher den Flash-Vorgang abgeschlossen hat, ist es sehr wahrscheinlich, dass Windows den Fehler „Sie müssen den Datenträger in Laufwerk E: formatieren, bevor Sie ihn verwenden können" meldet (Bild 4.7). Klicke hier **unbedingt** auf ABBRECHEN, andernfalls musst du die Karte gleich noch mal neu flashen. Der Hintergrund für diese „Fehlermeldung" ist der, dass das Image aus zwei Partitionen besteht: Die erste Partition (`boot`) ist mit dem FAT-Dateisystem formatiert, das Windows schon seit MS-DOS-Zeiten versteht und liebt. Die zweite Partition (`rootfs`) hingegen ist mit dem Linux-Dateisystem Ext4 formatiert, das von Windows nicht geöffnet werden kann. Dies ist kein Problem, solange du von Windows aus keine Dateien direkt öffnen oder verändern willst. Um dieses Problem zu lösen, existiert eine ganze Reihe an Softwarelösungen (teils kostenlos, teils kostenpflichtig), die es dir erlauben, Ext4-Partitionen unter Windows zu lesen. Eine gute Übersicht findest du unter *https://wiki.ubuntuusers.de/Linux-Partitionen_unter_Windows*. Den besten Support gibt es vermutlich durch die kommerzielle Software Linux File Systems for Windows von Paragon, die du auch als Shareware-Version testen kannst.

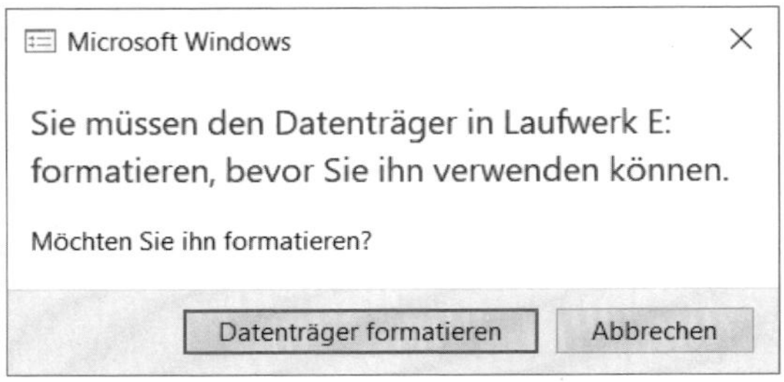

Bild 4.7 Diese Meldung musst du ignorieren und klickst deshalb auf ABBRECHEN.

4.1.3.4.3 Installation von Raspbian unter Linux

Natürlich kann man unter Linux einfach balenaEtcher verwenden (wie in Abschnitt 4.1.3.4.2 beschrieben). Einem echten Geek ist das jedoch zu einfach, weshalb wir dir hier noch einen anderen Weg zeigen, um die SD-Karte zu flashen, nämlich über die Kommandozeile auf einem Raspberry Pi mit einem USB Cardreader.

Du öffnest zuerst ein Terminalfenster und installierst GNU DDrescue mittels `sudo apt install gddrescue`. Bevor du das Image flashen kannst, musst du es noch entpacken. Dazu rufst du `unzip -x 2018-11-13-raspbian-stretch-full.img.zip` auf und erhältst das Image mit dem Namen *2018-11-13-raspbian-stretch-full.img*. Sollte hier eine Fehlermeldung kommen, befindest du dich vermutlich im falschen Ordner. Ein einfaches `cd Downloads` könnte helfen. Dann findest du heraus, wie deine SD-Karte im System heißt. Dazu entfernst du den Cardreader, falls du ihn schon eingesteckt haben solltest, und rufst `lsblk` auf. Anschließend steckst du den Cardreader ein und rufst erneut `lsblk` auf. Das neu hinzugekommene Gerät (Bild 4.8) ist deine SD-Karte, die du beschreiben möchtest. In unserem Beispiel ist es die Karte auf */dev/sda* mit zwei gemounteten Partitionen (*/dev/sda1* und */dev/sda2*).

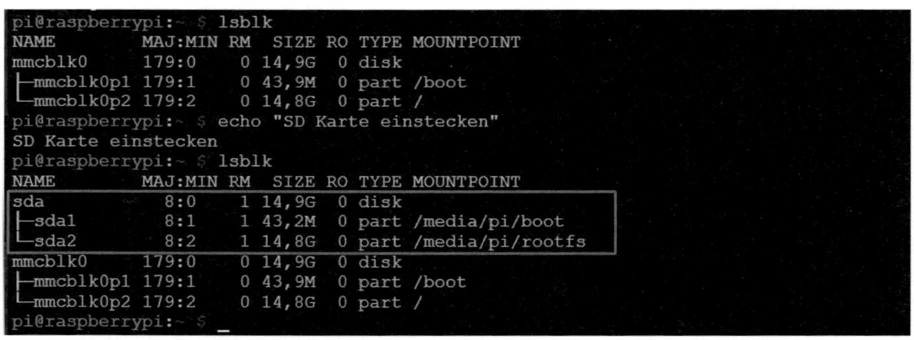

Bild 4.8 `lsblk` zeigt die neu eingesteckte SD-Karte mit Partitionen und wo sie eingehängt ist.

Sollte `lsblk` Partitionen der SD-Karte als gemountet (Eintrag unter *MOUNTPOINT*) anzeigen, solltest du sie vor dem nächsten Schritt z. B. mit

```
sudo umount /dev/sda1
sudo umount /dev/sda2
```

auswerfen.

Nun kannst du mit dem Flash-Vorgang beginnen. `sudo ddrescue 2018-11-13-raspbian-stretch-full.img /dev/sda` `ddrescue` wird sich nun beschweren, dass */dev/sda* bereits existiert. Wenn du dir wirklich sicher ist, dass */dev/sda* korrekt ist, fügst du ein `--force` der vorherigen Zeile hinzu, und das Flashen beginnt. Sobald sich `ddrescue` erfolgreich beendet hat, macht es Sinn, noch mal explizit den Befehl `sync` aufzurufen. Dieser bewirkt, dass alle Zwischenspeicher wirklich auf die SD-Karte geschrieben worden sind. Nachdem `sync` fertig ist, wirfst du die SD-Karte mit `sudo eject /dev/sda` noch aus. Nun ist deine SD-Karte bereit für den Pi.

Hier ist es ganz einfach, alle deine Daten zu verlieren! Wählst du das falsche Gerät aus, werden die Daten auf diesem **unwiderruflich** überschrieben. Deshalb solltest du immer zweimal überprüfen, ob der Aufruf korrekt ist. Statt */dev/sda* könnte es auch */dev/sdc* oder */dev/mmcblk0* sein. Auf einem Linux-Desktop-Rechner entspricht */dev/sda* meistens der Hauptfestplatte. Dort das Raspbian-Image zu flashen, wäre fatal. Überprüfe also lieber zweimal mit `lsblk`, ob du das richtige Gerät hast. ■

4.1.3.4.4 Erste Inbetriebnahme

Die geflashte SD-Karte wird in den SD-Karten-Slot des Raspberry Pi gesteckt, und nachdem du HDMI, Tastatur und Maus angesteckt hast, schließt du noch das USB-Netzteil an, und der Pi bootet. Einen Ein-/Ausschalter gibt es nicht. Den Boot-Vorgang erkennst du auch ohne Monitor ganz gut an den blinkenden Status-LEDs. Leuchtet die LED dauerhaft rot, hat eventuell etwas beim Flashen nicht geklappt.

Nach einigen Augenblicken sollte der Desktop auf dem Monitor erscheinen, zusammen mit einer kleinen Willkommensmeldung. Ein kleiner Guide führt dich nun durch die Basisinstallation. Den Anweisungen auf dem Bildschirm folgst du einfach bis zum Ende. Besonders wichtig ist hierbei, dass du das Standardpasswort sofort änderst und diesen Schritt nicht überspringst. An diesem Passwort hängt die grundlegende Sicherheit deines Raspberry Pi. Sobald du den Installationsassistenten erfolgreich durchgespielt hast, erhältst du die Meldung *Setup Complete* wie in Bild 4.9. Bist du mit allem fertig, startet das System mit einen Klick auf Reboot neu.

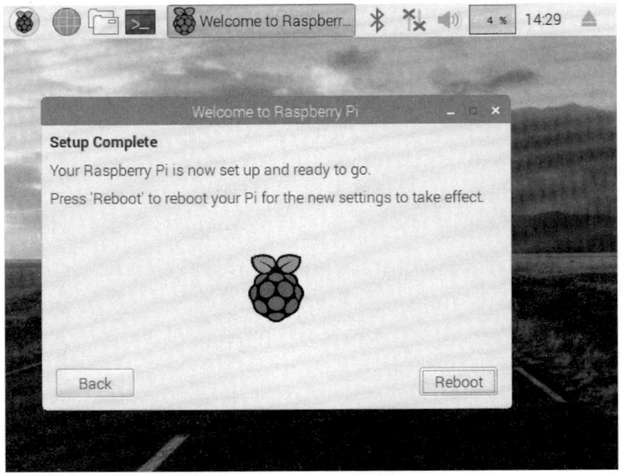

Bild 4.9 Die Installation und das Setup von Raspbian waren erfolgreich

Möchtest du noch weitere Softwarepakete installieren, kannst du dies entweder per Kommandozeile und `sudo apt install PAKETNAME` machen oder auch über die grafische Oberfläche. Möchtest du später die Bussysteme I2C oder SPI bzw. den SSH-Daemon benutzen, empfiehlt es sich, die Unterstützung hierfür gleich anzuschalten, entweder auf der Kommandozeile mit `sudo raspi-config` oder auch wieder über das Startmenü unter der Himbeere (Bild 4.10).

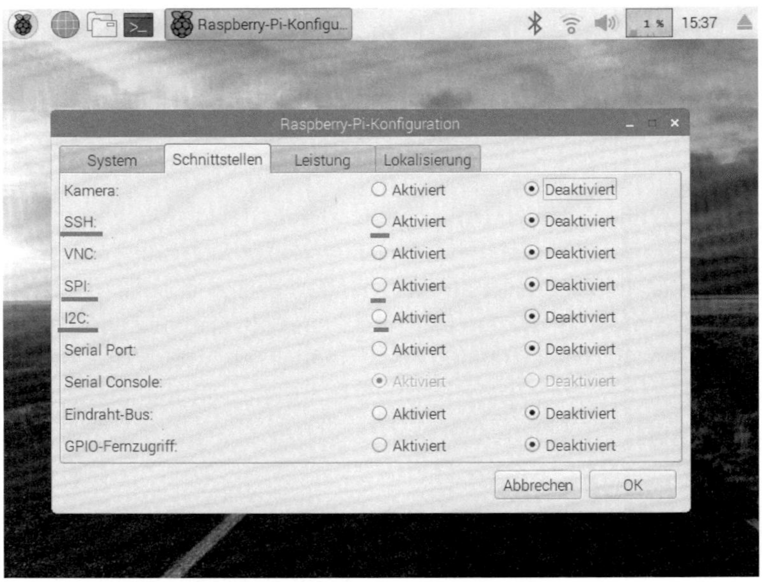

Bild 4.10 In der Raspi-Konfiguration SPI und I2C (und bei Bedarf SSH) aktivieren

SSH aktivieren ohne raspi-config

Möchtest du auf den Raspberry Pi per SSH zugreifen können, musst du vorher den SSH-Dienst aktivieren. Dies kannst du entweder per `raspi-config` einstellen oder durch einen einfachen Trick, auch ohne das System vorher booten zu müssen. Hierzu legst du auf der boot-Partition, die auch von Windows erkannt wird, eine leere Datei mit dem Namen *ssh* an. Wichtig ist dabei, dass die Datei keine Dateiendung hat. Möchtest du eine solche Datei z. B. mit Notepad anlegen, wählst du im Speichern-Dialog den Dateityp ALLE DATEIEN aus und gibst *ssh* als Dateinamen an. Sollte die .txt-Endung partout nicht verschwinden, öffnest du eine Eingabeaufforderung und tippst dort `echo "" > ssh` ein und erstellst über diesen Weg eine Datei mit dem Namen *ssh*. Neuere Versionen von Raspbian scheinen jedoch auch *ssh.txt* zu akzeptieren. Damit wird der SSH-Dienst beim nächsten Boot-Vorgang aktiviert. ■

WLAN ohne GUI oder raspi-config

Wenn man gerade keinen Monitor zur Hand hat, aber den Raspberry trotzdem ins heimische WLAN bringen möchte, kann man die WLAN-Konfiguration bereits vor dem Booten hinterlegen.[12] Dazu erstellst du mit einem Editor, z. B. Notepad, auf der boot-Partition eine Datei mit dem Namen *wpa_supplicant.conf*. Wichtig ist dabei, dass die Endung *.conf* und nicht *.conf.txt* oder *.txt* ist. Dazu wählst du im Speichern-Dialog *Alle Dateien* als Dateityp aus und gibst anschließend *wpa_supplicant.conf* als Dateinamen an. Der Inhalt dieser Datei folgt den normalen Regeln der *wpa_supplicant*-Konfigurationsdatei, für unsere Zwecke sollte sie so aussehen:

```
country=DE
ctrl_interface=DIR=/var/run/wpa_supplicant GROUP=netdev
update_config=1
network={
        ssid="MyWLAN"
        psk="passwort"
        key_mgmt=WPA-PSK
}
```

Die SSID entspricht dem WLAN-Namen (hier: *MyWLAN*), und das Passwort solltest du natürlich kennen und entsprechend eintragen.

Beim nächsten Boot wird die Datei von */boot* nach */etc/wpa_supplicant/* verschoben und das WLAN entsprechend konfiguriert. Wichtig ist hierbei, dass die Groß- und Kleinschreibung exakt so eingehalten wird, wie sie im Beispiel angegeben ist, und dass keine Leerzeichen links oder rechts von dem Gleichheitszeichen (=) stehen dürfen.

[12] Siehe *https://www.raspberrypi.org/blog/another-update-raspbian*

Bitte beachten: Das Passwort wird in diesem Fall im Klartext gespeichert und könnte später ausgelesen werden![13] Wer das Passwort etwas sicherer ablegen möchte, kann sich auf einem bestehenden Linux-System mit dem Befehl `wpa_passphrase MyWLAN` einen sogenannten Passwort-Hash erstellen und diesen anstelle des Klartextpasswortes eintragen.

4.1.3.4.5 Fernzugriff mit SSH

Der Begriff SSH wurde nun schon ein paar Mal verwendet, ohne genauer auf die Details einzugehen. Dabei handelt es sich bei SSH um eine äußerst nützliche Technologie. Die Abkürzung SSH[14] steht für **S**ecure **Sh**ell und erlaubt es, sich sicher mit einem System zu verbinden und dort eine Kommandozeile (Shell) zu erhalten. Mit dieser Shell lassen sich alle Befehle auf dem Zielsystem ausführen, als würde man direkt davorsitzen. Hat man also gerade keinen Monitor zur Hand oder hat man den Raspberry Pi irgendwo unzugänglich eingebaut, verbindet man sich einfach per SSH und führt die gewünschten Befehle aus – mit den vollen Rechten des jeweiligen Benutzers. Aus diesem Grund musst du jedoch besonders darauf achtgeben, dass die Login-Daten des Benutzers geheim gehalten werden und der Benutzer ein starkes Passwort verwendet, andernfalls ist damit das Einfallstor für Angreifer sehr weit offen. Deshalb verwende bitte **niemals** das Standardpasswort (siehe Abschnitt 3.2). Dies bedeutet jedoch nicht, dass SSH an sich unsicher ist, ganz im Gegenteil: Die Kommunikation zwischen den beiden Systemen ist hierbei vollständig verschlüsselt, ohne dass der Benutzer etwas davon mitbekommt, also ein perfektes Beispiel dafür, wie Sicherheit aussehen kann, ohne den Nutzer zu beeinträchtigen.

SSH kann jedoch noch viel mehr. Basierend darauf lassen sich mit SCP Dateien zwischen zwei Systemen sicher kopieren. Möchte man Programme mit grafischer Oberfläche auf dem Zielsystem ausführen, ist dies mittels X-Forwarding sogar auch möglich, bei entsprechender Netzwerkbindung absolut transparent und bequem.

Nachdem du SSH bzw. den SSH-Daemon in einem vorherigen Schritt auf dem Raspberry Pi aktiviert hast, kannst du dich mit deinem Pi verbinden. Hierzu benötigst du neben den Zugangsdaten und der IP noch einen entsprechenden SSH-Client. Unter Linux heißt dieser einfach *ssh*, und du verbindest dich zum Zielsystem einfach mit `ssh pi@ip-adresse`.

Unter Windows gibt es den SSH-Client von Haus aus nicht, sondern du musst erst eine entsprechende Software installieren. Diese heißt oft entsprechend Terminalemulator oder Terminalsoftware[15]. Der bekannteste Vertreter ist vermutlich das freie und altbewährte

[13] `raspi-setup` selbst legt das Passwort auch im Klartext ab. Der Gedanke ist hierbei vermutlich der, dass, wer schon Zugriff auf den Raspberry Pi hat, wahrscheinlich auch das WLAN-Passwort kennt. Besonders sicher ist dies aber nicht. Du solltest also daran denken, dass das Passwort in der Regel im Klartext gespeichert ist, falls du den Raspi mal an deinen Nachbarn verleihst.

[14] SSH = SSH-Client, SSH-Server/Daemon, SSH-Protokoll

[15] Früher wurde ein Terminal auch Tele Type genannt, deshalb wird die Abkürzung TTY gerne in Programmnamen verwendet.

Programm PuTTY[16]. Es geht jedoch auch deutlich komfortabler und einfacher, z.B. mit dem kostenlosen Programm SmarTTY. SmarTTY bietet im Vergleich zum Veteran PuTTY folgende Vorteile:

- mehrere Tabs pro Session
- automatische 1-Klick-Einrichtung von Passwordless SSH
- einfache Dateiübertragung aus derselben Anwendung
- automatische Integration von X-Forwarding für grafische Anwendungen

Damit ist die Arbeit mit SSH deutlich einfacher und fühlt sich auch als Windows-Nutzer nicht mehr so fremd an.

Nach dem Download von *http://smartty.sysprogs.com* musst du das Programm entweder installieren, oder, falls du die Portable Version gewählt hast, einfach nur mit 7-Zip[17] entpacken und anschließend SmarTTY ausführen. Der Startbildschirm präsentiert sich erst einmal relativ leer, da du noch keine gespeicherten Verbindungen hast. Durch einen Klick auf NEW SSH CONNECTION ... fügst du deine erste Verbindung hinzu. Dort gibst du den Hostnamen bzw. die IP, den Benutzernamen (z.B. in der Regel „pi“) und das Passwort ein. Lässt du das Häkchen bei *Setup public key authentication and don't ask for password again* gesetzt, erstellt SmarTTY für dich eine Schlüsseldatei und aktiviert damit automatisch Passwordless SSH. Damit musst du nie wieder das Passwort eingeben (Bild 4.11), stattdessen wird eine Schlüsseldatei verwendet.

[16] Download unter: *https://www.chiark.greenend.org.uk/~sgtatham/putty*
[17] Download unter: *https://www.7-zip.de*

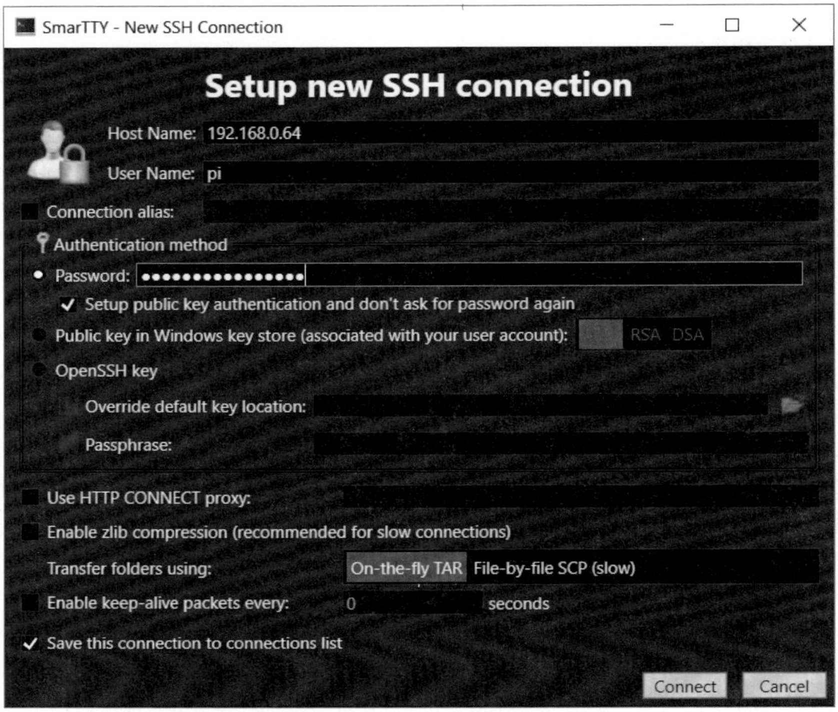

Bild 4.11 Konfigurationsdialog von SmarTTY: Hostname (IP), Username und Passwort

Nach einem Klick auf CONNECT erscheint ein Dialog über den kryptografischen Fingerprint deines Zielsystems, den du normalerweise mit SAVE bestätigen kannst (Bild 4.12). Wählst du eine „Smart Shell", erhältst du auf der linken Seite einen Datei-Explorer, wie du ihn von Windows her kennst, und rechts die Shell (Bild 4.13). Klickst du im Datei-Explorer auf eine Datei, kannst du diese entweder herunterladen oder direkt editieren. In der Shell kannst du dort beliebige Befehle ausführen, und sogar das X-Forwarding ist richtig konfiguriert, sodass auch grafische Anwendungen funktionieren. Wie wäre es mit ein paar kleinen Python-Spielchen zur Abwechslung? Alle werden ausgeführt auf dem Pi, angezeigt aber auf Windows (Bild 4.14).

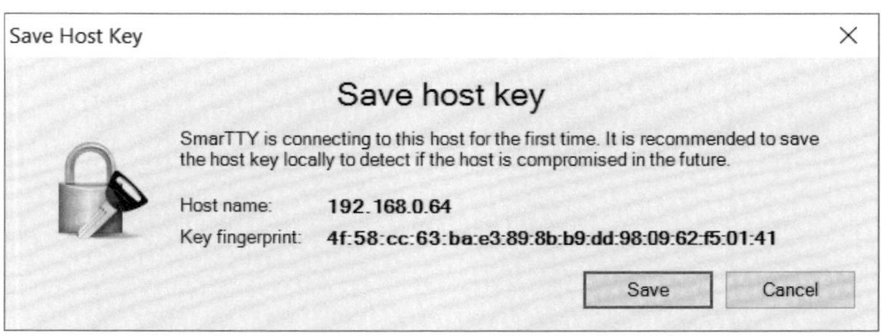

Bild 4.12 Einmalige Abfrage des kryptografischen Fingerabdrucks des Zielsystems

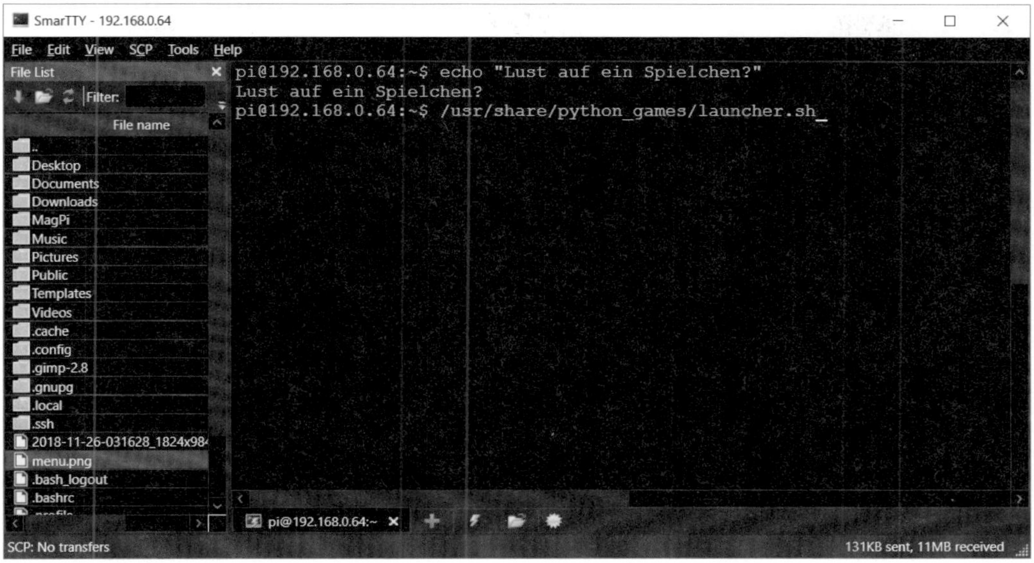

Bild 4.13 Smart Session: Datei-Explorer (links) und Shell (rechts)

Bild 4.14 Die Shell läuft noch im Hintergrund, während wir ein Spiel auf dem Raspi spielen. Die speziellen Ausgaben von ^[[A und ^[[B entsprechen übrigens den Pfeiltasten.

Absichern von SSH

Neben der bereits erwähnten etwas sichereren „passwordless SSH"-Variante empfiehlt es sich, den SSH-Dienst zusätzlich noch mit fail2ban zu schützen. Dabei protokolliert fail2ban jeden Anmeldeversuch mit. Finden zu viele fehlgeschlagene Logins statt, z. B. durch einen Angreifer, der das Passwort per Brute-Force-Angriff erraten will, wird die IP des Angreifers für 10 Minuten für Anmeldungen via SSH komplett gesperrt. Damit sinken die Erfolgschancen des Angreifers drastisch. Und das Beste daran: Die Installation und Einrichtung könnte einfacher nicht sein. Du musst einfach das Paket installieren (`sudo apt install fail2ban`) und schon bist du fertig. Falls du sehen möchtest, wie gut fail2ban funktioniert und wie viele Angreifer ausgesperrt wurden, kannst du dies mit `fail2ban-client status ssh` einfach herausfinden.

Siehe auch: *https://www.raspberrypi.org/documentation/remote-access/ssh/passwordless.md*

4.1.3.5 Auf einen Blick

Pro und contra:

- **(+)** vollwertiges System mit echtem Linux/Windows
- **(+)** Standard-PC-Software ist auf dem Raspberry Pi lauffähig.
- **(+)** hohe Performance
- **(+)** Zero W als günstiges Modell mit WLAN-Anbindung
- **(+)** freie Wahl der Programmiersprache
- **(–)** Das Zeitverhalten (Timing) bei der Ansteuerung von GPIOs ist nicht immer konstant. Dies führt manchmal zu Problemen bei der Ansteuerung von externer Hardware. Hier eignet sich ein Arduino oder ein anderer Mikrocontroller oft besser.
- **(–)** passend starkes Netzteil notwendig
- **(–)** höherer Stromverbrauch als bei einem Mikrocontroller
- **(–)** zusätzliche Kosten durch SD-Karte und Netzteil

Anwendungsgebiete:

- Allzweckwaffe, sofern Strom keine Rolle spielt
- Kann als Gateway/Server für alle anderen Gadgets dienen

Sonstiges:

Die Raspberry-Pi-Modelle sind untereinander kompatibel. Man kann also bequem eine Lösung auf einem Raspberry Pi 3B+ entwickeln, aber einen kostengünstigeren Zero W für den produktiven Masseneinsatz verwenden.

4.1.4 ESP8266

Die Welt der Maker wurde 2014 komplett verändert, als das ESP-01-Modul von Ai-Thinker auf den Markt kam. Zunächst war das Modul nur mit chinesischen Datenblättern und spärlichen Informationen verfügbar, gedacht als eigenständiges WLAN-Modul für andere Mikrocontroller. Mit einem Preis von ca. 5 US$[18] war es unschlagbar günstig.[19] Mit dem Modul war es möglich, bestehende Projekte einfach mit WLAN nachzurüsten. Plötzlich konnte alles „smart" werden, und das IoT wurde deutlich realistischer.

Der eigentliche Clou kam jedoch erst ein paar Monate später, als bekannt wurde, dass man den verbauten Mikrocontroller, ESP8266 von Espressif, auch programmieren kann. Ein passendes SDK und die dazugehörige Toolchain waren kurz danach verfügbar. Es tauchten die ersten alternativen Firmwares für den ESP8266 auf, die den Einstieg etwas erleichterten. Hierbei war insbesondere Node MCU ein Vorreiter. Mittels Lua-Skripten konnte man die Funktionalität und die Konfiguration einfach zur Laufzeit anpassen.

Das ESP-01-Modul führte jedoch nur wenige GPIOs auf eine Stiftleiste heraus, sodass sich das eigentliche Potenzial des ESP8266 nicht vollständig nutzen ließ. Während die für den stromsparenden Deep-Sleep-Modus nötige Kabelbrücke zwischen einem Pin am Rande des ESP8266 und einem Pin auf der Stiftleiste noch mit etwas Geschick möglich war, benötigte man schon eine sehr ruhige Hand und gute Lötfertigkeiten, um z. B. SPI oder I2C nutzen zu können, denn zwischen zwei Pins sind ja nur 0,4 mm Platz. Inzwischen gibt es glücklicherweise eine Menge Development-Boards für den ESP8266, die sämtliche Pins herausführen und teilweise auch noch etwas weitere Peripherie mitbringen, wie z. B. Ladeschaltungen für einen Akku und die passende USB-Schnittstelle zum Programmieren des ESP (Bild 4.15). Darüber hinaus sind die ersten kommerziellen Produkte auf Basis des ESP8266 bzw. seines Bruders ESP8285 auf dem Markt, so z. B. die sehr erfolgreichen, flashbaren Sonoff-Steckdosen von ITEAD und deren Klone. Diese kann man nicht nur im Internet kaufen, sondern auch bei großen Baumärkten – eine perfekte Ausgangsbasis für unsere Projekte.

Doch nicht nur auf der Hardwareseite hat sich einiges getan, auch die Softwareunterstützung hat sich deutlich verbessert: Neben weiteren alternativen Firmwares, wie z. B. MicroPython, lässt sich der ESP8266 einfach per Arduino-IDE programmieren. Damit steht dir das komplette Arduino-Ökosystem zur Verfügung, inklusive zahlloser Bibliotheken und Beispiele. Auch unsere bestehenden Arduino-Projekte lassen sich dadurch einfach portieren.

---

[18] Der Realpreis lag in Deutschland anfangs bei ca. 12 € pro Modul.

[19] Vergleichbare Module waren damals nicht für unter 20 € zu haben und meistens recht kompliziert einzubauen.

Bild 4.15 ESP8266-Entwicklungsboard NodeMCU LUALolin V3 (© Sonja Hemmersbach)

4.1.4.1 Flasher-Schaltungen

Um die ESP-01-Module sowie anderweitig verbaute ESP8266 (wie z. B. in den Sonoff-Steckdosen) zu flashen, benötigt man einen passenden USB-zu-UART-Wandler. Das Problem hierbei ist jedoch, dass die meisten handelsüblichen Wandler, wie z. B. der FTDI232R, nur maximal 50 mA auf der 3,3-V-Leitung bereitstellen. Dies ist deutlich zu wenig, um einen ESP8266 zuverlässig mit Strom zu versorgen, da dieser im Schnitt 80 mA benötigt, in Spitzen manchmal auch 200 mA. Damit ist der FTDI an sich ungeeignet, um den ESP während des Flash-Vorgangs mit Strom zu versorgen. Verwendet man ihn trotzdem, klappt es im besten Fall mit dem Flashen nach ein paar Versuchen, im schlechtesten Fall löst sich der Wandler und/oder der ESP in Rauch auf. Besser ist es, hier auf eine alternative Stromversorgung zurückzugreifen. Dafür eignet sich entweder der 3,3-V-Ausgang eines Arduino Uno R3[20] wie in Bild 4.16, oder man verwendet einen Breadboard-Adapter, der die entsprechende Spannung mittels eines Steckernetzteils bereitstellt.

> Hat man keine andere Spannungsquelle zur Hand, kann man auch einen etwas größeren Kondensator in die Spannungsversorgung setzen. Damit lassen sich kleinere Spitzen abfangen und das Flashen klappt meistens trotzdem.

[20] Der verwendete Spannungsregler LP2985 liefert 150 mA im normalen Zustand und kann Spitzen bis zu 350 mA abfedern.

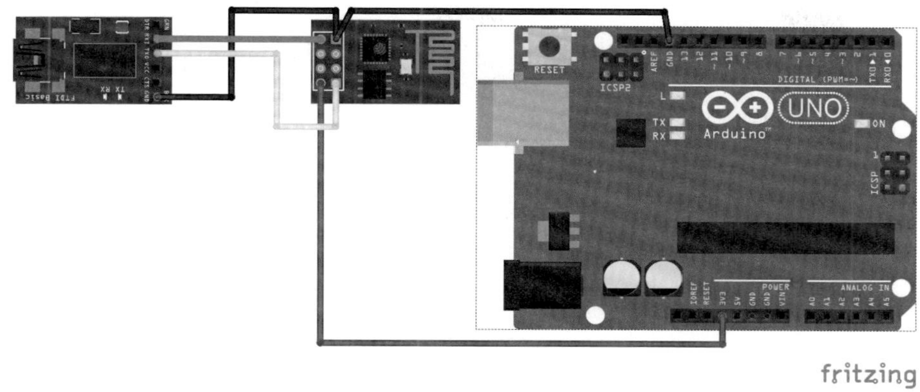

Bild 4.16 Aufbau einer ESP8266-Flash-Schaltung mit einem Arduino als Stromquelle

Alternativ gibt es für ca. 5 € spezielle Flasher-Schaltungen, die einen entsprechenden USB-zu-UART-Wandler und einen passenden Spannungsregler beinhalten. Verwendet man hingegen fertige Entwicklungsboards wie das NodeMCU (Bild 4.15) oder das ESP32-Thing (Bild 4.18), muss man sich um das Thema der Spannungsversorgung während des Flashens nicht mehr kümmern. Dort ist alles Notwendige bereits enthalten.

4.1.4.2 Nutzung der Arduino-IDE

Um die Vorteile des Arduino-Ökosystems zu nutzen, musst du die Unterstützung für den ESP8266 mittels des Boardverwalters der Arduino-IDE nachinstallieren. Hierzu rufst aus dem Menü Datei > Voreinstellungen auf, fügst in der Zeile *Zusätzliche Boardverwalter-URLS* die URL *http://arduino.esp8266.com/stable/package_esp8266com_index.json* ein und bestätigst die Eingabe mit OK (Bild 4.17).

> Falls sich bereits eine URL in diesem Feld befindet, kannst du entweder ein einfaches Komma als Trennzeichen eingeben oder auf das kleine Symbol rechts vom Eingabefeld klicken.

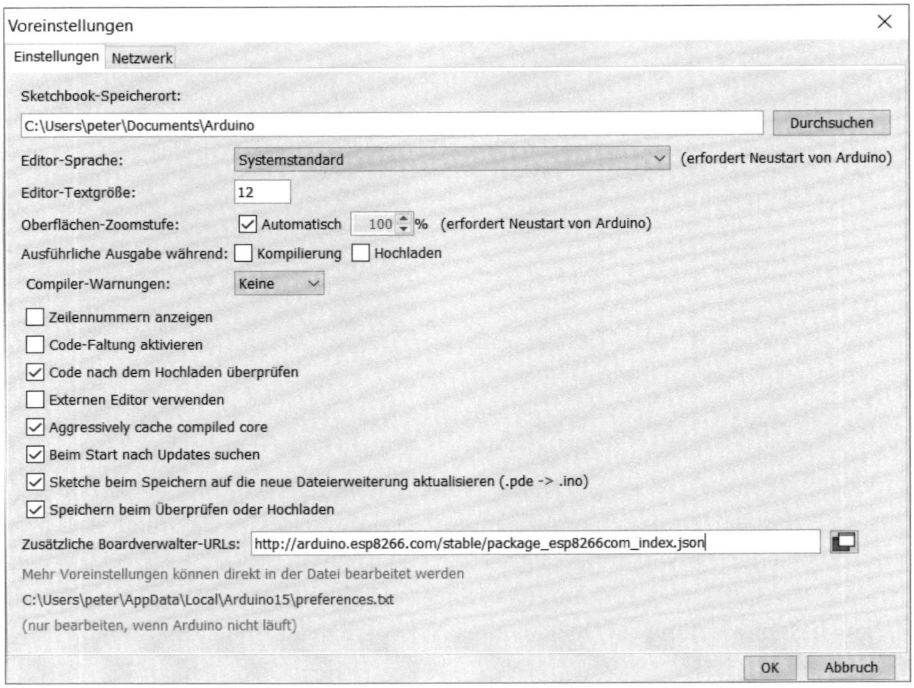

Bild 4.17 Arduino-Einstellungen: Hier trägst du die Boardverwalter-URL ein.

Anschließend wählst du über Werkzeuge > Board den Boardverwalter... aus und suchst im Feld rechts oben nach „ESP". In den Suchergebnissen wählst du nun „esp8266 by ESP8266 Community" aus und klickst auf installieren. Es werden anschließend mehrere hundert Megabyte heruntergeladen und installiert. Sobald die Installation abgeschlossen ist, kannst du den Boardverwalter-Dialog schließen.

Um die Installation auszuprobieren, schließt du dein ESP8266-Board an deinen PC an und wählst das dazu passende Board unter Werkzeuge > Board aus. Sollte dein Board nicht dabei sein, wählst du *Generic ESP8266 Module* aus. Nun lädst du wie gewohnt eines der Beispiele auf das Board hoch und testest, ob so weit alles funktioniert. Hier empfiehlt sich, entweder Beispiele > ESP8266 > Blink als einfaches Beispiel oder Beispiele > ESP8266 WebServer >HelloServer, um gleich deine neue WLAN-Funktionalität auszuprobieren.

Bei manchen ESP8266-Boards muss zum Flashen ein Jumper gesetzt oder eine Taste (oft mit *boot* beschriftet) gedrückt werden.

Auf einen Blick: ESP8266

Pro und contra:

(+) günstigste Möglichkeit, um Projekte mit WLAN umzusetzen

(+) kompatibel mit Arduino-Software

(+) kommerzielle, „hackbare" Produkte auf Basis des ESP verfügbar

Anwendungsgebiete:

- WLAN-Sensoren
- WLAN-Nachrüstung in bestehenden Projekten
- kann als Arduino-Ersatz dienen

Sonstiges:

Dieser Chip hat eine ganze Reihe von neuen Geräten ermöglicht und Inspirationen für zahlreiche Projekte geliefert.

4.1.5 ESP32

Nach dem großen Erfolg des ESP8266 wurde 2016 dessen Nachfolger ESP32 von Espressif vorgestellt (Bild 4.18). Neben deutlich mehr Leistung (Dual-Core CPU mit 160 MHz, 520 KB SRAM) und einer Menge mehr Peripherie (unter anderem eingebauter Hallsensor, Temperatursensor[21] und Touch-sensitive GPIOs) ist die für uns interessanteste Neuerung die Unterstützung von Bluetooth Low Energy (BLE). Mittels BLE lassen sich nun sehr stromsparende Sensorlösungen realisieren, und bei Bedarf kann eines der ESP32-Module die Daten wie bisher per WLAN übertragen.

Der Preis für die ESP32-basierten Module ist generell ein paar Euro höher[22] als für ESP8266-Module, dennoch lohnt es sich, zu überlegen, ob man für neue Projekte auf den ESP32 umsteigt. Die Softwareunterstützung für den ESP32 ist noch nicht ganz so gut wie für den ESP8266, dennoch werden sehr viele Bibliotheken und Beispiele von beiden Plattformen unterstützt.

---

[21] Leider ist eingebaute der Temperatursensor nur bedingt zuverlässig, da sich das ESP32-Modul selbst erhitzt und damit die Messung beeinflusst.

[22] ESP32 Development Boards sind zum Zeitpunkt der Drucklegung dieses Buches ab ca. 10 € erhältlich, vergleichbar ausgestattete ESP8266 Development Boards ab ca. 3 €.

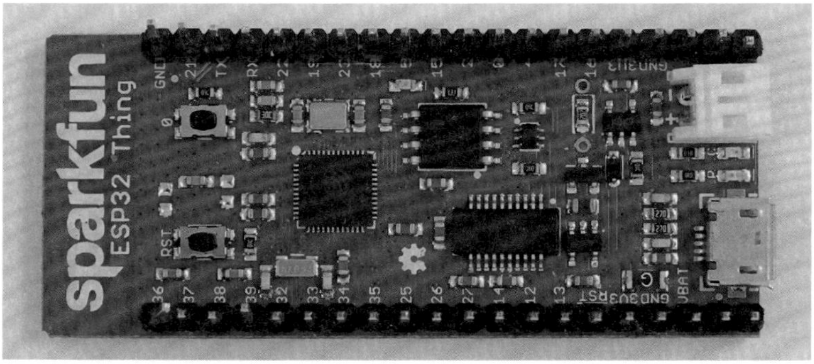

Bild 4.18 ESP32 Thing Board (© Sonja Hemmersbach)

Nutzung der Arduino-IDE

Auch für den ESP32 gibt es wieder Arduino-Unterstützung, dieses Mal sogar direkt von Espressif. Die Installation erfolgt analog zum ESP8266 über den Boardmanager (wie in Abschnitt 4.1.4.2 beschrieben). Lediglich die URL ist eine andere: *https://dl.espressif.com/dl/package_esp32_index.json*. Sollte sich kein passendes Board finden lassen, wählst du am besten das *ESP32 Dev Module* aus.

Auf einen Blick

Pro und contra:

(+) Upgrade von ESP8266 mit mehr Rechenleistung

(+) mehr Peripherie, inklusive Bluetooth Low Energy (BLE)

(+) direkter Support in Arduino-Umfeld

(–) etwas höherer Stromverbrauch

(–) noch nicht alle Bibliotheken auf ESP32 portiert

Anwendungsgebiete:

- kann in denselben Bereichen wie der ESP8266 eingesetzt werden
- Nachrüsten von BLE in bestehenden Projekten
- BLE zu WLAN-Gateway
- Touch-basierte Schalter

Sonstiges:

Reicht die Power eines ESP8266 nicht mehr aus, dann ist der ESP32 die richtige Wahl.

4.1.6 Calliope mini

Der Calliope mini[23] tanzt bei unseren Hardwareplattformen ein wenig aus der Reihe. Schon wenn man die Packung öffnet, wird man von einem sternförmigen Board, einer farbenfrohen Broschüre und einer Menge Sticker überrascht (Bild 4.19). Versorgt man das Board mit Strom, entweder über das mitgelieferte Batterie-Pack oder über das ebenfalls mitgelieferte Micro-USB-Kabel[24], wird man vom Board mit einem Smiley auf dem LED-„Display" begrüßt und gleich aufgefordert, ein paar Features des Boards interaktiv auszuprobieren.

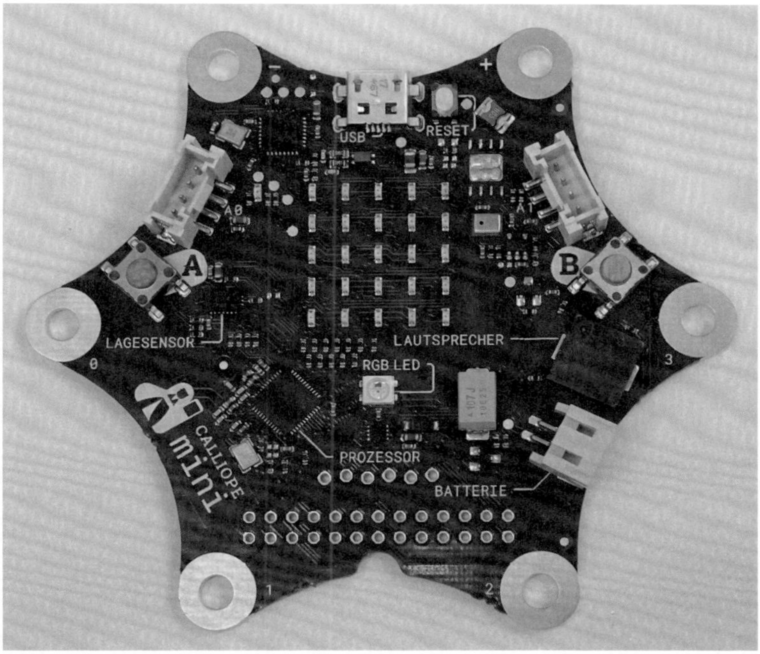

Bild 4.19 Calliope mini: Alle Komponenten auf dem Board sind beschriftet (© Sonja Hemmersbach).

Du merkst schon, hier ist alles ganz anders als bei den anderen Plattformen, denn die Zielgruppe ist eine andere: Der Calliope mini wurde speziell dafür entwickelt, Kindern und Jugendlichen das Programmieren näherzubringen – mit Spiel, Spaß und Spannung. Die Programmierung gestaltet sich vollkommen anders als bei den anderen Boards: online im Browser, und zwar grafisch.

Ein vollständiges Thermometer ist in einem der vielen Online-Editoren[25] schnell zusammengeklickt (Bild 4.20). Anschließend klickst du auf HERUNTERLADEN und speicherst die

---

[23] So lautet der offizielle Name, dennoch wird das mini meistens weggelassen – schreibfaule Programmierer eben.

[24] Natürlich auch im Calliope-Design.

[25] In diesem Fall mit Open Roberta: *http://lab.open-roberta.org*

.hex-Datei auf den Calliope mini, der sich wie ein ganz normaler USB-Stick als Laufwerk beim Betriebssystem meldet. Nach wenigen Momenten startet der Calliope mini neu und zeigt dir nun immer die aktuelle Temperatur an. Ziemlich einfach, oder?

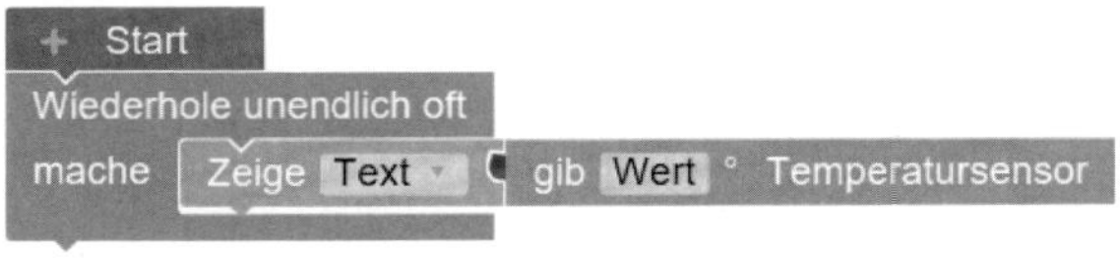

Bild 4.20 Thermometer mit dem Calliope mini

Dazu gibt es noch eine ganze Menge sehr gut aufbereiteter Projekte und Schulungsunterlagen auf Deutsch, denn der Calliope mini ist „Made in Germany" und speziell für die deutsche Schullandschaft entwickelt worden. Es gibt sogar ein Schulbuch vom Cornelsen Verlag dazu: *Coden mit dem Calliope mini* (ISBN 978-3-06-600012-2), einsetzbar für die dritte Klasse.

Dennoch ist die Idee des Calliope mini nicht ganz neu, sondern basiert auf einer Initiative der guten alten BBC aus Großbritannien: dem BBC micro:bit. Entwickelt wurde das kleine Board dort 2015 und wird seit 2016 kostenlos, mit Unterstützung von Sponsoren und Partnern, an Schüler der siebten Klassen verteilt. Im Gegensatz zum Calliope bietet der micro:bit etwas weniger Peripherie, ansonsten sind die Boards weitestgehend miteinander kompatibel. Du solltest auf der Suche nach Informationen zum Calliope auch immer mal mit „microbit" als Suchwort suchen.

Auch wenn du vermutlich nicht mehr ganz der eigentlichen Zielgruppe angehörst, solltest du die Calliope-Plattform nicht als Spielzeug abtun. Neben einer kleinen ARM-Cortex-M0-CPU bringt die Plattform allerhand Peripherie mit: Angefangen bei Temperatur- und Beschleunigungssensor über Gyroskop und Magnetometer, Lautsprecher und Mikrofon bis hin zur RGB-LED und einer 5×5 LED-Matrix ist alles an Bord. Bluetooth Low Energy (BLE) wird natürlich auch direkt unterstützt.

Nach kurzer Eingewöhnung macht das „Hacken" mit dem Calliope unglaublich viel Spaß, speziell wenn man nur schnell etwas ausprobieren möchte: den Online-Editor aufgerufen, ein Programm zusammengeklickt und per Speichern auf den Calliope geflasht, fertig. Einzig der Preis von knapp 35 € erscheint auf den ersten Blick relativ hoch, speziell im Vergleich zum ESP32 oder Raspberry Pi Zero W. Dafür erhält man jedoch eine sehr hochwertige Dokumentation auf Deutsch, und die Peripherie kostet allein auch schon einiges. Außerdem ist das Design toll. Ob sich der Calliope mini langfristig durchsetzen wird und sich jedes Kind damit für das Programmieren begeistern lässt, bleibt abzuwarten. Doch nur zur Erinnerung: Der Raspberry Pi war ursprünglich auch als Lernplattform für Kids gedacht. Vielleicht steht die nächste Revolution tatsächlich vor der Tür.

Auf einen Blick

Pro und contra:

(+) bereits sehr viel Peripherie an Bord (Motorsteuerung, RGB-LED, Lautsprecher, Sensoren, Display)

(+) einfache Programmierung (auch unterwegs)

(+) Flashen durch Kopieren einer Datei auf einen „USB-Stick"

(−) Preis (zumindest auf den ersten Blick)

Anwendungsgebiete:

- Lernplattform für Programmiereinsteiger (insbesondere Kinder und Jugendliche)
- schnelle Tests während der Produktentwicklung, bei denen man nicht die IDE aufrufen möchte

Sonstiges:

Zum Calliope mini sind sehr viele deutschsprachige Materialien und Projektbeschreibungen verfügbar.

4.2 Schnittstellen

Damit deine Smart Gadgets, genauer gesagt die darin verbauten Boards, direkt mit Sensoren und ähnlichen Komponenten kommunizieren können, benötigen Sie eine definierte Schnittstelle zu diesen. Diese Schnittstellen nennt man teilweise auch Bus oder Bus-Systeme. Auch wenn unklar ist, ob der Name wirklich davon kommt, kannst du dir einfach vorstellen, dass deine Daten mit/auf diesem Bus zwischen deinem Board und einem Sensor hin- und herfahren. Ein Bus-System, dass jedermann bekannt ist, ist der Universal Serial Bus, kurz USB.

Im Folgenden werden wir drei häufig benutzte Embedded-Schnittstellen vorstellen: SPI, I2C und UART.

4.2.1 SPI

Beim Serial Peripheral Interface (SPI) handelt es sich um einen synchronen Datenbus. Mit diesem lassen sich digitale Schaltungen nach dem Master-Slave-Prinzip miteinander koppeln. Der Urheber dieses Systems ist Motorola. Eine Beispielanwendung ist der Anschluss eines IO-Port-Expanders, damit weitere Schnittstellen zur Verfügung stehen (z. B. mithilfe des Bausteins MCP23S17), oder die Anbindung eines EEPROMs als Konfigurationsspeicher. In letzter Zeit haben sich insbesondere auch LED-Streifen oder Stränge mit SPI auf dem Markt verbreitet, mit denen einzelne LEDs adressiert und geschaltet werden können (beispielsweise WS2801 LEDs).

Die Realisierung erfolgt über vier logische Signale:

- SCLK (Serial Clock): Taktsignal, vom Master generiert
- MOSI (Master Output, Slave Input): Ausgang vom Master
- MISO (Master Input, Slave Output): Eingang vom Master
- #CS (Chip Select)/#CE (Chip Enable)/#SS (Slave Select): Signal zur Adressierung des Slaves, Active Low, 1 pro Slave

Die erreichbare Datenrate liegt bei bis zu 160 Mbit/s, wobei der Standard selbst keine obere/untere Grenze angibt.

Die Besonderheit bei SPI ist, dass es sich hierbei um einen Full-Duplex-Bus handelt, d. h., Master und Slave können gleichzeitig Daten zum jeweils anderen übertragen.

Auf einen Blick

Pro und contra:

(+) Full Duplex (doppelte Datenrate durch gleichzeitiges Senden und Empfangen)

(−) Full Duplex (das gleichzeitige Senden und Empfangen erhöht die Komplexität)

(+) hohe Datenraten

(−) Jeder Slave benötigt seine eigene #CS-Leitung, damit hoher GPIO-Verbrauch.

Anwendungsgebiete:

- Displays
- EEPROMs/Flash-Speicher
- GPIO-Expander
- LED-Streifen

Sonstiges:

SPI gibt es auch als „Three-Wire"-Variante. Hier sind MISO/MOSI zu einer Leitung zusammengefasst, und es wird nur noch Half Duplex gesprochen.

4.2.2 I2C

Bei I²C (auch I2C geschrieben) handelt es sich um ein serielles Protokoll, das über zwei Leitungen realisiert wird. Mit I2C lassen sich z. B. A/D- und D/A-Wandler ansprechen. Darüber hinaus wird es häufig zur Ansteuerung von GPIO-Expandern verwendet, auch Sensoren werden oft per I2C angebunden. Das Protokoll wurde ursprünglich von Philips (heute NXP) entwickelt. Aus patent- und lizenzrechtlichen Gründen gibt es I2C auch unter anderen Namen, z. B. Two-Wire-Interface (TWI) von Microchip. Obwohl es prinzipiell sehr einfach umzusetzen ist, ist das Protokoll dennoch sehr mächtig. Es bietet neben einem Adressierungsschema auch eine automatische Bus-Priorisierung sowie eine Synchronisierung über Steuersignale (Start-/Stop-Bit, ACK/NACK). Aus diesem Grund findet das Protokoll breite Anwendung.

I2C arbeitet über zwei Signalleitungen:

- Taktleitung: Serial Clock (SCL, vom Master generiert)
- Datenleitung: Serial Data (SDA)

Die Leitungen werden dabei über Pull-ups auf HIGH gezogen, über die damit resultierende dominante Null werden Kollisionen auf dem Bus automatisch gelöst.

Über einen Adressraum von 7 Bit können bis zu 112 Knoten auf einem Bus angesprochen werden (von den 128 möglichen Adressen sind 16 fest reserviert).

In der Praxis finden sich zwei Modi von I2C:[26] Standard Mode mit 100 kbit/s und Fast Mode mit 400 kbit/s. Viele Master unterstützen auch das Clock-Stretching-Protokoll: Hierbei kann ein Slave die Taktleitung nach unten ziehen und damit den Takt verlangsamen, damit lassen sich langsame und schnelle Slaves auf einem Bus integrieren.

In der Praxis trifft man leider sehr oft auf ziemlich schlechte Implementierungen von I2C-Mastern. Oft wurden gewisse Teile des Standards nicht oder nur teilweise implementiert, vermutlich um den Patenten/Lizenzen aus dem Weg zu gehen oder um Entwicklungszeit oder Hardware zu sparen. Speziell bei gewissen „corner cases" der Spezifikation ergeben sich oft große Unterschiede. Deshalb solltest du dich nicht wundern, wenn ein I2C-Slave auf dem einen Master funktioniert und auf dem anderen nicht. Teste im Zweifel etwas ausführlicher. Die gute Nachricht zum Schluss: Die in diesem Buch vorgestellten Boards haben alle eine akzeptable Implementierung der I2C-Master. ■

[26] Die weiteren Modi mit höheren Datenraten sind uns in der Praxis bisher selten bis gar nicht begegnet.

Auf einen Blick

Pro und contra:

(+) nur zwei Leitungen für bis zu 116 Slaves

(+) intelligentes Bus-Design mit vielen Features

(+) notfalls auch per Bitbanging über zwei GPIOs realisierbar

(−) I2C-Master mit Bugs/Limitierungen

(−) Geschwindigkeit nur 100 bzw. 400 kbit/s

(−) Pull-ups müssen richtig dimensioniert sein.

Anwendungsgebiete:

- Sensoren
- GPIO-Expander
- kleine EEPROMs

Sonstiges:

Von I2C gibt es noch ein Subset namens SMBus mit festen Paketlängen.

4.2.3 UART

Die Schnittstelle UART (Universal Asynchronous Receiver Transmitter) kennen die älteren von uns noch als serielle Schnittstelle oder besser RS232. Im Gegensatz zur RS232 benötigt UART jedoch keine negative 12-V-Spannung, sondern setzt auf die bekannten 3,3 V oder 5 V. UART wird häufig zur Ansteuerung weiterer Hardware, wie z. B. Bluetooth-Sendern/-Empfängern und GPS-Modulen, verwendet oder zur einfachen Kommunikation mit bzw. zwischen Mikrocontrollern. Die Programme für Arduino & Co. werden auch über UART auf das System übertragen.

Verwendet man beim ESP8266 die mitgelieferte Standard-Firmware, kann man per UART die AT-Modem-Kommandos schicken und den ESP8266 als WLAN-„Modem“ verwenden. Die Datenrate von UART beträgt bis zu 1 Mbit/s, typischere „Baudraten“ sind jedoch 115 200, 19 200 oder 9600 Baud/s. Die Realisierung erfolgt über zwei Datenleitungen:

- UART RXD (Receive): zum Empfang von Daten
- UART TXD (Transmit): zum Senden von Daten

Durch die asynchrone Betriebsweise (die Baudrate muss vorher auf beiden Seiten eingestellt werden) wird keine eigene Leitung für das Taktsignal benötigt.

Die TXD- und RXD-Leitungen müssen überkreuzt angelegt werden:

TX(A) ↔ RX (B)

RX(A) ↔ TX (B)

Auf manchen USB-zu-UART-Adaptern ist dies jedoch schon verkehrt herum aufgedruckt. Dann muss man die Stecker nochmals drehen. Keine Sorge, dabei geht nichts kaputt.

Auf einen Blick

Pro und contra:

(+) bewährte Technik in „neuem“ Gewand

(+) universell einsetzbar, oft verfügbar

(+) hardwarebasierte Flusskontrolle theoretisch möglich

(–) geringe Übertragungsraten

Anwendungsgebiete:

- Aus- und Eingaben von Mikrocontrollern (z. B. Debug-Meldungen)
- Steuerung von Mikrocontrollern
- Schnittstelle zum Flashen von Firmware
- AT-Modem-Kommandos

Sonstiges:

Kennt man die Baudrate der Gegenstelle nicht, kann man versuchen, diese einfach durchzuprobieren. Erscheinen sinnvolle Buchstaben, hat man die richtige Baudrate gefunden.

4.3 Komponenten

Da deine Smart Gadgets mit der Außenwelt interagieren sollen, bestehen sie in der Regel nicht nur aus dem Mikrocontroller bzw. Raspberry Pi, sondern beinhalten noch weitere Komponenten, z. B. Sensoren und Aktoren. Im Folgenden stellen wir dir eine Auswahl wichtiger Komponenten vor, die du für die meisten deiner Smart Gadgets benötigen wirst. Natürlich ist die Auswahl bei Weitem nicht vollständig. Sie soll einen ersten Überblick geben und Inspirationen für die Realisierung eigener Projekte liefern.

4.3.1 LEDs

LEDs (Licht emittierende Dioden) spielen bei vielen Projekten eine große Rolle. Einerseits können sie bestimmungsgemäß als Leuchtelement verwendet werden. Auf der anderen Seite können sie leicht als Prüfinstrument eingesetzt werden. Einfache LEDs können praktischerweise direkt an die GPIO-Pins angeschlossen werden, da die Stromstärke an den Ports für LEDs ausreicht. Damit kann man sehr einfach und mit geringem Fehlerpotenzial prüfen, ob eine Schaltung am Port auch tatsächlich funktioniert. Dennoch gilt es, einige Dinge zu beachten: Dioden haben nur einen sehr kleinen Innenwiderstand, auf den das ohmsche Gesetz nicht anwendbar ist. Dioden begrenzen den Strom nicht, und bereits kleine Spannungsänderungen lassen den Stromfluss stark ansteigen. Dies führt bei einem direkten Betrieb an einer Spannungsquelle zu einem sehr hohen Risiko. Die LED oder im schlechteren Fall der Raspberry Pi/Mikrocontroller können beschädigt werden.

Beim Einsatz von Leuchtdioden muss daher immer ein Vorwiderstand verwendet werden, da er den Strom begrenzt. Über die Stromstärke kann die Helligkeit der LED reguliert werden. Ist diese zu gering, leuchtet die LED nur schwach. Daher ist der Vorwiderstand passend zu wählen. Der entsprechende Widerstandswert kann berechnet werden. Hierzu benötigt man die Betriebsspannung der LED (muss am GPIO bei 3,3 V liegen), deren Flussspannung und die zulässige Stromstärke der LED. Diese Werte kann man aus dem Datenblatt der LED entnehmen. In der Regel liegen die Flussspannungen bei den in Tabelle 4.2 genannten Werten.

Tabelle 4.2 Flussspannungen

LED-Farbe	Flussspannung in Volt
Infrarot	1,2 V
Rot	1,8 V
Gelb, Grün	2,0 V bis 2,5 V
Blau, Weiß	3,6 V
Ultraviolett	3,6 V bis 4,0 V

Die Berechnung des Widerstandswertes für den Vorwiderstand erfolgt anhand folgenden Beispiels:

- rote LED mit 1,8 V
- maximal 10 mA Durchfluss durch die LED

Zunächst berechnest du die Spannung am Widerstand anhand folgender Formel:

$$\text{Spannung Vorwiderstand} = \text{Betriebsspannung} - \text{Flussspannung} \qquad \text{Formel 4.1}$$

Für das Beispiel gilt also: Spannung Vorwiderstand = 3,3 V – 1,8 V = 1,5 V. Mit diesem Wert kannst du nun den Widerstandswert mithilfe des ohmschen Gesetzes berechnen:

$$R = U/I \qquad \text{Formel 4.2}$$

Für das Beispiel gilt also: Vorwiderstand = 1,5 V/10 mA = 150 Ω. Die verwendeten Formeln können wie folgt zusammengefasst werden:

$$\text{Vorwiderstand} = (\text{Betriebsspannung} - \text{Flussspannung})/\text{Stromstärke} \qquad \text{Formel 4.3}$$

In unserem Beispiel muss demnach ein 150-Ω-Widerstand eingebaut werden. Hast du einen passenden Widerstand nicht zur Hand, solltest du den nächstgrößeren verfügbaren nehmen (z. B. 220 Ω). Weitere Erläuterungen zum Thema Widerstand findest du in Abschnitt 4.3.3.

Die Kathode wird direkt mit dem Ground-Pin verbunden. Vor der Anode wird der Widerstand eingesetzt.

> Das kürzere Bein einer LED ist die Kathode und wird an Minus (–) angeschlossen. Das längere Beinchen ist die Anode, sie schließt du an Plus (+) an.
>
> Merkhilfe: kürzeres Beinchen, weniger Länge, Minus

Es gibt neben den einfarbigen LEDs auch noch sogenannte RGB-LEDs. Diese kombinieren eine **r**ote, **g**rüne und **b**laue LED in einem Gehäuse und benötigen damit etwas weniger Platz. RGB-LEDs sind in zwei Ausführungen erhältlich: gemeinsame Kathode oder gemeinsame Anode. Die Ansteuerung ist ansonsten identisch zu der dreier einzelner LEDs.

> Neben den klassischen LEDs gibt es auch noch Hochleistungs-LEDs, wie sie z. B. in Taschenlampen oder anderen Leuchtmitteln verwendet werden. Diese lassen sich **nicht** direkt an einem GPIO-Port betreiben, sondern benötigen eine deutlich stärkere Stromquelle und müssen über einen Transistor geschaltet werden. Hierfür eignen sich spezialisierte LED-Treiberbausteine, die diese Ansteuerung übernehmen und teilweise auch eine Helligkeitsregulierung der LEDs über Pulsweitenmodulation (PWM) anbieten.
>
> Um mehr über PWM zu erfahren, lohnt sich ein Blick in Abschnitt 4.3.7.1.

Auf einen Blick

Pro und contra:

(+) günstig

(+) einfache Statusanzeige

(+) vielseitige Anwendung

(−) Helligkeitssteuerung über PWM

(−) Für Hochleistungs-LEDs wird ein LED-Treiber benötigt.

Anwendungsgebiete:

- alles, was leuchtet oder blinkt
- Statusanzeigen (grün/rot)
- Hochleistungs-LEDs zur Beleuchtung
- kleine Displays mit LED-Matrizen

Sonstiges:

- RGB-LEDs vereinen drei LEDs in einem Gehäuse.
- Baut man die LED umgekehrt in eine Schaltung ein, kann man sie auch als Helligkeitssensor verwenden (Stichwort: Reaktivlicht).

4.3.2 Smarte LEDs: NeoPixel & Co.

Neben den klassischen LEDs gibt es auch smarte Varianten. Diese beinhalten neben der eigentlichen LED einen Treiberbaustein und die entsprechende Ansteuerung zur Farb- und Helligkeitssteuerung. Durch den bereits enthaltenen Treiberbaustein werden außerdem oft deutlich stärkere LEDs verbaut, sodass man die smarten LEDs auch direkt zur Beleuchtung verwenden kann. Die Ansteuerung selbst erfolgt über ein relativ einfaches Protokoll, das über passende Bibliotheken in der Regel bereits implementiert ist.

Die bekanntesten Vertreter sind WS2812-/WS2811-/SK6812-basierte LEDs bzw. die unter dem Markennamen NeoPixel von Adafruit vertriebenen Produkte. Der Calliope mini verwendet z. B. die WS2812b für seine RGB-LED. Daneben gibt es noch andere, individuell adressierbare smarte LEDs, wie z. B. WS2801, die jedoch ein anderes Protokoll sprechen. Deshalb solltest du trotz ähnlicher Namen immer genau nachlesen, ob die Bibliothek zum Produkt passt.

In Abschnitt 5.4.2.4 werden wir diese Art von LEDs für die Word Clock einsetzen und im Detail erklären.

Auf einen Blick

Pro und contra:

(+) einfache Ansteuerung

(+) LEDs einzeln ansteuerbar

(+) Hochleistungs-LEDs verfügbar

(–) teurer als reguläre LEDs

Anwendungsgebiete:

kann als Ersatz für klassische LEDs dienen

Beleuchtungskonzepte

Statusleuchten

einfache Displays

Sonstiges:

Die Verwechslungsgefahr der einzelnen Produkte ist durch ähnliche Produktbezeichnungen sehr hoch.

4.3.3 Widerstände

Neben LEDs wirst du bei Projekten sehr häufig auf Widerstände treffen, da diese von sehr vielen Bauteilen benötigt werden. Es gibt verschiedenste Qualitätsstufen von Widerständen. In unserem Fall reichen günstige Kohleschicht-Widerstände aus. Um den Start zu vereinfachen, ist es empfehlenswert, sich ein fertiges Sortiment an Widerständen zu kaufen, das bereits sortiert und beschriftet ist. Das sorgt dafür, dass du den benötigten Widerstand jederzeit findest. Sobald jedoch die Ordnung durcheinandergerät oder man einen bereits verbauten Widerstand bestimmen möchte, ist es hilfreich, die Farbcodierung der Widerstände zu kennen.

Auf den Widerständen finden sich in der Regel vier oder fünf Ringe. Einer davon ist weiter abseits und durch einen größeren Abstand von den anderen getrennt. Dieser einzelne Ring sagt etwas über die Toleranzen im Hinblick auf die Genauigkeit aus und ist für deine Zwecke zu vernachlässigen. Die anderen Ringe geben die Stärke in Ohm (Ω) an, deren Farbcodierung in Bild 4.21 dargestellt ist. Um einen Widerstand abzulesen, legst du ihn so vor dich hin, dass sich der Toleranzring auf der rechten Seite befindet. Danach liest du ihn von links nach rechts ab. Der letzte Ring vor der Lücke (also der dritte oder vierte) gibt den Multiplikator an. Der im vorherigen Beispiel benötigte 150-Ω-Widerstand hätte demnach die Farbcodierung: Braun (1), Grün (5), Braun (Multiplikation mit 10 Ω).

Farbe	Ziffer	Multiplikator
Schwarz	0	1 Ω
Braun	1	10 Ω
Rot	2	100 Ω
Orange	3	1 kΩ
Gelb	4	10 kΩ
Grün	5	100 kΩ
Blau	6	1 MΩ
Violett	7	10 MΩ
Grau	8	100 MΩ
Weiß	9	1000 MΩ

Bild 4.21 Farbcodierung der Widerstände

Widerstände werden auch dafür verwendet, um ein Signal auf einen gewissen Pegel zu ziehen, sofern niemand anderes das Signal treibt. Zieht der Widerstand das Signal nach oben auf V_{CC}, spricht man von einem Pull-up-Widerstand, zieht er es nach unten auf GND, handelt es sich um einen Pull-down-Widerstand.

Einen Anwendungsfall für Pull-up-Widerstände hast du bereits mit dem I2C-Bus (Abschnitt 4.2.2) kennengelernt. Dort werden die Daten- und Taktleitung mittels Pull-up (meist 10 kΩ) nach oben gezogen. Bus-Teilnehmer schreiben dann nur noch die Nullen auf den Bus, indem sie ihn kurz mit GND verbinden. Der Widerstand nach GND ist kleiner als der Pull-up, und damit setzt sich die Null hier durch.

Nach demselben Prinzip werden Pull-ups/Pull-downs oft auch in Verbindung mit Tastern und Schaltern verwendet. Generell ist es stromsparender und einfacher, eine Logik mit Pull-ups zu realisieren, da man den Bus nicht aktiv treiben muss. ■

Auf einen Blick

Pro und contra:

(+) Standardbauteile

(+) supergünstig

(+) vielseitig einsetzbar

Anwendungsgebiete:

- Strombegrenzer für LEDs
- Spannungsteiler
- Pull-up/Pull-down für Busse und Schalter

Sonstiges:

Mit einer LED und ein paar Widerständen lässt sich ein kleines LED-Männchen basteln, eine schöne Lötübung, auch für Kids. ■

4.3.4 Schalter/Buttons

Bei der Verwendung von Schaltern in Verbindung mit Mikrocontrollern muss man auf das sogenannte Entprellen *(debounce)* achten. Wird ein Schalter betätigt, schaltet dieser durch kleine Vibrationen eine Weile lang schnell ein und aus, bevor der neue Zustand endgültig eingenommen wird. Diesen Vorgang nennt man Prellen. Um einen Schalter zu entprellen, gibt es verschiedene Lösungen. Am besten überlässt man dies einer Bibliothek seiner Wahl.

Auf einen Blick

Pro und contra:

(+) sehr günstig

(+) einfache Ansteuerung

(+) einfachste Eingabemöglichkeit

(−) Taster müssen entprellt werden.

Anwendungsgebiete:

Eingabe/Steuerung

Sonstiges:

Neben klassischen Schaltern gibt es auch Touch-Schalter, die auf leichte Berührung reagieren. Beim ESP32 sind diese bereits eingebaut.

4.3.5 A/D-Wandler

Während Mikrocontroller in einer digitalen Welt leben und nur 1 (VCC) und 0 verstehen, gibt es in der realen Wert auch oft etwas dazwischen – und zwar analoge Werte. Damit ein Mikrocontroller diese analogen Werte versteht, muss man sie mit einem Analog-Digital-Wandler (*Analog Digital Converter*, ADC) in einen digitalen Wert konvertieren. Der ADC teilt hierzu die Referenzspannung (V_{REF}) in gleich große Bereiche auf. Wie groß diese Bereiche sind, wird durch die Auflösung des ADC bestimmt, z. B. 8 Bit. Mit 8 Bit lassen sich die Ganzzahlen von 0 bis 255 darstellen, damit liefert der ADC für 0 V den Wert 0 und für V_{REF} den Wert 255. Alle Werte dazwischen werden entsprechend skaliert, z. B. $V_{REF}/2 = 127{,}5 = 127$[27].

Um dies zu verdeutlichen, folgt hier ein kleines Beispiel: Wir nehmen an, dass $V_{REF} = 5\ V$ ist. Die Auflösung ist 8 Bit und die gemessene Spannung $V_{IN} = 1{,}24\ V$. Zuerst bestimmen wir, wie groß ein Bereich ist: $V_{REF}/2^{\text{Auflösung in Bit}} = 5\ V/256 = 0{,}01953125\ V$. Dann teilen

[27] Nachkommastellen werden abgeschnitten, um die passende Ganzzahl zu erhalten.

wir die gemessene Spannung durch die Größe eines Bereichs und bestimmen damit den digitalen Wert: VIN/Bereich = 1,24 V/0,01953125 V = 63,488 = 63. Der ADC würde uns für 1,24 V den Wert 63 zurückliefern.

Da diese Umwandlung etwas Mess- und Rechenzeit benötigt, kann ein ADC nur eine gewisse Anzahl an Umwandlungen pro Sekunde durchführen. Wie lang eine Umwandlung dauert, findest du im Datenblatt unter dem Stichwort Sampling Time bzw. Sampling Rate. Die Werte stellt der ADC meistens über I2C oder SPI zur Verfügung. Ist der ADC bereits im Mikrocontroller verbaut, liest du den Wert einfach aus einem speziellen Register, wie eine normale Variable.

Auf einen Blick

Pro und contra:

(+) meistens bereits in Mikrocontrollern vorhanden

(−) Schnelle und genaue Analog-Digital-Wandler sind oft vergleichsweise teuer.

Anwendungsgebiete:

- geeignet zur Umwandlung von Spannungen in digitale Werte
- z. B. Erkennen der Stellung eines Potenziometers als Joystick

Sonstiges:

Das Gegenstück zum Analog-Digital-Wandler (ADC) ist der Digital-Analog-Wandler (*Digital Analog Converter*, DAC), der deutlich seltener anzutreffen ist. Dieser kann für diverse Einsatzzwecke durch ein einfaches PWM-Signal ersetzt werden.

4.3.6 Temperatur- und Feuchtigkeitssensoren

Eine weitere Allzweckwaffe im Bereich der Smart Gadgets, vor allem im Smart Home-Kontext, müssen wir natürlich noch erwähnen: die Temperatur- und Feuchtigkeitssensoren. Ist es zu warm? Ist es zu kalt? Ist der Keller zu feucht? Ist die Luft zu trocken? All dies hat einen direkten Einfluss auf die Wohlfühlatmosphäre zu Hause und kann über Sensoren reguliert werden.

Da die relative Feuchtigkeit auch von der Temperatur abhängig ist, macht es Sinn, auf kombinierte Temperatur- und Feuchtigkeitssensoren zurückzugreifen. Dadurch lässt sich eine lästige Kalibrierung vermeiden. Die bekanntesten Vertreter sind DHT11 bzw. die etwas genauere Variante DHT22/AM2302. Diese Bausteine werden über ein etwas interessantes Protokoll angesprochen, wobei man wohl für jedes System und jede Programmiersprache über 20 verschiedene Implementierungen findet. Von daher sind sie mit der passenden Bibliothek einfach zu verwenden. Möchtest du hingegen ein etwas standardisiertes Protokoll verwenden, greifst du einfach auf den AM2320 zurück. Dieser lässt sich einfach per I2C auslesen.

Am besten nutzt du diese Sensoren nicht nur für einmalige Messungen, sondern speicherst die Werte als Datenreihen für die spätere Auswertung ab. Du glaubst gar nicht, wie interessant und unterschiedlich die Temperatur- und Feuchtigkeitskurven in den einzelnen Zimmern eines Hauses über das Jahr hinweg sind.

Diese Sensoren eignen sich besonders gut dafür, die Feuchtigkeit in wenig genutzten bzw. anfälligen Räumen wie dem Keller zu überwachen. Steigt die Feuchtigkeit über einen längeren Zeitraum an, steigt die Schimmelgefahr deutlich. Ein kleiner DHT22 und ein ESP8266 für ein paar Euro können die Bausubstanz und deine Gesundheit auf einfache Weise schützen.

Auf einen Blick

Pro und contra:

(+) einfach zu verwenden

(–) DHT11 ist etwas ungenau.

(–) Die Preise schwanken sehr stark.

Anwendungsgebiete:

- Langzeitaufzeichnung von Temperatur und Feuchtigkeit
- Feedback-Loop zur Temperatursteuerung
- Schimmelprävention
- über dem Herd, um zu prüfen, ob man ihn ausgeschaltet hat

Sonstiges:

Im Internet findest du Tausende von Beispielen zu diesen beiden Sensoren, auch für nicht offensichtliche Anwendungsgebiete.

4.3.7 Motoren

Sobald du vorhast, dass deine Smart Gadgets sich bewegen sollen, kommst du an Motoren nicht vorbei. Effektiv stehen dir für deine Anwendungen drei verschiedene Motorenarten zur Auswahl: DC-, Stepper- und Servomotoren. Diese wollen wir im Folgenden genauer betrachten. Glücklicherweise gibt es für alle Motorenarten (speziell für Arduino) bereits sehr gute Bibliotheken, die die Ansteuerung deutlich vereinfachen.

> **!** Beim Umgang mit Motoren ist unbedingt auf eine passende Stromversorgung zu achten. Ein Motor sollte normalerweise niemals direkt von einem Pin eines Mikrocontrollers aus betrieben werden, denn diese liefern meist nur wenige Milliampere. Die geforderten Stromstärken selbst kleiner Motoren können ganz schnell ansteigen, z. B. wenn der Motor blockiert. Die Folge davon wäre im besten Fall ein kaputter Pin des Mikrocontrollers. Im schlechtesten Fall beginnt die komplette Schaltung zu rauchen. Deshalb solltest du immer einen passend dimensionierten Motortreiber mit passend dimensionierter Stromversorgung (externes Netzteil!) verwenden. ■

4.3.7.1 Gleichstrommotoren

Der einfachste Motor, der uns zur Verfügung steht, ist der Gleichstrommotor, oft auch DC-Motor[28] oder BLDC[29] genannt. Die Funktionsweise ist sehr simpel:

1. Legt man die volle Betriebsspannung an, dreht er mit voller Geschwindigkeit *(Forward)*.
2. Dreht man die Polarität der Stromversorgung um, geht es mit Vollgas in die andere Richtung *(Reverse)*.
3. Nimmt man die Spannung komplett weg und lässt die Kontakte „offen" *(Floating)*, läuft der Motor aus und wird immer langsamer, bis er stoppt *(Coast)*.
4. Verbindet man die beiden Kontakte des Motors über einen Verbraucher bzw. Ground, wird er zum Generator und bremst aktiv *(Brake)*.
5. Schließt man die Kontakte des Motors miteinander kurz, bremst der Motor extrem ab *(Emergency Brake)*. Dies setzt das System unter extremen Stress.

Trotz oder gerade wegen dieser einfachen Ansteuerung, hat der DC-Motor einen entscheidenden Nachteil: Eine Positionsbestimmung ist nicht möglich und muss meistens über externe Logik realisiert werden. In der Theorie kann man die Anzahl der Umdrehungen und damit die zurückgelegte Strecke ausrechnen, in der Praxis weichen die tatsächlich gefahrenen Werte oft sehr stark ab. Dennoch gibt es genügend Anwendungsfälle, in denen eine genaue Position nicht notwendig ist. Wie viele Umdrehungen mein Haartrockner z. B. zurücklegt, ist mir eigentlich egal, solange meine Haare schnell trocken werden. Die Geschwindigkeit des Motors hängt dabei direkt von der verwendeten Spannung ab. Unter idealen Bedingungen läuft ein Motor z. B. bei 5 V mit 8000 Umdrehungen/Sekunde und bei 2,5 V mit 4000 Umdrehungen.

Pulsweitenmodulation (PWM)

Möchte man einen Motor mit einem Mikrocontroller steuern, ergibt sich die Frage, wie man 2,5 V erzeugt. Die Lösung heißt Pulsweitenmodulation (PWM). Dabei wird das Signal

---

[28] Direct Current = Gleichstrom(motor)

[29] BrushLess DC = bürstenloser Gleichstrom(motor)

in kurzen Pulsen verschiedener Länge (Weite) ein- und ausgeschaltet. Bild 4.22 soll dies verdeutlichen. Das erste Signal entspricht Vollgas, die Spannung liegt immer an. Dies entspricht einem Duty Cycle[30] von 100 %. Das zweite Signal schaltet die Spannung mit einer hohen Frequenz in gleichen Abständen ein und aus. Dies entspricht einem Duty Cycle von 50 %, von der ersten Taktflanke bis zur nächsten ist die Spannung 50 % der Zeit an. Die Spulen des Motors wirken dabei als Tiefpassfilter, sodass sich bei passender Frequenz im Motor eine stabile, reduzierte Spannung ergibt und der Motor wie gewünscht mit geringerer Geschwindigkeit läuft. In diesem Fall ca. 2,5 V bzw. halbe Geschwindigkeit. Das dritte Signal besitzt auch einen Duty Cycle von 50 %, jedoch mit geringer Frequenz. Ist die Frequenz zu gering, reagiert der Motor nur langsam auf Veränderungen in der Geschwindigkeit. Der Motor könnte unrund laufen, und es können sich sehr nervige Geräusche ergeben, das berühmte Motorpfeifen. Ist sie zu hoch, kann dies zu deutlichen Schaltverlusten führen. Verschiedene Quellen[31] empfehlen Frequenzen zwischen 5 und 20 KHz für einen optimalen Kompromiss. Das vierte Signal zeigt zur Veranschaulichung noch einmal ein Beispiel für 25 % DutyCycle.

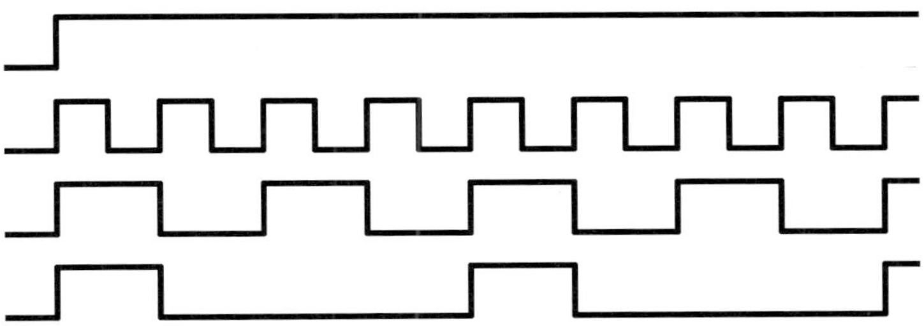

Bild 4.22 Duty Cycle/Frequenz eines Gleichstrommotors (von oben nach unten): 100 %, 50 %, 50 % und 25 % Duty Cycle

> **!** Um Lastspitzen zu vermeiden und die Lebensdauer deiner DC-Motoren zu verlängern, solltest du versuchen, diese (langsam) zu beschleunigen und nicht gleich die volle Geschwindigkeit/Spannung anlegen. Das Gleiche gilt natürlich fürs Anhalten. Hier ist ein langsames Auslaufenlassen am schonendsten.

DC-Motor-Treiber

Um das Problem der Stromstärke (siehe oben) zu lösen, wird in der Regel eine besondere Transistorschaltung verwendet, die sogenannte H-Brücke bzw. den Vierquadrantensteller. Diese Schaltung wird meist in speziellen Motortreibern verbaut, die durch zusätzliche Logik die korrekte Ansteuerung des Motors mit einer externen Stromquelle übernehmen.

---

[30] Auf Deutsch: Tastrate/Tastverhältnis

[31] Schöne Application Note zu diesem Thema: Brushed DC Motor Fundamentals *(http://ww1.microchip.com/downloads/en/appnotes/00905a.pdf)*; siehe auch: *https://www.mikrocontroller.net/articles/Motoransteuerung_mit_PWM#Wahl_der_PWM-Frequenz*

Ein Beispiel hierfür ist der DRV8837[32] von Texas Instruments, der auf dem Calliope mini zum Einsatz kommt. Der DRV8837 kann einen Motor mit bis zu 1,8 A und einer Spannung von 11 V versorgen. Damit lässt sich schon einiges bewegen.

Auf einen Blick

Pro und contra:(+) sehr günstig

(+) einfache Ansteuerung für einfache Anwendungen

(+) hohe Geschwindigkeiten

(−) keine Positionierung

(−) Motortreiber (H-Brücke) in der Regel benötigt, alternativ Transistorschaltung

Anwendungsgebiete:

- alles, was sich schnell drehen/bewegen muss
- Modellbau, Lüfter

Sonstiges:

Der Gleichstrommotor lässt sich auch als Generator verwenden.

4.3.7.2 Schrittmotoren

Möchte man etwas genauer positionieren ohne dabei viel Geld auszugeben, findet man in Schrittmotoren (Steppern) einen guten Kompromiss. Die Funktionsweise des Schrittmotors lässt sich am einfachsten mit einer Uhr erklären. Stell dir vor, dass hinter jeder Ziffer ein Elektromagnet steckt. Jeder dieser Elektromagneten wird nacheinander an- und wieder ausgeschalten (1, 2, 3, 4, 5, ...). Der (metallische) Zeiger wird angezogen und springt auf die jeweilige Ziffer (1, 2, 3, 4, 5, ...) und verbleibt erst einmal dort. Diesen Sprung nennt man *Step* bzw. Schritt.

Schaltet man zwei benachbarte, gleich starke Elektromagneten (erst 3 dann 2), bewegt sich der Zeiger zuerst Richtung 3, wird dann von der 2 zurückgehalten und bleibt anschließend fix in der Stellung „halb drei". Dies nennt man Halbschritt. Durch geschickte Ansteuerung lassen sich auch weitere Zwischenschritte realisieren (Viertel, Achtel, Sechzehntel), sogenannte *Micro Steps*.

Würde man nun jedoch den Zeiger etwas in Richtung 2 schieben, würde er fix auf der 2 stehen bleiben. Dasselbe würde passieren, wenn man zu früh den Magneten unter der 2 einschaltete. Dieses Phänomen nennt man auch Schrittverlust bzw. *Losing Steps*. Diese Schrittverlustfehler können sich aufsummieren und zu falschen Annahmen über die aktuelle Position des „Zeigers" führen.

Ist die Ansteuerung korrekt umgesetzt und sind die Magnete passend dimensioniert, handelt es sich beim Schrittmotor um einen günstigen und wartungsarmen, aber auch sehr

[32] Datenblatt DRV8837: *http://www.ti.com/lit/ds/symlink/drv8837.pdf*

genauen, schnellen und kräftigen Motor. Aus diesem Grund wird er sowohl für CNC-Fräsen als auch 3D-Drucker eingesetzt. Auch behält der Schrittmotor seine aktuelle Position bei, solange seine Magnetspulen mit Spannung versorgt werden.

Stepper-Motor-Treiber

Lediglich die elektrische Ansteuerung gestaltet sich etwas komplizierter, denn jede Magnetspule muss eigens angesteuert werden: zur richtigen Zeit und mit der richtigen Energie. Hierfür gibt es natürlich auch fertige Lösungen, sogenannte Stepper-Motor-Treiber. Diese kleinen Bausteine erhalten neben der Versorgungsspannung für den Motor je nach Ausführung lediglich ein Signal über die Schrittrichtung, ein oder mehrere Signale über die Weite des Schrittes *(Full, Half, Micro)* und ein Signal zum Ausführen des eigentlichen Schrittes. Da jeder Schritt einer definierten Distanz entspricht, lässt sich über die Anzahl der Schrittpulse die zurückgelegte Strecke genau ausrechnen und darüber die Position eindeutig bestimmen.[33]

Ein Beispiel für einen Stepper-Motor-Treiber ist der aus den RepRap-3D-Druckern bekannte A4988 (StepStick/Pololu) bzw. der TMC2100.

Ist man sich bei der Pinbelegung eines Stepper-Motors nicht ganz sicher (welche Pins gehören gemeinsam zu einer Spule?), hilft das Multimeter weiter. Messe dazu den Widerstand zweier Pins zueinander. Ist er sehr klein, gehören die beiden Pins zur selben Spule. Ist er fast unendlich hoch, dann nicht.

Auf einen Blick

Pro und contra:

(+) feingranulare Ansteuerung möglich

(+) hohe Präzision, sofern nicht überlastet

(+) gutes Preis-Leistungs-Verhältnis

(−) keine direkte Positionsbestimmung

(−) Schrittverlust bei Überlastung möglich

(−) direkte Ansteuerung relativ komplex

(−) Stepper-Motor-Treiber benötigt

Anwendungsgebiete:

- 3D-Drucker, CNC-Fräsen, Uhren
- alles, was eine relativ genaue Positionsbestimmung benötigt

Sonstiges:

In 3D-Druck-Foren findet man viele hilfreiche Informationen über Stepper-Motoren.

[33] Solange man eine passende Referenz hat, z. B. einen Anschlag, und es zu keinen Schrittverlusten kam.

4.3.7.3 Servomotoren

Der letzte Motor in unserer Reihe ist der Servomotor. Dieser beinhaltet im Gegensatz zu den vorherigen Motoren bereits einen Großteil der Ansteuerungslogik, sodass die Ansteuerung deutlich einfacher wird. Neben der entsprechend starken Stromversorgung gibt es lediglich eine einzige Steuerleitung.

> Bei Servomotoren ist der Motortreiber bereits integriert. Eine passende Spannungsversorgung benötigst du trotzdem.

Der echte Clou am Servo ist jedoch ein ganz anderer: Er kennt jederzeit seine aktuelle Stellung und lässt sich absolut positionieren. Hierzu wird über die Steuerleitung ein kurzer Puls verschickt, den der Servo in eine Positionsangabe umwandelt. Für fast alle Servos entspricht ein 1,5 ms langer High-Puls der Neutralstellung = 90°.[34] Wird der Puls kürzer, verkleinert sich der Winkel. Wird der Puls länger, vergrößert sich der Winkel (siehe Bild 4.23).

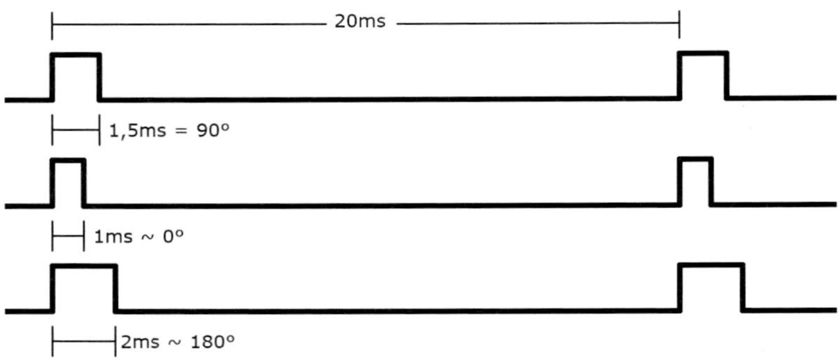

Bild 4.23 Pulse eines klassischen Servomotors: Alle 20 ms ist ein Puls notwendig.

Die meisten Servos haben einen Winkelwertebereich von ca. 180°. Die jeweiligen Pulsweiten sind jedoch vom Hersteller anhängig und stehen im passenden Datenblatt. Findet man dieses nicht, muss man die Werte experimentell herausfinden, indem man die Pulsweite schrittweise erhöht/verringert, bis sich der Servo nicht mehr bewegt. Einen guten Anhaltspunkt für Pulsweiten bietet Tabelle 4.3. Diese war bei drei von vier getesteten Servos zutreffend.

[34] Je nach Literatur wird die Neutralstellung oft auch mit 0° angegeben und die Winkel dann z. B. von −90° bis +90° angegeben. Dies vereinfacht die Beschreibung bei Servos, die einen anderen Wertebereich als 180° besitzen.

Tabelle 4.3 Typische Pulsweiten für Servomotoren

0 Grad	30 Grad	45 Grad	90 Grad	120 Grad	135 Grad	180 Grad
1 ms	1,167 ms	1,25 ms	1,5 ms	1,667 ms	1,75 ms	2 ms

Wer Bild 4.23 aufmerksam studiert hat, dem springt neben der Pulsweite eine weitere Zeitangabe ins Auge: 20 ms. Klassische, analoge Servomotoren erwarten ca. alle 20 ms ein erneutes Signal zur Positionsbestimmung. Bleibt dieses aus, kann der Servo unter Last seine Position verlieren.

Die 20 ms sind in der Praxis keine harte Grenze: Normalerweise reicht es, einen Wert im Zeitfenster von 15–25 ms zu schicken. Jedoch hängt auch dies wieder vom jeweiligen Servo ab. Es gibt auch Servos, die öfter nach neuen Pulsen schauen und bei fehlenden Pulsen ihre Position behalten.

Möchte man mehrere Servos auf einmal steuern und sich nicht ständig um die Verwaltung der Position kümmern müssen, lohnt sich der Blick auf spezielle PWM-Treiber, die einem diese Arbeit abnehmen. Ein Beispiel hierfür ist der PCA9685, der per I2C konfiguriert wird und anschließend die Verwaltung von bis zu 16 Servos (oder LEDs) übernimmt. Für Arduino haben unsere Freunde von Adafruit hierfür eine passende Bibliothek und ein schönes Tutorial zusammengestellt: *https://learn.adafruit.com/16-channel-pwm-servo-driver/overview*

Wie vorangehend beschrieben, haben die meisten Servos einen Wertebereich von „nur“ 180°. Damit lassen sich mit einem klassischen Servo keine komplett rotierenden Aufbauten (z. B. eine klassische Uhr) realisieren. Selbst teurere Servos mit einem Wertebereich von 360° lassen sich nicht „rotieren“. Um einen solchen Aufbau zu ermöglichen, kann man entweder eine andere Motorart verwenden, oder man betreibt „Servo-Hacking“. Hierbei wird die Regelungstechnik des Servos überlistet, indem das Potenziometer durch einen festen Spannungsteiler aus zwei Widerständen ersetzt wird. Damit kann der Servo nun auch rotieren, aber man verliert die Positionsbestimmung. Lediglich die etwas einfachere Ansteuerung und der integrierte Motortreiber bleiben als Vorteile übrig.

Auf einen Blick

Pro und contra:

(+) sehr einfache Ansteuerung

(+) hohe Genauigkeit

(+) direkte Positionsbestimmung

(+) Motortreiber bereits im Servo verbaut

(–) oft im Winkel eingeschränkt (0–180°)

(–) oft regelmäßiges Steuersignal notwendig

(–) teuer (im direkten Vergleich, ohne Motortreiber)

Anwendungsgebiete:

- Zeiger (z. B. Füllstand, Eieruhr/Countdown Timer)
- Lenkung
- alles mit einem definierten Wertebereich

Sonstiges:

Um den Anwendungsbereich zu erweitern, kann Servo-Hacking eingesetzt werden. ■

4.3.8 Kamera, Mikrofon, Lautsprecher & Co.

Wir begreifen unsere Umwelt über unsere Sinne: Hören, Sehen, Tasten, Schmecken und Riechen. Um zu erkennen, ob die Waschmaschine noch läuft, reicht ein Blick. Wir benötigen keine komplizierte Messung des Stromverbrauchs[35] dazu. Dass Smart Gadgets die gleichen Fähigkeiten wie wir Menschen haben können, wird oft vergessen. Kameras und Mikrofone sind so allgegenwärtig (Beispiel: Smartphone), dass man diese gar nicht mehr als solche wahrnimmt. Deshalb hat man sie oft nicht auf dem Radar, wenn es darum geht, die Komponenten zusammenzustellen.

Oft gibt es zwar spezialisiertere oder günstigere Sensoren als Kameras (z. B. Bewegungssensoren), aber neben dedizierten Kameramodulen eignen sich oft auch alte, ausrangierte Webcams für viele Themen, und diese kosten dann gar nichts (mehr). Nicht alles muss immer mit 4K-Auflösung aufgenommen werden. Mit einer Kamera festzustellen, ob es hell oder dunkel ist („Habe ich das Licht in der Garage angelassen?"), ist relativ einfach. Du nimmst ein Bild auf und bestimmst dann die durchschnittliche Helligkeit mit `convert` aus dem Paket `imagemagick`. Ein komplettes Beispiel findet sich in Listing 4.1. Statt der Ausgaben mittels `echo` könntest du hier auch andere Aktionen ausführen lassen.

---

[35] Unser Kollege Michi misst mittels einer Sonoff Pow und der Tasmota-Firmware den aktuellen Stromverbrauch seiner Waschmaschine. Sinkt der Stromverbrauch für längere Zeit auf null, erhält er eine Nachricht per Telegram: „Die Wäsche ist fertig." Genialer Hack, der gleich von uns kopiert wurde.

Listing 4.1 Bash-Script zur Erkennung der Helligkeit eines gerade aufgenommenen Bildes

```
#!/bin/bash
image="/tmp/licht.png"
# Bild aufnehmen
raspistill -o $image
# Helligkeit berechnen lassen | Kommazahlen abschneiden
helligkeit=$(convert $image -format %[mean] info: | cut -d '.' -f 1)
if [ $helligkeit -gt 30000 ]; then
        echo "Licht ist an";
else
        echo "Licht ist aus";
fi
```

Möchtest du hingegen einen Bewegungsmelder realisieren, lohnt sich ein Blick in das Paket `motion`. Bei erkannter Bewegung lassen sich damit Aktionen auslösen. Zusätzlich lässt sich mit `motion` auch sehr einfach deine eigene Überwachungskamera realisieren. Wird eine Bewegung erkannt, landet gleich ein Screenshot des Bildes im konfigurierten Ordner.[36]

Ein weiteres großes Anwendungsgebiet für Kameras ist natürlich die Objekt-, Gesichts- und Schrifterkennung. Hier sei nur kurz auf das großartige Projekt OpenCV (*https://www.opencv.org*) verwiesen, zu dem es zahlreiche Bücher und Tutorials gibt. Das Thema würde leider den Rahmen dieses Buches sprengen. Für die Schrifterkennung mittels OCR können wir `tesseract` wärmstens empfehlen. Als kleiner Bonus hier noch zwei mögliche Ideen, die du recht einfach mit Objekt-/Schrifterkennung umsetzen kannst: einen Garagentoröffner mit Kennzeichenerkennung[37] und einen automatischen Wasseruhr-/Stromzählerableser.

Wie du siehst, sind die Möglichkeiten für den Einsatz von Kameras als Sensoren sehr vielfältig. Das Gleiche gilt auch für Mikrofone. Man kann sie einerseits zur Spracheingabe (z. B. mittels *https://snips.ai*, *https://dialogflow.com* oder *https://mycroft.ai*) oder andererseits z. B. als „Klatschschalter" verwenden oder eben für ganz andere Dinge. Um auf das Beispiel der eingangs erwähnten Waschmaschine zurückzukommen: Nimmt das Mikrofon über eine längere Zeit keine Geräusche von der Waschmaschine mehr wahr, ist die Wäsche wohl fertig.[38]

Bei sämtlichen vorgestellten Komponenten solltest du dir immer überlegen, was du noch alles damit anfangen könntest. Welche sonstigen Einsatzmöglichkeiten gibt es? Deshalb möchten wir dir am Ende dieses Kapitel eine kleine Hausaufgabe geben. Überlege doch mal, wofür du einen Lautsprecher oder ein Display alles einsetzen kannst. Lass deinen Gedanken freien Lauf!

[36] Beachte hier bitte den Datenschutz! Mehr Informationen und eine passende Vorlage gibt es beim Landesdatenschutzbeauftragten von Niedersachsen: *https://www.lfd.niedersachsen.de/startseite/dsgvo/transparenzanforderungen-und-hinweisbeschilderung-bei-einer-videoueberwachung-nach-der-ds-gvo-158959.html*

[37] Auch hier gilt wieder das Thema Datenschutz. Das Suchwort für diese Systeme ist „ALPR". Außerdem solltest du auf die Sicherheit des Systems achten: Was passiert, wenn du ein einfaches Pappschild mit dem „richtigen" Kennzeichen über dein Nummernschild klebst ...?

[38] Oder die Maschine ist kaputt.

Auf einen Blick

Pro und contra:

(+) oft vorhanden

(+) Die Funktionalität ist bekannt.

(+) Fähigkeiten sind vergleichbar mit den menschlichen Sinnen (Sehen, Hören, Sprechen)

(+) Viele Softwarebibliotheken sind vorhanden.

(−) unendlich viele Möglichkeiten (was nicht nur Fluch, sondern auch Segen ist)

5 Projekte

Brennst du schon darauf, spannende IoT-Projekte zu realisieren? Dann bekommst du jetzt endlich die Gelegenheit dazu. In diesem Kapitel stellen wir dir acht Smart Gadgets vor. Alle Projekte sind aus der Praxis entstanden. Wir haben uns bemüht, die Projekte möglichst detailliert zu beschreiben, ohne dabei deine Kreativität beschneiden zu wollen. Die Beispielanwendungen werden dir hoffentlich viele Anregungen für eigene Projekte liefern.

5.1 Digitale Spardose

Das Projekt auf einen Blick:

- Plattform: ESP8266
- Peripherie: LCD-Display
- Schnittstellen: WLAN
- Sprache: Arduino C, HTML
- Besonderheit: IOTA-Kryptowährung

5.1.1 Einführung

Kryptowährungen und Blockchain sind in aller Munde und mit Sicherheit auch die Hype-Themen der nächsten Jahre. Aus diesem Grund haben wir uns entschieden, ein Projekt mit einer Kryptowährung vorzustellen. Es soll bei dieser Beispielanwendung aber nicht um Bitcoins gehen, sondern um eine spezielle Währung, die für das Internet der Dinge entwickelt wurde: IOTA. Das Internet der Dinge (Internet of Things = IoT) und der griechische Buchstabe Iota sind die Namensgeber der Währung. In diesem Projekt werden wir eine digitale Spardose für IOTAs realisieren. Mithilfe eines ESP8266 mit Display kann man jederzeit das aktuelle Guthaben der Wallet, also Geldbörse, abfragen und Transaktionen tätigen. Auch die Generierung sicherer Seeds[1] soll im Fokus stehen.

> An dieser Stelle möchten wir eine deutliche Warnung hinsichtlich Kryptowährungen aussprechen. Kryptowährungen sind sehr risikobehaftet. Wer möchte, kann gerne ein, zwei Euro für Testzwecke investieren. Mehr benötigt man dafür auch nicht. Es gilt auch zu bedenken, dass viele Bereiche von IOTA aktuell noch in einem sehr frühen Stadium vorliegen. Von daher möchten wir auch nicht weiter auf Sinn- oder Unsinn dieser Währungen eingehen.
>
> IOTA haben wir exemplarisch gewählt, da sich die Währung sehr nahe an IoT orientiert und damit perfekt zum Thema passt. IOTA bezeichnet sich selbst als Rückgrat von IoT bzw. autonomer Transaktionen. In Zukunft könnte IOTA ein möglicher Weg für Transaktionen bzw. Bezahlvarianten zwischen Geräten werden.

5.1.2 Exkurs: IOTA

An dieser Stelle möchten wir ein paar Grundinformationen zu IOTA und dessen Funktionsweise liefern. Da sich IOTA aktuell ständig weiterentwickelt, werden sich sicher noch einige Parameter verändern. Die Grundlagen gelten jedoch als gesetzt.

Was ist IOTA?

In IOTA steckt offenkundig der Begriff IoT. Der zweite Part, der im Dunstkreis von IOTA zu finden ist, ist Tangle. Es handelt sich dabei um ein Protokoll zur Abbildung der Daten, ähnlich einer Blockchain. IOTA bezeichnet sich selbst als „Rückgrat des Internet of Things (IoT)“ und autonomer Transaktionen zwischen Geräten. Das Projekt IOTA wurde im Jahre 2015 ins Leben gerufen. Die Gründer sind David Sønstebø, Sergey Ivancheglo, Dominik Schiener und Dr. Serguei Popov. Die grundlegende Implementierung wurde von Ivancheglo und Schiener umgesetzt. Die mathematischen Grundlagen für das Tangle-Protokoll stammen von Popov, der Doktor der Mathematik ist. Die Leitung des Projekts liegt bei David Sønstebø, einem Business- und Technologieexperten.

Die ICO[2] (Initial Coin Offering) fand im Dezember 2015 statt. Hierbei wurden 1337 Bitcoins gesammelt und damit alle IOTA an die Teilnehmer ausgeschüttet. Im Gegensatz zu anderen Währungen findet bei IOTA kein Mining statt. 2016 ging IOTA in die Betaphase. Ein Teil der Einnahmen ging in die IOTA Foundation, eine gemeinnützige Stiftung in Berlin, die letztlich das Projekt auch weiter vorantreibt. Dort werden auch Hardwareprojekte für IoT in Kombination mit IOTA entwickelt.

[1] *Seed* steht wörtlich übersetzt für Saat. Es handelt sich dabei um den privaten, geheimen Schlüssel, mit dem die digitale Wallet (Geldbörse) geschützt wird.

[2] Hierbei handelt es sich um eine Kapitalaufnahme über Crowdfunding. Hierbei wird ein Teil oder auch die gesamte Menge der Währung initial verkauft, um Geld für das Projekt zu sammeln.

Blockchain vs. Tangle

Das Tangle-Protokoll unterscheidet sich in einigen Punkten grundlegend vom Blockchain-Protokoll:

- IOTA verarbeitet viele Transaktionen parallel und wird mit zunehmender Größe schneller.
- Im Tangle-Protokoll wird keine Transaktionsgebühr fällig, sodass sich auch Mikrotransaktionen lohnen.
- Es findet kein Mining statt.
- Ob sich das Tangle-Protokoll als Modell der Zukunft beweist, wird sich zeigen. In der aktuellen Betaphase zeigen sich noch einige Probleme. Aktuell kann man diese als Kinderkrankheiten einordnen.

5.1.2.1 IOTA-Einrichtung

Damit du mit IOTA arbeiten kannst, benötigst du zunächst eine Wallet. Dabei handelt es sich um eine digitale Brieftasche. Deine Wallet besteht im Grunde aus einer Zeichenkette mit 81 Stellen, hierbei dürfen nur Großbuchstaben von A–Z und die Ziffer 9 verwendet werden. Sie ist letztlich deine Kontonummer und dein Kennwort in einem und wird auch Seed genannt. Das heißt, sobald jemand deinen Seed kennt, kann er auch über dein ganzes Guthaben in der Wallet verfügen. Von daher ist an dieser Stelle besondere Vorsicht geboten.

Ein beispielhafter Seed sieht wie folgt aus (dieser sollte von dir natürlich nicht verwendet werden, da ihn jetzt jeder Buchleser kennt):

```
NFBZJNRLZWHXBJIAJOUGTMQSKZJJNBLILTOLFZNUJUFCCUEXTEFPOUOIKOFVIJHSURVDPQIQPXACSKADC
```

Zum Zeitpunkt der Erstellung des Buches war ein 1 IOTA auf dieser Wallet. Wir gehen davon aus, dass ein findiger Leser das Guthaben inzwischen abgebucht hat.

Einen Seed solltest du immer manuell generieren, indem du eine möglichst komplizierte Zeichenkette mit 81 Zeichen generierst. Verwende in keinem Fall einen Online-Generator für deinen Seed. Die sicherste Variante ist immer noch, wenn du kein Programm oder Ähnliches verwendest. Der Seed ist dann sicher, wenn er keinen Bezug zu anderen Daten hat und auch nicht in irgendeiner Form erraten oder abgeleitet werden kann.

Speichere deinen Seed auch nicht direkt auf dem Computer. Am besten ist er offline aufgehoben, z. B. als Papier an einem sicheren Ort. Gib deinen Seed niemals auf einer Website ein und verwende ihn auch auf keinen Fall in Programmen, Anwendungen oder Apps, denen du nicht absolut vertraust. Anfang 2018 wurden viele Konten leergeräumt, da ein Online-Generator[3] für Seeds verwendet wurde. Diese Masche findet auch heute noch viele Nachahmer.

[3] *http://www.pc-magazin.de/news/iota-wallet-gestohlen-geklaut-iotaseed-to-seed-passwort-generator-guthaben-geld-weg-3198947.html*

Sobald du einen Seed hast, musst du diesen mit deiner Wallet verbinden. Zunächst benötigst du hierfür die Light Wallet, die du unter *https://github.com/iotaledger/wallet/releases* herunterladen kannst (Bild 5.1). Nach der Installation und dem Start der Wallet kannst du dich mit deinem Seed einloggen.

Zum Zeitpunkt der Entstehung dieses Buches wurde gerade die sogenannte Trinity Wallet[4] veröffentlicht, die einige Schritte deutlich vereinfachen wird. Ein Beispiel findest du in Bild 5.2. Das Verfahren bleibt jedoch im Grunde genommen identisch, lediglich die Benutzerführung und Handhabung sind deutlich angenehmer.

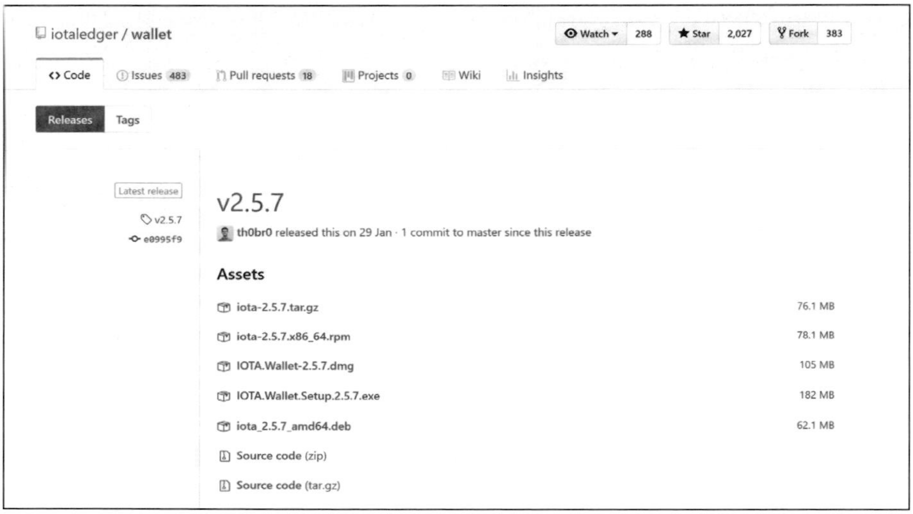

Bild 5.1 Download der IOTA Light Wallet

Um dich mit dem IOTA-Netzwerk verbinden zu können, benötigst du eine entsprechende Serveradresse, mit der du dich verbinden kannst. In der Wallet sind schon einige Adressen hinterlegt. Im Netz gibt es einige Quellen für IOTA-Server (*https://iota.dance* oder *https://iotasalad.org/nodes*). Auch wenn uns bisher keine Fälle bekannt sind, bei denen ein „fauler" IOTA-Server Schaden angerichtet hätte, empfehlen wir dir, die Auswahl des Nodes mit einiger Achtsamkeit zu treffen. Es besteht auch die Möglichkeit, einen eigenen IOTA-Server, einen sogenannten Full Node, aufzusetzen. Eine Anleitung findest du unter *https://iri-playbook.readthedocs.io/en/master.*

[4] *https://trinity.iota.org*

Bild 5.2 Beispiel für IOTA Trinity Wallet

5.1.2.1.1 Token-Zählweise

1 IOTA ist die kleinste Einheit von IOTA-Token. Es ist auch die kleinste Einheit, die man besitzen kann. Es gibt keine halben IOTA oder Ähnliches. Es wird ein Maßsystem wie bei Datenmengen verwendet (Tabelle 5.1).

Tabelle 5.1 IOTA-Maßsystem

Wert	Einheit
1	IOTA
10^3	Kilolota (Ki) = 1000 IOTA
10^6	Megalota (Mi) = 1 Million IOTA
10^9	Gigalota (Gi)
10^{12}	Teralota (Ti)
10^{15}	Petalota (Pi)

Wichtig ist also, ob von IOTA oder beispielsweise von MIOTA gesprochen wird. Hier gab es bereits unschöne Verwechslungen bei Käufen oder Verkäufen.

5.1.2.1.2 Adressen

Nach dem Login kannst du dir über den Menüpunkt *Receive* eine Empfangsadresse generieren lassen (Bild 5.3). Damit man IOTA-Token empfangen kann, ist es wichtig, dass diese Adresse zuerst dem Tangle hinzugefügt und damit bekannt wird. Das geschieht mit dem

Befehl ATTACH TO TANGLE. Sollte das nicht klappen, versuch es einfach noch einmal, bis es klappt. Danach kannst du mit dieser Adresse Überweisungen annehmen. Das Handling von IOTA mag etwas schwerfällig wirken. Das liegt nicht zuletzt daran, dass es für die Zahlung zwischen Maschinen gedacht ist und noch in den Kinderschuhen steckt.

Bild 5.3
Neue IOTA-Empfangsadresse

Die Tatsache, dass die Technologie hinter IOTA noch neu und eigentlich nur für Maschinen gedacht ist, zeigt sich sowohl an der Seed-Erstellung als auch an dem Aufbau der Adressen. Eine Adresse besteht aus 90 Zeichen, wobei 81 Zeichen davon die eigentliche Adresse bilden und neun Zeichen eine Prüfsumme darstellen.

IOTA erlaubt keine Mehrfachverwendung von Adressen, sobald sie einmal zum Versand von IOTAs verwendet wurden. Empfangen/Einzahlen auf eine Adresse ist beliebig oft möglich. Beim Versenden ist jedoch Vorsicht geboten, denn bei ausgehenden Transaktionen wird ein Teil des privaten Schlüssels in die Transaktion als Signatur eingefügt. Damit ist der private Schlüssel zwar immer noch sicher, wird jedoch spätestens mit der nächsten Transaktion weiter geschwächt und angreifbar.

Folgende bildliche Darstellung beschreibt es ganz gut: Stell dir eine Adresse als Sparschwein vor. Du steckst Geld hinein, gibst es weiter, und der Empfänger muss es zerstören, um das Geld zu entnehmen. Das kaputte Sparschwein solltest du nicht mehr weiterverwenden, auch wenn du es vielleicht kleben könntest. Am sichersten wäre es, nach einer Transaktion einen neuen Seed zu erstellen, eine neue Adresse zu generieren und dem

Tangle hinzuzufügen. Am Ende muss dann das restliche Guthaben auf eine neue Adresse übertragen werden.

5.1.2.1.3 Transaktionen nachverfolgen

Eigene Transaktionen kannst du in deiner Wallet nachverfolgen. Da alle Daten im Tangle öffentlich zugänglich sind, kann der Datenbestand aber auch von jedermann durchsucht werden. Hierzu bietet sich beispielsweise IOTASear.ch (*https://iotasear.ch*) an. Dort kannst du über Adressen Transaktionen nachverfolgen. Das ist hilfreich, wenn du gerade eine Transaktion getätigt hast. Doch auch während der Entwicklung hat uns die Seite gute Dienste geleistet (Bild 5.4).

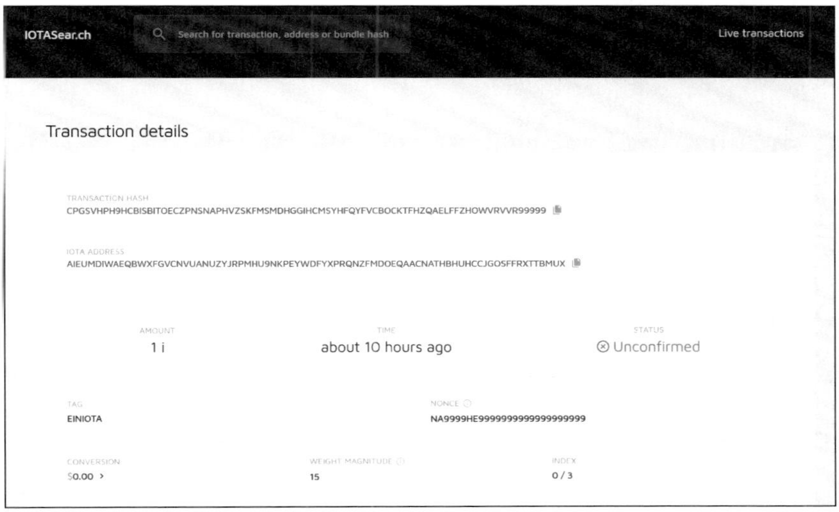

Bild 5.4 Transaktionssuchmaschine IOTASear.ch

5.1.2.2 Einsatzzwecke

Die IOTA-Community hat bereits einige Use Cases entwickelt, bei denen IOTA eine Rolle spielt. Viele Anwendungsfälle drehen sich um die Bezahlung zwischen Geräten. Denn wer möchte schon dem Kühlschrank Vollzugriff auf das eigene Bankkonto geben, damit er den Transportroboter bezahlen kann, der gerade den Einkauf geliefert hat? Da IOTA keine Transaktionsgebühren abruft, sind auch Mikrotransaktionen wirtschaftlich betrachtet kein Problem.

Das klingt aktuell vielleicht alles noch nach Science-Fiction, jedoch halten wir die nachfolgenden Einsatzzwecke für möglich:

- Geräte, wie z. B. ein Staubsauger, bezahlen Ladestationen für die bezogene Energie.
- Im Bereich des autonomen Fahrens könnten Fahrzeuge eine „Vordrängelgebühr“ aushandeln, damit man an der Ampel vorgelassen wird. Nicht jeder hat es im Straßenver-

kehr eilig. Warum also nicht Profit daraus schlagen und den wichtigen Geschäftsmann vorlassen?

- Eine andere Idee ist eine Bezahlung für das Windschattenfahren, denn wer im Windschatten fährt, spart Treibstoff und damit bares Geld. Einen Teil dieser Ersparnis kann man daher problemlos an den Vordermann überweisen, natürlich vollautomatisch von Fahrzeug zu Fahrzeug.

5.1.3 Benötigte Komponenten

Als Plattform für dieses Projekt bietet sich der ESP8266 an, denn er ist kompakt und hat WLAN direkt an Bord. Darüber hinaus ist ein Modell mit Display sinnvoll, um Informationen ohne weiteres Gerät direkt anzeigen zu können. Folgende Komponenten werden benötigt:

- eine IOTA-Wallet, idealerweise mit etwas Guthaben (die Erstellung der Wallet wird in Abschnitt 5.1.2.1 beschrieben)
- ESP8266 mit Display (in unserem Beispiel verwenden wir einen D-duino V3, der bei den gängigen Versandhändlern bezogen werden kann)
- optional: ein Gehäuse für den ESP8266 (eine 3D-Druck-Anleitung findest du in Abschnitt 5.1.9)

5.1.4 Hardwareaufbau

Der Hardwareaufbau kommt bei diesem Projekt komplett ohne weitere Bauteile aus. Es werden lediglich der ESP8266 und ein Display benötigt. In unserem Fall haben wir uns für den D-duino V3 entschieden. Es handelt sich um einen kompakten ESP8266 mit NodeMCU[5] und einem integrierten 0.96“-OLED-Display. Hierbei scheint es Originale und Nachbauten zu geben. Bei unseren Testkäufen haben wir zahlreiche Varianten zu unterschiedlichsten Preisen bekommen. Welches Modul original ist und welches eine vermeintliche Fälschung, konnten wir nicht abschließend klären. Positiv können wir aber festhalten: Funktioniert haben sie alle.

Der ESP8266 wird wie ein Arduino eingerichtet und auch über die Arduino-IDE programmiert und angesteuert. Die entsprechende Anleitung findest du in Abschnitt 4.1.4.2. Alternativ gibt es auch eine weitere fertige Kombination aus ESP8266 und einem Display von Adafruit.[6] Diese ist größer und dekorativer, aber auch deutlich teurer.

[5] NodeMCU ist ein freies Betriebssystem, auf dem Skripte in der Sprache Lua ausgeführt werden können.

[6] *https://learn.adafruit.com/adafruit-2-4-tft-touch-screen-featherwing*

5.1.5 Software

5.1.5.1 IOTA-API

Zur Kommunikation mit dem Tangle wird die IRI-API[7] in der derzeit aktuellen Version 1.2.0 verwendet. Der Quellcode ist komplett auf GitHub[8] zu finden. IRI steht hierbei für IOTA Reference Implementation und ist aktuell die einzige verfügbare Core-Applikation. Über IRI werden alle Funktionen zur Verfügung gestellt, die es ermöglichen, als vollständiger Knoten mit dem IOTA-Netzwerk zu interagieren – ein sogenannter Full Node. Ein Teil der Funktionalität wird öffentlich zur Verfügung gestellt und kann über die API (Advanced Programming Interface) angesprochen werden.

5.1.5.2 IOTA-Kontostand abfragen

Auf den ersten Blick könnte man auf die Idee kommen, dass man über den Seed den Kontostand abfragen kann. Das ist nicht so. Den Seed solltest du auf keinen Fall jemals aus der Hand geben. Damit scheidet diese Option aus. Stattdessen kannst du dir jedoch die entsprechenden Kontobewegungen abholen und daraus den aktuellen Kontostand ermitteln. Hierzu benötigst du die Liste der Adressen der Transaktionen, die du mit folgender Methode erhältst: *https://iota.readme.io/v1.2.0/reference#getbalances*

Ein entsprechender CURL-Aufruf ist wie folgt aufgebaut:

```
curl http://localhost:14265 \
  -X POST \
  -H 'Content-Type: application/json' \
  -H 'X-IOTA-API-Version: 1' \
  -d '{"command": "getBalances", "addresses":
["HBBYKAKTILIPVUKFOTSLHGENPTXYBNKXZFQFR9VQFWNBMTQNRVOUKPVPRNBSZVVILMAFBKOTBLGLWLOHQ"],
"threshold": 100}'
```

Entsprechend müssen eine oder mehrere Adressen übergeben werden. Die Adressen kannst du aus der Transaktionshistorie deiner Wallet auslesen.

5.1.5.3 Spardosenanwendung auf dem ESP8266

Die IOTA-Spardosen-Anwendung deckt folgenden Funktionsumfang ab:

- kleines, portables Gerät
- integrierter Webserver zur Bereitstellung einer Webanwendung, über die man die Adressen eingeben kann
- direkte Anzeige des IOTA-Kontostandes auf dem Display
- Anzeige der aktuellen IP-Adresse zum Login über den Browser
- sichere Seed-Generierung als Option
- Die Anwendung ist in Arduino C entwickelt worden.

[7] *https://iota.readme.io/v1.2.0/reference*
[8] *https://github.com/iotaledger/iri*

5.1.6 Fertiges Programm der Spardose

Das fertige Programm ist nachfolgend dargestellt. Einzelne, wichtige Codestellen wurden innerhalb des Codes dokumentiert. Den Code findest du auch auf GitHub unter dem Namen „IOTASavingsBox“.

```
#include <TimeLib.h>
#include <ESP8266WiFi.h>
#include <ESP8266WebServer.h>
#include <Wire.h>  // Only needed for Arduino 1.6.5 and earlier
#include "SSD1306.h" // alias for `#include "SSD1306Wire.h"`
#include "OLEDDisplayUi.h"
#include "images.h"
#include <ArduinoJson.h>

// Wifi-Settings, please change
const char* ssid = "MyWLAN";
const char* password = "secret";

// IOTA Settings
char server[] = "my.iotaserver.de"; // Please use some other IOTA server

int status = WL_IDLE_STATUS;
WiFiClient client;

String balance = "";
float addressbalance = 0;

//Adresse zum Testen:
//OHKQZAWRCGOHPHGEJFWAXL9JAWVUUMBCNMALLSTWLTKHOLFALWXYCCJRRHFRLGEZIWDTJXRUMNNQABEVX

String ip = "";
String address = "";
String addresscache = "";

bool thereWasAClientCall = false;

ESP8266WebServer webserver(80);     // Set Webserver Port (e.g. 80)

// Initialize the OLED display using Wire library
SSD1306  display(0x3c, D1, D2);
OLEDDisplayUi ui ( &display );

int screenW = 128;
int screenH = 64;
int screenCenterX = screenW/2;
int screenCenterY = ((screenH-16)/2)+16;
int clockRadius = 23;

// utility function for digital clock display: prints leading 0
String twoDigits(int digits){
  if(digits < 10) {
    String i = '0'+String(digits);
    return i;
  }
  else {
```

```
      return String(digits);
    }
}

// Frame for showing the balance introduction text
void balanceFrame(OLEDDisplay *display, OLEDDisplayUiState* state, int16_t x, int16_t y) {
  display->setTextAlignment(TEXT_ALIGN_CENTER);
  display->setFont(ArialMT_Plain_16);
  display->drawString(screenCenterX + x , screenCenterY + y, "Your balance:" );
}

// Frame for showing the balance
void iotaFrame(OLEDDisplay *display, OLEDDisplayUiState* state, int16_t x, int16_t y) {
  display->setTextAlignment(TEXT_ALIGN_CENTER);
  display->setFont(ArialMT_Plain_16);
  display->drawString(screenCenterX + x , screenCenterY + y,
String(addressbalance) + " MIOTA" );
}

// Frame for showing the IP
void seedFrame(OLEDDisplay *display, OLEDDisplayUiState* state, int16_t x, int16_t y) {
  display->setTextAlignment(TEXT_ALIGN_CENTER);
  display->setFont(ArialMT_Plain_16);

  display->drawString(screenCenterX + x , screenCenterY + y, ip );
}

// Frame for showing the IP introduction text
void iPFrame(OLEDDisplay *display, OLEDDisplayUiState* state, int16_t x, int16_t y) {
  display->setTextAlignment(TEXT_ALIGN_CENTER);
  display->setFont(ArialMT_Plain_16);
  display->drawString(screenCenterX + x , screenCenterY + y, "IOTABOX IP:" );
}

// This is called, whenever "http://<ip address>/" was opened by a client
void handleRoot()
{
  int val = 0;
  // The HTML-Code was compressed into one single line
  String html1 = "<!DOCTYPE html>\r\n<html>\r\n\<head></head>\r\n<body><img
src=\"https://preview.ibb.co/hqwkLn/iota.jpg\" border=\"0\"><br>\r\n<meta
content=\"text/html; charset=ISO-8859-1\" http-equiv=\"content-type\">\r\n\<title>IOTA
Money Box</title>\r\n\<form action='http://" + ip + "/submit' method='POST'><input
type=\"text\" name=\"adr\" size=\"150\"><input type=\"submit\" value=\"Add
Address\"></form>\r\n<br><br>Current addresses: " + addresscache + "<br><br>Your total
is: " + addressbalance + " MIOTA</body>\r\n</html>";
  webserver.send(200, "text/html", html1);
}

// This is called, when the form was submitted
void handleSubmit()
{
  Serial.println("Submit begin");

  if( ! webserver.hasArg("adr") || webserver.arg("adr") == NULL) { // if the address
("adr") data is missing
    webserver.send(400, "text/plain", "400: Invalid Request");
    return;
```

```
  }
  else
  {
    Serial.println(webserver.arg("adr"));
    address = webserver.arg("adr");
    // Address is 90 bytes (81 Address + 9 Checksum) - API takes only address
without checksum. So we take the substring instead...
    address = address.substring(0, 81);
    addresscache = addresscache + "<br>" + address;
    webserver.send(200, "text/html", "Address " + address + " added, check your
display.<br>Click <a href='http://" + ip + "'> to go back.");

    Serial.println();
    Serial.println("Starting connection to server...");
    Serial.println("Sending address: " + address);

    // if you get a connection, report back via serial
    if (client.connect(server, 14265)) {
      Serial.println("Connected to server");
      // Make a HTTP request to external
      String content = "{\"command\": \"getBalances\", \"addresses\":[\"" +
address + "\"], \"threshold\":100}";
      client.println("POST / HTTP/1.1");
      client.println("User-Agent: Huewe");
      client.println("Accept: *//*");
      client.println("Content-Type: application/json");
      client.println("X-IOTA-API-Version: 1");
      client.println("Host: my.iotaserver.de:14265");
      client.println("Content-Length: 142"); // + content.length()); Calc does not work
      client.println();
      client.println(content);
    }

    Serial.println("Content sent!");
    thereWasAClientCall = true;
  }
  Serial.println("Submit end");
}

// this array keeps all frames
FrameCallback frames[] = { iPFrame, seedFrame, balanceFrame, iotaFrame };

// how many frames are there?
int frameCount = 4;

void setup() {
  Serial.begin(9600);
  Serial.println();
  randomSeed(analogRead(0));

  // The ESP is capable of rendering 60fps in 80Mhz mode
  // but that won't give you much time for anything else
  // run it in 160Mhz mode or just set it to 30 fps
  ui.setTargetFPS(60);

  // Customize the active and inactive symbol
  ui.setActiveSymbol(activeSymbol);
  ui.setInactiveSymbol(inactiveSymbol);
```

```

  // You can change this to
  // TOP, LEFT, BOTTOM, RIGHT
  ui.setIndicatorPosition(TOP);

  // Defines where the first frame is located in the bar.
  ui.setIndicatorDirection(LEFT_RIGHT);

  // You can change the transition that is used
  // SLIDE_LEFT, SLIDE_RIGHT, SLIDE_UP, SLIDE_DOWN
  ui.setFrameAnimation(SLIDE_LEFT);

  // Add frames
  ui.setFrames(frames, frameCount);

  // Initialising the UI will init the display too.
  ui.init();

  display.flipScreenVertically();

  unsigned long secsSinceStart = millis();
  // Unix time starts on Jan 1 1970. In seconds, that's 2208988800:
  ccnst unsigned long seventyYears = 2208988800UL;
  // subtract seventy years:
  ursigned long epoch = secsSinceStart - seventyYears * SECS_PER_HOUR;
  setTime(epoch);


 WiFi.begin(ssid, password);

  while (WiFi.status() != WL_CONNECTED) {
    delay(500);
    Serial.print(".");
  }
  Serial.println("");
Serial.println("WiFi connected");

// Get Current IP
ip = String(WiFi.localIP()[0]) + "." + String(WiFi.localIP()[1]) + "." +
String(WiFi.localIP()105[2]) + "." + String(WiFi.localIP()[3]);
Serial.println("Current IP: " + ip);

// Define webserver behaviour
webserver.on("/", handleRoot);
webserver.on("/submit", handleSubmit);
webserver.begin();
Serial.println("Webserver running");


}

// helper function for finding text
int find_text(String needle, String haystack) {
  int foundpos = -1;
  for (int i = 0; i <= haystack.length() - needle.length(); i++) {
    if (haystack.substring(i,needle.length()+i) == needle) {
      foundpos = i;
    }
```

```
  }
  return foundpos;
}

// The main loop
void loop() {
  int remainingTimeBudget = ui.update();

  if (remainingTimeBudget > 0) {
    delay(remainingTimeBudget);

  }

  // Manage webserver
  webserver.handleClient();

  // if there are incoming bytes available
  // from the server, read them and print them
  while (client.available()) {

      char c = client.read();
      Serial.write(c);
      balance += c;
  }

  if (balance != "")
  {
    Serial.println("Content was: " + balance);

    // Here we try to parse the content
    const size_t bufferSize = 2*JSON_ARRAY_SIZE(1) + JSON_OBJECT_SIZE(4) + 160;
    DynamicJsonBuffer jsonBuffer(bufferSize);

    int firstbracket = balance.indexOf('{');
    balance = balance.substring(firstbracket);
    Serial.println("");
    Serial.println("Substring is: " + balance);

    JsonObject& root = jsonBuffer.parseObject(balance);

    if (!root.success()) {
      Serial.println("parseObject() failed");
    }

     const char* balances0 = root["balances"][0];
     Serial.println("Json is:");
     Serial.println(balances0);

     // Formatting
     balance = String(balances0);
     float value = balance.toFloat();
     value = value / 1000000;
     balance = String(value);

     addressbalance = addressbalance + value;
     balance = "";
     addresscache = addresscache + " - " + value + " MIOTA";
  }
```

```

  // if the server's disconnected, stop the client
  if (thereWasAClientCall)
  {
    if (!client.connected()) {
      Serial.println();
      Serial.println("Disconnecting from server...");
      client.stop();
    }
  }
}
```

5.1.7 Fertige Umsetzung der Spardose

Die fertige Umsetzung besteht aus dem Hardware-Gadget und der Weboberfläche, die über den Browser erreicht werden kann. Bild 5.5 und Bild 5.6 zeigen den Prototypen und das Web-Frontend.

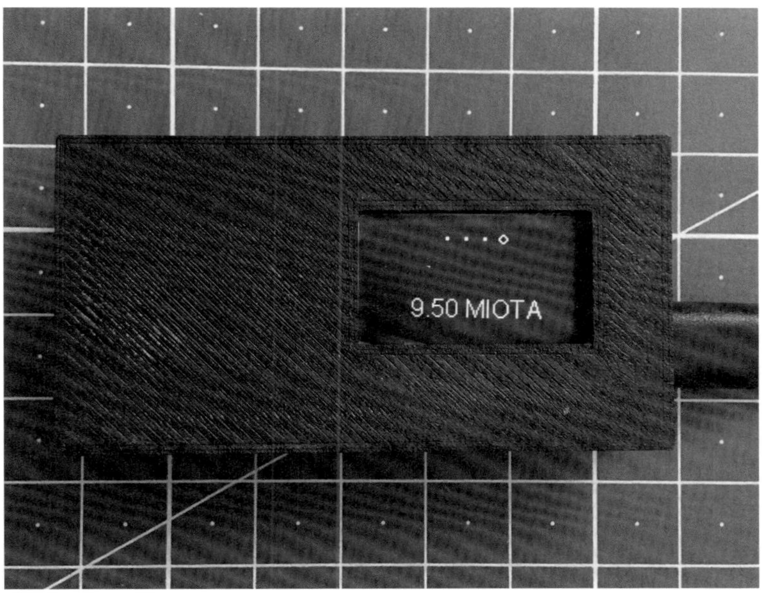

Bild 5.5 Die IOTA-Spardose zeigt den Kontostand an.

Bild 5.6 Über das Web-Frontend lassen sich die Adressen komfortabel eingeben und abfragen.

5.1.8 Offene Punkte

Aktuell liegt von der Referenzimplementierung eines Teilnehmerknotens nur eine Java-Variante vor: JIRI (Java Reference Implementation).[9] Gängige IoT-Geräte sind für diese Implementierung allerdings zu schwach. Auf dem ESP8266 gibt es gar keine Chance, aber selbst für einen Raspberry Pi ist die geforderte Rechenleistung zu viel. Es sind jedoch bereits andere Sprachen angedacht. Vielleicht ergibt sich ja irgendwann die Möglichkeit, dass IoT-Geräte als Knoten oder mithilfe einer Wallet-Implementierung ohne zusätzlichen Server mit dem IOTA-Netzwerk interagieren können.

5.1.9 Ausblick und Alternativen

Die IOTA-Foundation hat auf diversen Kanälen bereits einige Use Cases für Szenarien veröffentlicht, darunter z. B. Transportdrohnen, die selbstständig für eine Zwischenaufladung bezahlen, P2P-Musik-Streaming, smarte Kühlschränke etc. Eine Suche nach „IOTA real world use case" liefert gute Ergebnisse. Auch lohnt sich ein Blick auf Twitter,[10] da auch hier immer neue Ideen und Updates zum aktuellen Fortschritt eröffnet werden.

Gehäuse

Da wir den ESP8266/D-Duino V3 beim Transport schützen möchten, haben wir uns mithilfe eines 3D-Druckers ein passendes Gehäuse gedruckt (Bild 5.7). Entsprechende Vorlagen sind auf Thingiverse[11] zu finden. Je nach Bauform des Gehäuses ist gegebenenfalls eine Größenanpassung erforderlich. Wir hatten einige D-Duinos, bei denen das Gehäuse

[9] *https://github.com/iotaledger/iri*
[10] *https://twitter.com/iotatoken*
[11] *https://www.thingiverse.com/thing:2441666*

gepasst hat, bei anderen war es etwas zu groß. Gegebenenfalls musst du hier etwas experimentieren.

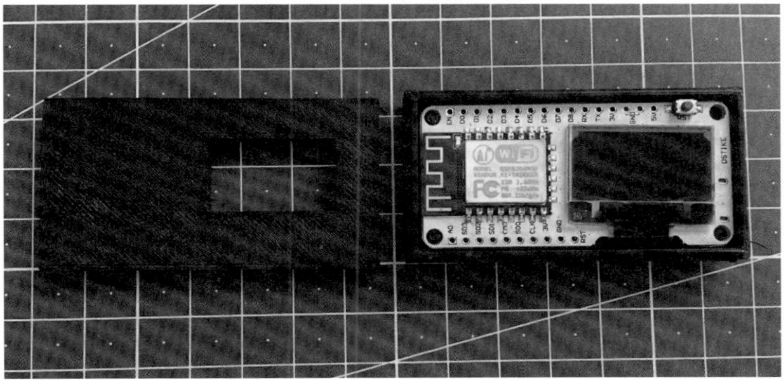

Bild 5.7 Das selbst gedruckte Gehäuse für den ESP8266 mit Display

Hardware-Wallets

Da wir aktuell unsere Schlüssel nicht auf unserer Brieftasche speichern wollen, möchten wir an dieser Stelle noch kurz auf Hardware-Wallets hinweisen. Eine Hardware-Wallet hat bewusst keinen Zugang zum Internet und zeigt auch keinen „Kontostand" an. Sie dient der sicheren Verwaltung der privaten Schlüssel und unterstützt mehrere Kryptowährungen. Ein prominentes Beispiel ist hierfür das Produkt Nano Ledger S, das in Bild 5.8 dargestellt ist.

Bild 5.8
Die Hardware-Wallet Nano Ledger S

Mehr über Blockchain

Wer sich darüber hinaus für Blockchains interessiert, dem legen wir unsere beispielhafte Implementierung einer Blockchain ans Herz. Der Beispielcode (in C#) ist zusammen mit einer detaillierten Erklärung der einzelnen Komponenten auf GitHub[12] zu finden. Hierbei geht es uns weder um die Implementierung in C# noch um Kryptowährungen. Vielmehr

---

[12] *https://github.com/stephanhuewe/netBlockchain*

sollen der generelle Aufbau und die Funktionsweise der Blockchain im Fokus stehen, um die grundlegende Technologie in den Vordergrund zu stellen.

5.2 Mobile Temperaturmessung

Das Projekt auf einen Blick:

- Plattform: Raspberry Pi
- Peripherie: DHT11-Temperatur- und Feuchtigkeitssensor, Huawei-E303-Surfstick
- Schnittstellen: GPIO
- Sprache: Python
- Besonderheit: Surfstick, Hologram SIM, SDK und Cloud

5.2.1 Einführung

IoT bietet viele Vorteile, keine Frage! Die smarten Helferlein machen unser Leben in vielerlei Hinsicht einfacher. So z. B. auch ein Temperatur- bzw. Feuchtigkeitsmesser für das eigene Gartenhaus, die Garage, den Lagerkeller oder was auch immer. So kann man jederzeit sicherstellen, dass alles im Trockenen ist und weder zu warm noch zu kalt wird. So weit zur Theorie. In der Praxis scheitern solche Projekte immer an zwei Dingen: Erstens benötigt man Strom für das IoT-Device und zweitens eine Netzwerk- oder Internetanbindung.

Während die Stromversorgung meistens noch irgendwie machbar ist, sei es durch Powerbanks, Solarpanels etc., hapert es meistens an der Netzverbindung. Das WLAN ist zu schwach oder nicht verfügbar und scheidet damit aus. LoRa und Sigfox klingen zwar verlockend, haben jedoch noch nicht die gewünschte Marktdurchdringung erreicht. Die Übertragungsraten sind nicht berauschend, und es steht auch das Thema Sicherheit im Fokus: Wer kann meine Daten mitlesen? Am Ende bleibt aus unserer Sicht nur eine Mobilfunkverbindung. Die ist nahezu überall verfügbar, verfügt über eine verhältnismäßig hohe Bandbreite und ist ohne Zusatzaufwand als relativ sicher zu betrachten.

Doch wie kann man eine Datenverbindung über das Mobilfunknetz kostengünstig umsetzen? Dieses Projekt zeigt dir die Realisierung eines Temperatur- und Feuchtigkeitssensors zusammen mit Hologram.io . Die Temperatur- und Feuchtigkeitsmessung soll stündlich durchgeführt und an eine E-Mail-Adresse gesendet werden. Von dort aus kann eine weitere Auswertung erfolgen.

5.2.2 Exkurs: Hologram.io

Die große Herausforderung besteht darin, ein IoT-Gerät an einem Ort ohne feste Internetverbindung ans Netz zu bekommen. Diese Verbindung ist notwendig, damit das IoT-Gerät Messdaten an einen anderen Dienst oder Cloud-Datensammler abliefern kann. Das klingt erst einmal sehr einfach – ein Surfstick mit Datentarif wäre sicher eine naheliegende Lösung. Doch im gleichen Atemzug kommen weitere Fragen auf:

- Welches Netz ist am Einsatzort verfügbar?
- Welcher Mobilfunkstandard wird verfügbar sein (LTE, UMTS oder im schlechtesten Fall nur Edge oder GPRS)?
- Muss es ein vollwertiger Datentarif sein? Welche Datenmenge wird in einem Monat übertragen (vermutlich nur wenige Megabyte, Messdaten sind nicht sonderlich groß)?

Hologram hat sich genau in diesem Marktbereich angesiedelt und bietet entsprechende Datentarife und passende Surfsticks an. Doch eigentlich ist Hologram.io noch viel mehr, nämlich eine komplette Plattform für IoT, aber dazu später mehr.

Bei Hologram erwirbt man zunächst eine SIM-Karte. Diese ist providerunabhängig und kann an fast jedem Ort der Welt betrieben werden. Hologram hat hierzu viele Kooperationen mit den unterschiedlichsten Providern weltweit[13] abgeschlossen (mehr als 550 Provider in 180 Ländern heißt es auf der Website). Die angebotenen Datentarife zeichnen sich durch eine sehr geringe Grundgebühr und sehr kleine Datenpakete aus (500 KB, 1 MB, 2 MB etc.).

Als Besonderheit gibt es einen Developer-Tarif (Bild 5.9). Dieser wird ohne eine monatliche Grundgebühr bereitgestellt und beinhaltet 1 MB Datentransfer pro Monat kostenfrei. Interessant ist auch, dass der Empfang von SMS-Nachrichten kostenfrei ist. Somit kann man beispielsweite Steuerkommandos kostenfrei empfangen. Die Karte kostet aktuell einmalig 5 US$. Leider sind die Versandkosten nach Deutschland sehr hoch. Hier lohnt es sich gegebenenfalls, mehrere SIM-Karten auf einmal zu bestellen. Dieses Modell könnte sich inzwischen auch geändert haben, jedoch wird es mit Sicherheit auch weiterhin eine günstige Option für IoT-Geräte von Hologram geben.

Bild 5.9
Hologram.io: Developer-Tarif

[13] *https://hologram.io/cellular*

Doch nicht nur der Datentarif ist interessant, Hologram bietet auch ein umfangreiches SDK[14]/API zur Kommunikation mit der Außenwelt. Der Dienst arbeitet hierbei als eine Art themenbezogener Router analog einer Message Queue. Es gibt ein Python-SDK und ein Command Line Interface.[15] Als Output gibt es verschiedenste Anbindungen, wie IFTTT, Slack oder auch ganz einfach E-Mail.[16] Somit kann man Anbindungen sehr einfach realisieren und muss sich darüber hinaus auch nicht groß um die Sicherheit am Gerät sorgen, da das Routing über die Cloud passiert.

Über ein einfaches Linux-Kommando wie `hologram send -t <topics> <message>` oder einen Python-Aufruf,[17] lassen sich sehr einfach Daten versenden. Das Python-SDK hat noch einen weiteren großen Vorteil: Es sorgt dafür, dass Datenverbindungen selbstständig auf- und abgebaut werden. Damit wird nur schnell das Datenpaket abgesetzt und die Verbindung wieder geschlossen. Im Gegensatz zu einer Dauerverbindung wird so verhindert, dass beispielsweise Updates oder Ähnliches geladen werden und das Datenvolumenkontingent beanspruchen.

Hologram bietet zudem eigene USB-Surfsticks an. Diese sind jedoch nicht unbedingt notwendig. Es funktionieren auch andere Sticks, die unter Linux mit pppd (Point-to-Point Protocol Daemon) ans Laufen gebracht werden können. In unserem Beispiel verwenden wir einen Huawei K505.

5.2.3 Hardwareaufbau

Zur Temperatur- und Feuchtigkeitsmessung verwenden wir den DHT11-Sensor (ein DHT22 ist ebenso möglich, da die Pins gleich belegt sind, jedoch muss dann im Code der entsprechende Aufruf angepasst werden). Dieser ist sehr günstig in der Anschaffung (kostet nur 1 – 2 €) und von der Anbindung her einfach zu realisieren, da nur ein einzelner GPIO-Port benötigt wird.

Der Bauplan ist in Bild 5.10 in Form eines Fritzing-Steckplatinendiagramms dargestellt. Der linke Pin des Sensors wird an einen 3,3-V-Port des Raspberry Pi angeschlossen. Der Pin rechts daneben wird mit einem GPIO-Pin des Raspberry Pi verbunden, in unserem Fall ist das der GPIO 4. Wichtig ist, dass der Port über einen Pull-up-Widerstand[18] (4,7 – 10 kΩ) angebunden wird, um Fehlmessungen zu vermeiden. Der Pin daneben bleibt frei, und der ganz rechte Port wird mit Ground (Pin 6) verbunden. Eine genaue Übersicht der GPIO-Belegung des Raspberry Pi ist in Abschnitt 4.1.3.3 zu finden.

---

[14] SDK steht für Software Development Kit.

[15] *https://hologram.io/docs/reference/cloud/python-sdk*

[16] *https://hologram.io/docs/guide/cloud/data-router*

[17] *https://github.com/hologram-io/hologram-python/blob/master/examples/example-cellular-send.py*

[18] Der Pull-up-Widerstand wird verwendet, um den Eingang auf High zu ziehen. Ohne diesen Widerstand befindet sich der Eingang irgendwo zwischen High und Low. Damit kannst du sicherstellen, dass du keine falschen Werte ausliest.

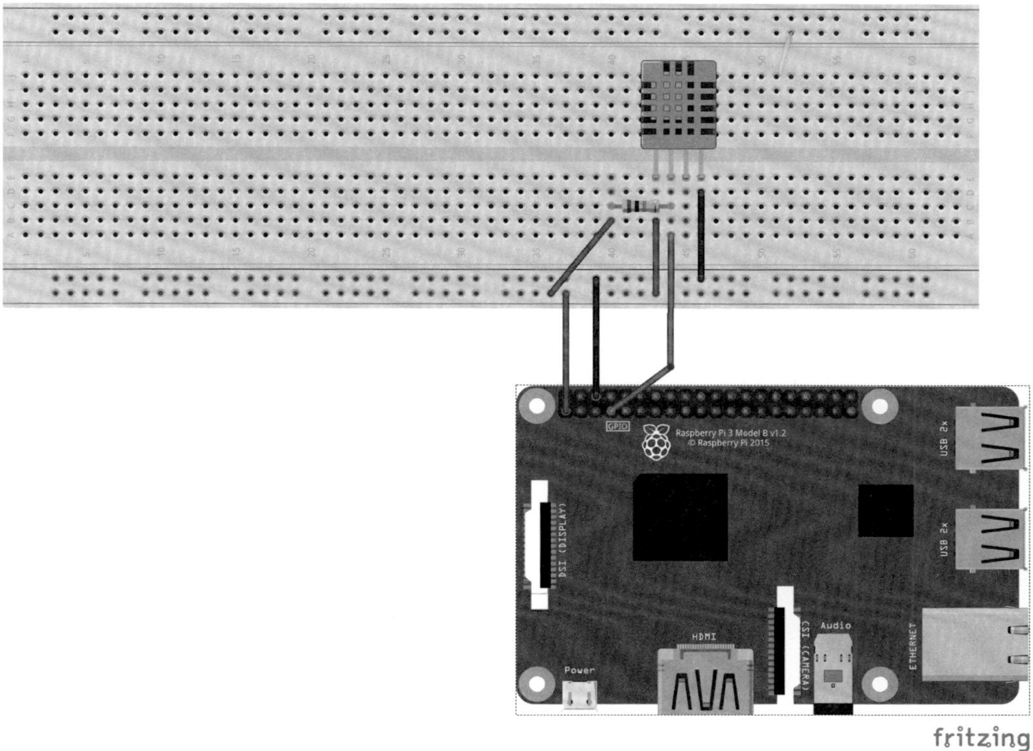

Bild 5.10 Fritzing-Schaltbild des DHT11 mit dem Raspberry Pi

Zur besseren Übersicht haben wir die Schaltung auf einem Breadboard platziert (Bild 5.11). Soll das Ganze in einer rauen Umgebung in Betrieb genommen werden, sollte der Aufbau besser geschützt werden. Hierzu lässt sich ein Gehäuse in verschiedensten Qualitätsstufen realisieren. Wir haben schon verschiedenste Optionen gesehen: angefangen beim Gehäuse aus dem 3D-Drucker über umgebaute Überraschungseier bis hin zur Heißkleberhülle, bei der nur der Sensor frei bleibt.

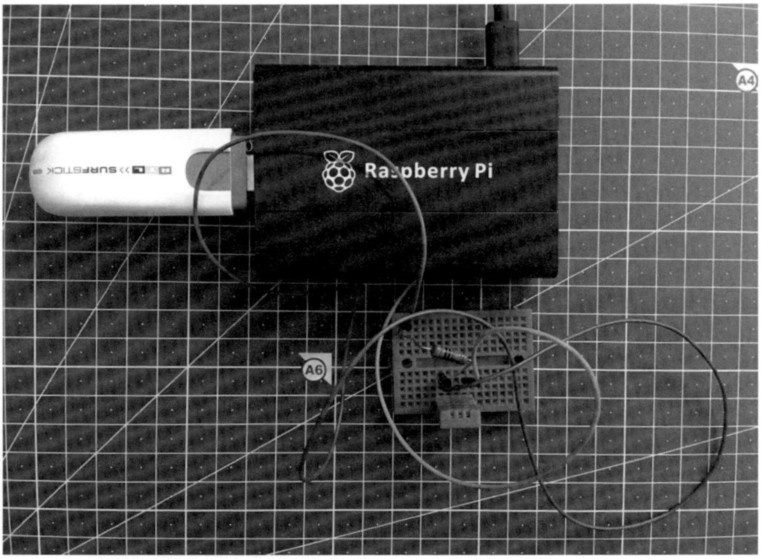

Bild 5.11 Breadboard-Aufbau des Raspberry Pi mit DHT11 und Surfstick

5.2.4 Software

5.2.4.1 Vorbereiten und Einrichten des Surfsticks unter Linux

Damit der Surfstick nicht in den Datenmodus wechselt, musst du ihn so konfigurieren, dass er im seriellen Modus arbeitet und AT-Kommandos verarbeiten kann. Bei unserem Huawei E303 war hierzu folgendes Kommando auf der Linux-Maschine notwendig:

```
usb_modeswitch -v 0x12d1 -p 0x1f01 -V 0x12d1 -P 0x1001 -M
"55534243000000000000000000000000061106000000000000000000000000000000"
```

Damit der Stick nicht zurück in den HiLink-Modus wechselt, mussten wir auch in der Datei `/etc/usb_modeswitch.conf` das Flag `DisableSwitching` auf 1 setzen.

Eine Schritt-Für-Schritt-Anleitung findest du auch auf der Hologram-Website.[19] Solltest du einen anderen Surfstick verwenden, müsstest du den geeigneten Befehl für den `modeswitch` leider selbst ermitteln, da sich das von Modell zu Modell unterscheidet. Wir haben auch einige Versuche gestartet und sind mit einigen Surfsticks sogar komplett gescheitert. Die sicherste, aber teuerste Option ist der Stick von Hologram selbst.

5.2.4.2 Konfiguration der Hologram-Plattform/Routing

Sobald du den Surfstick das erste Mal zu einer Einwahl bewegen konntest, kannst du dich auf dem Hologram-Dashboard einloggen (*https://dashboard.hologram.io*). Solltest du noch

[19] *https://hologram.io/using-at-commands-with-the-huawei-e303*

keinen Account haben, kannst du diesen dort anlegen. Hier musst du auch eine SIM-Karte aktivieren. Auf der Übersicht siehst du dann zunächst deine Geräte. In den Details findest du das Fenster aus Bild 5.12. Die zwei wichtigsten Punkte haben wir mit Pfeilen markiert: Im oberen Bereich findest du einen Link auf den *Device Key*, das ist der Schlüssel, damit Daten überhaupt in die Cloud abgesetzt werden können. Der zweite wichtige Punkt ist der Bereich *Routes*, dort kannst du eine eigene Route anlegen, die festlegt, was mit den gesendeten Daten passiert.

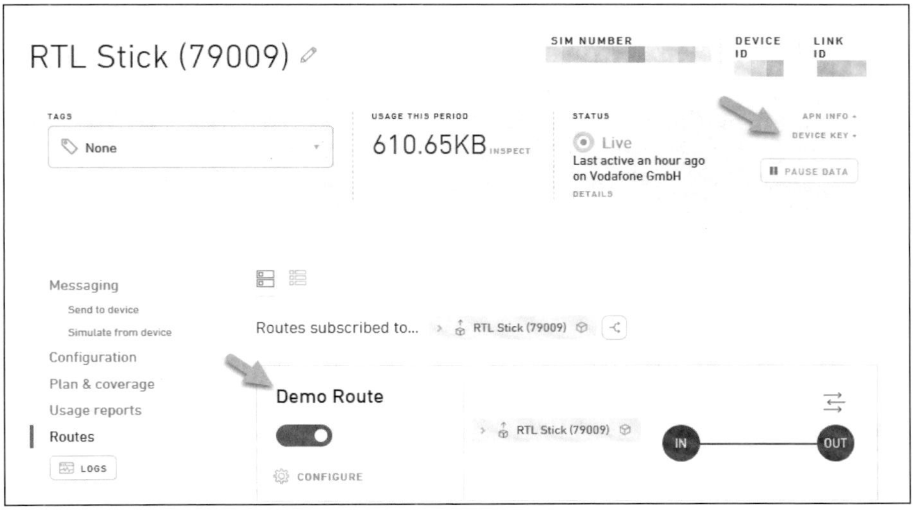

Bild 5.12 Das Hologram-Dashboard für den Surfstick im Überblick

In unserem Demo-Router haben wir festgelegt, dass die Daten als E-Mail versendet werden. Der Betreff der E-Mail soll „Temperaturmessung" lauten, und die gesendeten Daten sollen in Rohform enthalten sein. <<*decdata*>> steht hierbei als Platzhalter für die decodierten Rohdaten (Bild 5.13). Die ankommenden Daten sind Base-64-codiert und werden von der Plattform zunächst decodiert.

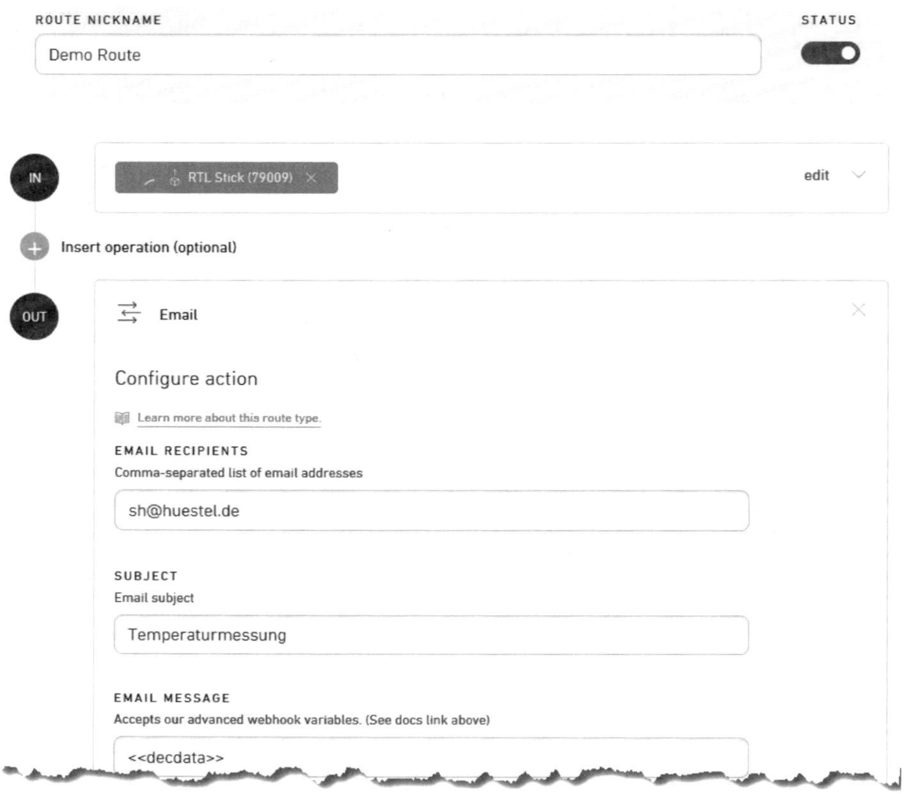

Bild 5.13 Beispielhafte Route zur Weiterleitung der Messwerte per E-Mail

5.2.4.3 Python-Skript zur Temperaturmessung und Datenversand

Mithilfe der Hologram-[20] und DHT-Bibliotheken[21] ist unser Python-Skript für die Temperaturmessung in nur wenigen Zeilen Code realisiert. Hierbei werden die Daten vom Sensor abgerufen, aufbereitet und an Hologram für die Weiterverarbeitung übermittelt. Die gesamte Verarbeitungslogik wie der E-Mail-Versand findet in der Cloud statt, ohne dass wir uns darum kümmern müssen. Das Skript findest du auch in unserem GitHub-Repository für Kapitel 5 unter dem Namen „Temperature".

```
from Hologram.HologramCloud import HologramCloud ##1##
import Adafruit_DHT ##2##

credentials = {'devicekey': '___geheim___'} ##3##
hologram = HologramCloud(credentials, network='cellular') ##4##

result = hologram.network.connect()
```

[20] *https://github.com/hologram-io/hologram-python*
[21] *https://github.com/adafruit/Adafruit_Python_DHT*

```
if result == False
    print ' Failed to connect to cell network'

sensor = Adafruit_DHT.DHT11 ##5##
pin = 4 ##6##

humidity, temperature = Adafruit_DHT.read_retry(sensor, pin) ##7##
humidity, temperature = Adafruit_DHT.read_retry(sensor, pin)

response_code = hologram.sendMessage("h:" + str(humidity) + "t:" +
str(temperature)) ##8##

print hologram.getResultString(response_code) # Prints 'Message sent successfully'. ##9##

hologram.network.disconnect() ##10##
```

Kommentar #	Erläuterung
1	Die Hologram-Library dient dem Netzzugang über unseren Surfstick.
2	Die Adafruit-Library verwenden wir zum Auslesen des Temperatursensors.
3	Den Device-Key erhältst du im Hologram-Verwaltungsportal.
4	Wir verbinden uns über einen verfügbaren Mobilfunkzugang mit Hologram.
5	In unserem Fall verwenden wir einen DHT11. Es gibt jedoch auch den DHT22, der die gleiche Pin-Belegung hat.
6	Unser Temperatursensor liefert Daten am GPIO-Pin 4 ab.
7	Hier rufen wir die beiden verfügbaren Messwerte (Temperatur und Luftfeuchtigkeit) vom Sensor ab. In unseren Tests hat sich gezeigt, dass der erstmalige Abruf oftmals unzuverlässige Werte liefert. Von daher rufen wir den Wert einfach sofort ein weiteres Mal ab. Das ist zwar keine schöne, aber eine pragmatische Lösung. Die Werte waren im zweiten Abruf deutlich genauer als im ersten Aufruf.
8	Um die Daten möglichst kostensparend zu übertragen, beschränken wir uns auf einen minimalen Fülltext. Der zu übertragende Text lautet `h:xx t:yy`, wobei entsprechend die gemessene Luftfeuchte und Temperatur übertragen wird (siehe hierzu auch **Bild 5.14**). Damit können wir jede Stunde eine Temperaturmessung vornehmen und überschreiten damit nicht das monatliche kostenlose Datenvolumenlimit von 1 MB.
9	Zu Dokumentationszwecken geben wir die Rückmeldung des Hologram-Servers auf der Konsole aus und schreiben sie gegebenenfalls ins Log.
10	Im letzten Schritt trennen wir sauber die Verbindung zum Netzwerk.

Damit unser Skript auch stündlich ausgeführt wird, tragen wir es als Cronjob auf unserem Raspberry Pi unter Linux ein:

```
0 *     * * *   root    python2.7 /home/pi/temperature.py
```

5.2.5 Temperaturmessung im Einsatz

Das Skript ist bei uns in mit mehreren Stationen im Einsatz und sendet uns jede Stunde das Status-Update mit der aktuellen Temperatur und Luftfeuchtigkeit (Bild 5.14).

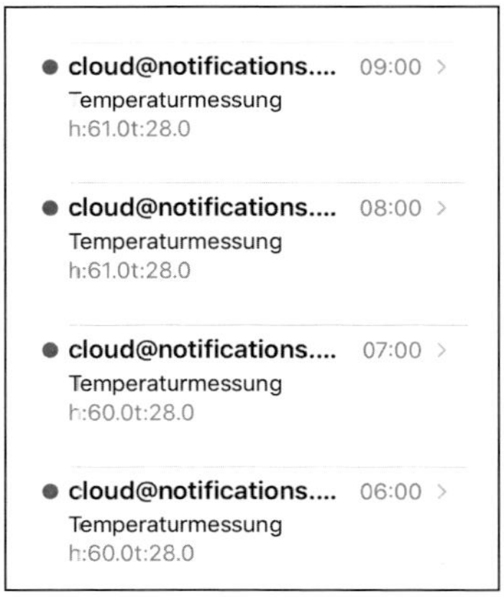

Bild 5.14
Aktuelle Messwerte stündlich im Posteingang

5.3 Fitnesstrainer

Das Projekt auf einen Blick:

- Plattform: Calliope mini
- Peripherie: Beschleunigungssensor (on board), Neigungssensor (on board) eines Balance Boards
- Sprache: MakeCode Blocks bzw. JavaScript
- Besonderheit: grafische Programmierung

5.3.1 Einführung

Alle Jahre wieder beginnt pünktlich um Neujahr die Zeit der guten Vorsätze, darunter die Klassiker „mehr Sport machen" bzw. „etwas für die Fitness tun". Passende Fitnessuhren bzw. Fitness-Gadgets/Schrittzähler gibt es am Markt genügend, jedoch fordern uns diese alle auf, noch mehr Sport zu machen und aktiver zu sein. Wir wollen für unseren Fitnesstrainer einen anderen Weg wählen. Wir bewahren die Ruhe und halten still – und zwar komplett still. Wir entwickeln auf dem Calliope mini zwei Spiele. Das erste Spiel nennt sich „Don't move". Bewegen wir uns zu viel, heißt es: Game over. Beim zweiten Spiel „Keep your balance" ist Gleichgewichtssinn gefragt. Wer das Gleichgewicht nicht halten kann, verliert.

Das klingt zu einfach? Das wollen wir erst mal sehen. Steh einfach einmal auf und stell dich auf ein Bein, das andere Bein bleibt in der Schwebe. Wie viele Sekunden schaffst du das? Wann beginnst du zu wackeln? Wem das noch zu einfach ist, der kann noch etwas in die Knie gehen. Ist die Übung immer noch zu einfach? Dann versuch es doch einmal mit geschlossenen Augen.

Je länger du stillhalten kannst, desto besser ist deine Körperspannung. Diese korreliert oftmals mit der generellen Fitness. Während sie beim Einbeinstand bzw. dem „Yoga Baum" noch relativ wenig ausgeprägt sein muss, braucht man beim „Yoga Krieger 3" schon deutlich mehr Körperspannung, um die Übung sauber auszuführen. Auch bei Halteübungen zeigt ein Wackeln eine Erschöpfung der Muskulatur an. Neben der Muskel- bzw. Körperspannung erhöht sich mit gesteigerter Fitness oft auch das Körpergefühl bzw. die Balance.[22] Jemand, der viel Sport treibt, hat es generell deutlich leichter auf einem Balance Board bzw. einer Slackline.[23]

5.3.2 Benötigte Komponenten

Für das erste Spiel, „Don't move", bringt der Calliope mini alles Notwendige mit: den Calliope selbst und das Batterie-Pack für die mobile Stromversorgung. Hast du dieses verlegt, eignet sich alternativ auch eine USB-Powerbank. Je nach Anwendung benötigst du gegebenenfalls noch etwas zum Befestigen am Körper, z. B. breite Gummibänder oder Klebeband.

Für das zweite Spiel, „Keep your balance", benötigst du noch ein Balance Board. Dieses gibt es regelmäßig für unter 10 € beim Discounter.[24] Alternativ gehen auch ein sehr stabiles Brett und ein Rundholz aus dem Baumarkt. Um den Calliope mini am Balance Board festzumachen, eignet sich entweder doppelseitiges Klebeband oder Klett-Klebeband, falls du die Verbindung einfach lösen können möchtest.

Mehr brauchst du für diese Projekte nicht – außer vielleicht etwas kindlichen Spieltrieb.

5.3.3 Software

Um die beiden Fitness-Tracker für den Calliope mini zu programmieren, musst du keine Entwicklungsumgebung installieren oder eine neue Programmiersprache lernen. Du kannst das Programm einfach im Browser zusammenklicken. Damit ist dieses Projekt

[22] Balance und Körperspannung beeinflussen sich natürlich auch gegenseitig.
[23] Natürlich kommt auch Übung hinzu.
[24] z. B. Crivit Balance Board von Lidl für 5,99 €

auch für Programmierneulinge und Kids geeignet.[25] Als Entwicklungsumgebung verwenden wir in unserem Beispiel MakeCode von Microsoft, das du auf der Webseite *https://makecode.calliope.cc* findest. Diese begrüßt uns mit einem kleinen „Hello World"-Programm, einem blinkenden Smiley (Bild 5.15).

Die Umgebung ist schnell erklärt und verstanden: Links oben wird der Calliope mini simuliert. Klickst du auf das Schneckensymbol, wird die Simulation verlangsamt und jeder Schritt hervorgehoben. Rechts siehst du deinen Code in grafischen Blöcken, im Beispiel in Bild 5.15 eine `dauerhaft`-Schleife mit zweimal `zeige LEDs`, ähnlich der `loop` bei Arduino. Dazwischen befindet sich die Codebibliothek. Hier findest du alle deine Codeblöcke, schön nach Thema sortiert. Die Farben der Codeblöcke entsprechen den Farben der dazu passenden Bibliothek (hier: *Grundlagen*). Darunter gibst du den Namen deines Projekts ein (hier: *Ohne Titel*). Daneben findest du den SPEICHERN-Button. Klickst du diesen, wird dir eine Hex-Datei zum Download angeboten. Sobald du diese auf dem USB-Laufwerk des Calliope mini speicherst, wird dieses auf den Calliope mini heruntergeladen und anschließend dort ausgeführt.

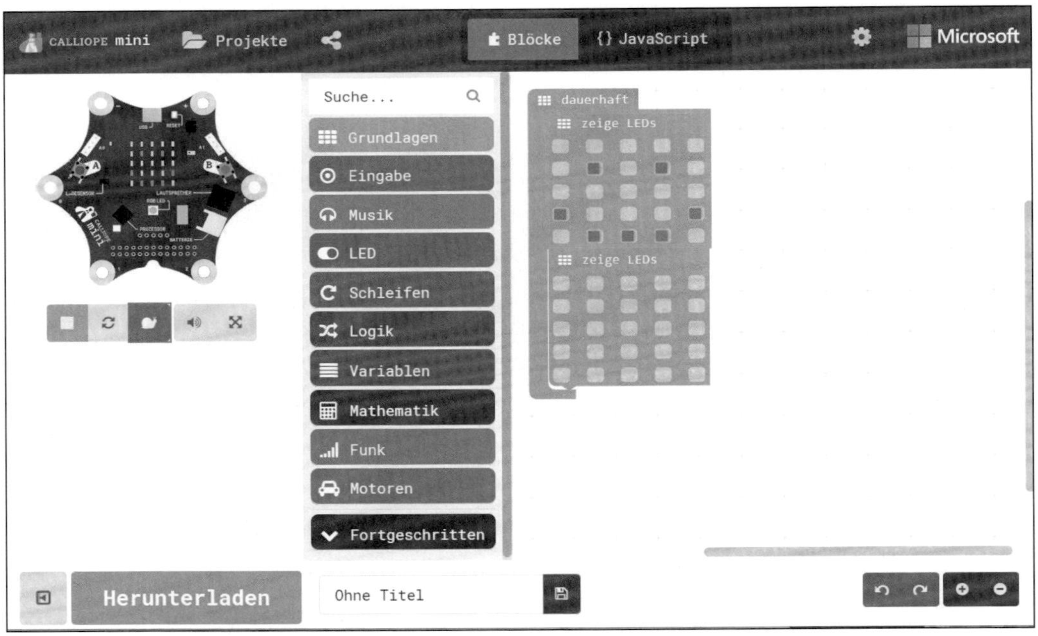

Bild 5.15 MakeCode-Editor: „Hello World" im Calliope-Stil

[25] Es ist natürlich auch möglich, den Calliope mini mit Arduino, PlatformIO, MicroPython *(https://python.microbit.org/v/1.1)* oder direkt mit mbed SDK zu programmieren, aber wo bleibt denn da der Spaß?

Ausprobieren!

Durch das einfache Kopieren einer Hex-Datei auf das USB-Laufwerk kannst du das Programm auf dem Calliope mini einfach auswechseln. Lade die Hex-Datei auf deinen Calliope mini und erfreue dich an einem lachenden Smiley. Danach solltest du einfach mal mit der Entwicklungsumgebung herumspielen, die verschiedenen Blöcke kennenlernen und die ersten Programme zusammenklicken, z. B. das Thermometer aus Abschnitt 4.1.6. Beim Calliope mini geht es ums Entdecken und Ausprobieren. Es ist kinderleicht und macht riesig Spaß.

Inspiration gesucht? Anregungen findest du unter *https://makecode.microbit.org*. Die meisten Beispiele funktionieren genauso für den Calliope mini. ■

Code statt Blöcke

Im Hintergrund übersetzt MakeCode die grafischen Blöcke in JavaScript-Code. Möchtest du dir den Code anschauen oder gleich in JavaScript programmieren, klickst du einfach rechts oben auf JAVASCRIPT. Klickst du anschließend auf BLÖCKE, versucht MakeCode, den JavaScript-Code wieder in passende Blöcke zurückzuverwandeln. Dies ist sehr hilfreich, wenn du z. B. eine längere If-Abfrage schreiben möchtest. ■

Hat alles geklappt, ist es an der Zeit, die Spiele zu programmieren.

5.3.3.1 Don't move

Das Spiel „Don't move" überwacht mittels des Beschleunigungssensors, ob du dich bewegst. Zuerst setzt du ein paar Variablen im Block `beim Start` (Bild 5.16). Die Variable `go` verwendest du, um das Spiel zu starten oder zu stoppen. `SpielStartzeit` benötigst du später, um herauszufinden, wie lange du durchgehalten hast. Die `Schwierigkeit` verwendest du zur Punkteberechnung. Den Auslöse-`Schwellwert` für Bewegungen setzt du auf 100 mg.[26] Um den Beschleunigungssensor schon mal warmlaufen zu lassen, speicherst du dessen Wert in `g_ruhezustand`.

Bild 5.16 Beim Programmstart müssen ein paar Variablen gesetzt werden.

---

[26] 1/1000 g – wobei 1 g der Erdanziehung entspricht, ca. 9,81 m/s.

Um das Spiel zu starten, muss der Benutzer die beiden Knöpfe A und B kurz gleichzeitig drücken (Bild 5.17). Es erscheint ein Countdown: *3, 2, 1, 0.* Ab diesem Zeitpunkt läuft die Uhr, deshalb speichern wir die bisher vergangene Laufzeit als Referenzwert in `SpielStartzeit`. Dann geht das Spiel los (`go = wahr`).

Am besten setzt du wie in unserem Beispiel bei jedem Tastendruck go zuerst wieder auf `falsch`, damit das Spiel in jedem Fall gestoppt wird. ■

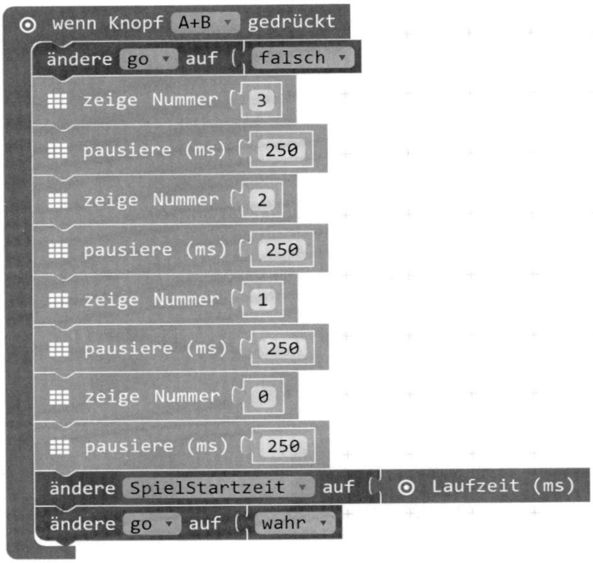

Bild 5.17 Drückst du A und B gleichzeitig, zählt ein Countdown bis zum Spielstart herunter.

Kommen wir nun zum eigentlichen Spiel. Dieses ist in der `dauerhaft`-Schleife implementiert (Bild 5.18). Du holst dir, wenn du unserem Beispiel folgst, zweimal im Abstand von 10 ms den aktuellen Wert vom Beschleunigungssensor ab, berechnest dann die absolute Differenz der beiden Werte und speicherst diese in `Beschleunigung` ab.

Der Beschleunigungssensor, auch Accelerometer genannt, gibt mit dem Parameter `Stärke` die absolute Kombination der Anziehung in allen drei Dimensionen zurück. Liegt der Calliope mini flach auf dem Tisch und bewegt sich **nicht,** erhältst du dennoch einen Wert von ca. 1000. Aus diesem Grund musst du die Beschleunigungs**änderung** berechnen. ■

Damit der Spieler eine Rückmeldung bekommt, wie stark er im Moment wackelt, verwenden wir im Beispiel ein `Balkendiagramm`, das auf der LED-Matrix angezeigt wird. `Wenn` die

Beschleunigung größer als der Schwellwert ist und das Spiel noch läuft (go = wahr), hat der Spieler zu stark gewackelt, und das Spiel wird beendet.

Vorher musst du jedoch noch den Punktestand ausrechnen. Hierzu berechnest du die Laufzeit, seitdem das Spiel gestartet wurde, teilst sie durch 100 und multiplizierst sie mit der Schwierigkeit. Damit entspricht 1 Sekunde bei Schwierigkeit 1 genau 10 Punkten, bei Schwierigkeit 2 genau 20 Punkten usw.

Die berechneten Punkte übergibst du an die spezielle Variable Punktestand der Spielbibliothek und informierst den Spieler über sein Missgeschick mit einer hämischen wawawawaaa-Melodie. Damit ist das Spiel beendet. Die Spielbibliothek zeigt damit dem Benutzer eine kleine Animation und den vorher gesetzten Punktestand. Dieser wird so lange angezeigt, bis die Reset-Taste gedrückt wird.

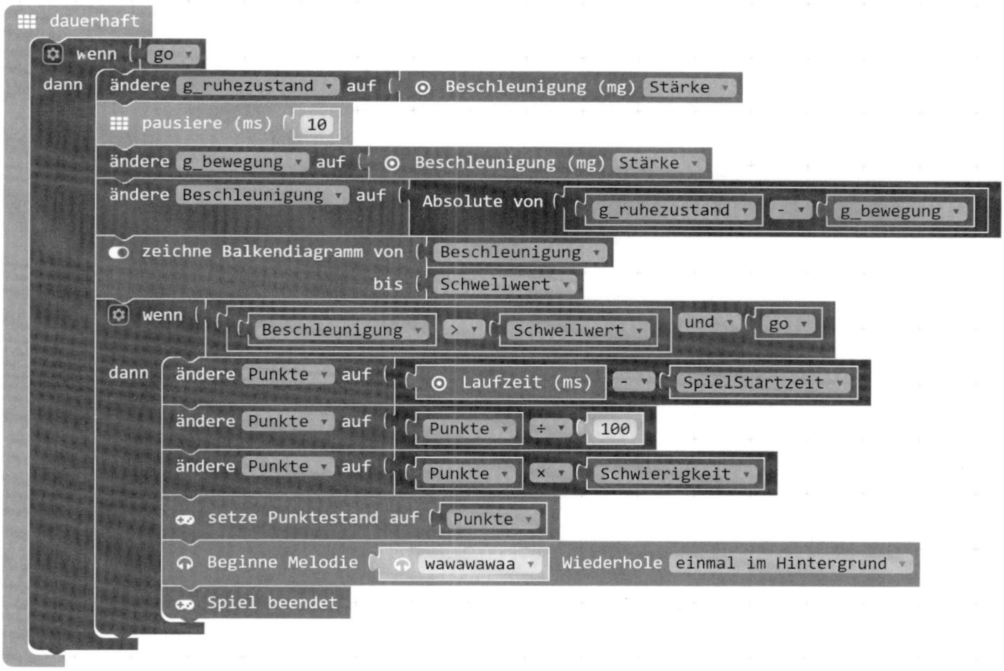

Bild 5.18 Das eigentliche Spiel „Don't move" wird nur ausgeführt, wenn vorher A + B gedrückt wurde.

Schwierigkeitsgrade

Durch den Schwellenwert 100 ist das Spiel jedoch noch relativ einfach, und man kann sehr lange durchhalten. Um den Schwierigkeitsgrad zu erhöhen, drückt der Benutzer den Knopf B (Bild 5.19). Der Schwellwert wird nun um 10 Einheiten verringert, wobei er mindestens den Wert 10 haben muss. Aus dem Schwellwert wird der passende Schwierigkeitsgrad berechnet, indem der Schwellenwert durch 10 geteilt wird und dann von der Zahl 11 abgezogen wird. Damit ergibt sich bei einem Schwellenwert von 100 der bekannte Schwierigkeitsgrad 1 und bei dem Mindestschwellenwert von 10 die Schwierigkeit 10. Die Verringerung des Schwierigkeitsgrades erfolgt analog durch einen Druck auf Knopf A (Bild 5.20).

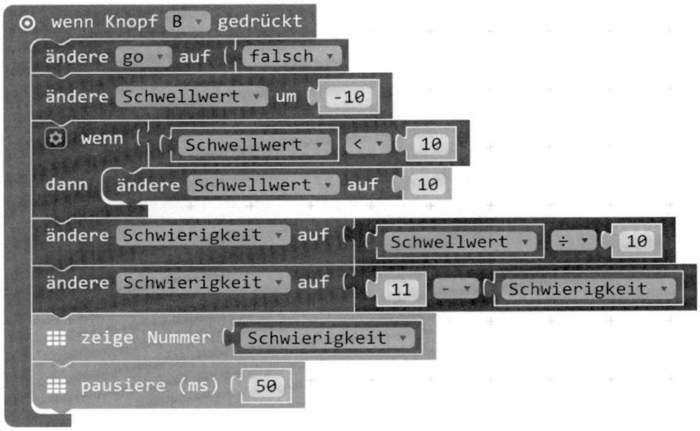

Bild 5.19 Durch einen Druck auf Knopf B erhöht sich die Schwierigkeit.

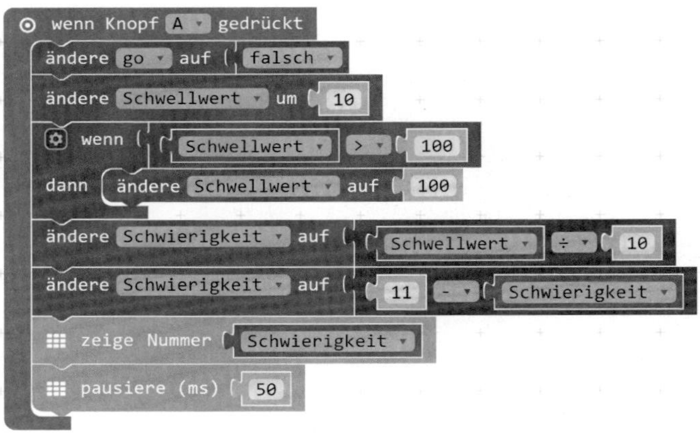

Bild 5.20 Durch einen Druck auf Knopf A verringert sich die Schwierigkeit.

Das komplette Programm findest du in Bild 5.21. In Aktion siehst du es in Bild 5.22. Hier ist der Calliope mini mit einer Sportbandage am Fußgelenk befestigt. Damit ist es an der Zeit, den Krieger 3 zu üben.

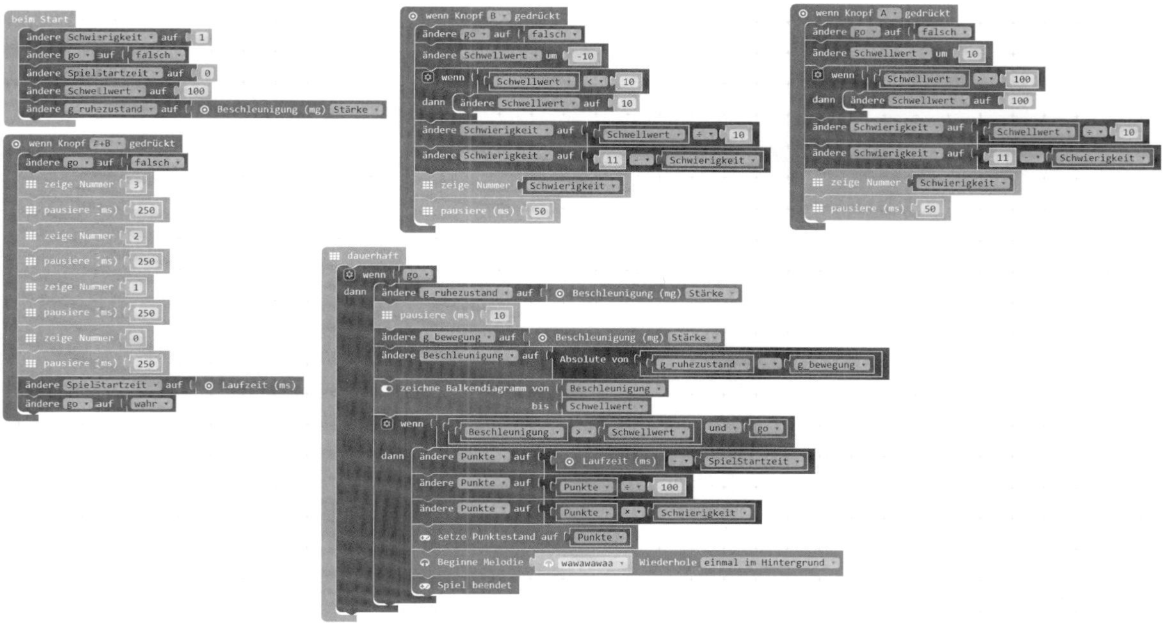

Bild 5.21 Das komplette Programm des „Don't move"-Spiels

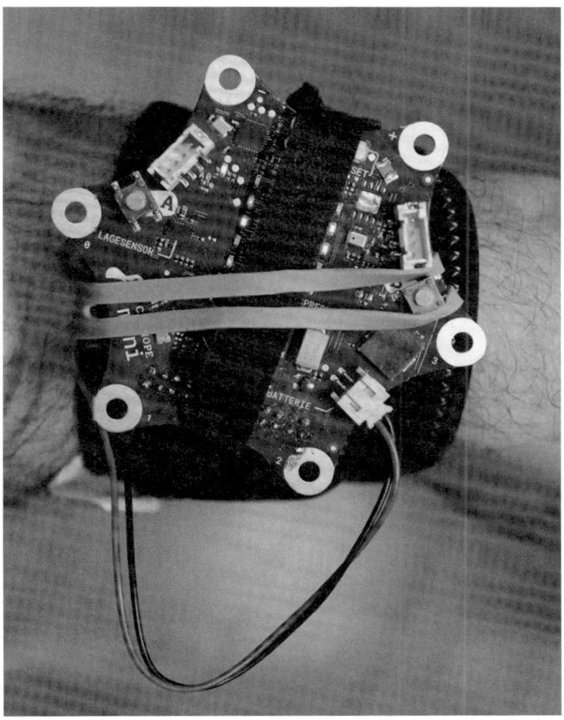

Bild 5.22
Mit einer Sportbandage ist eine Befestigung am Fußgelenk kein Problem (© Sonja Hemmersbach).

5.3.3.2 Keep your balance

Unser zweites Spiel „Keep your balance“ verwendet ein anderes Konzept, um Bewegung zu messen: den Neigungssensor. Dieser misst zwei Werte, den Nick- bzw. Neigungswinkel (Wertebereich −90 bis 90°) und den Rollwinkel (Wertebereich −180 bis 180°). Schaust du von oben auf den Calliope mini (USB-Buchse oben) und neigst du ihn nach vorn, ändert sich der Neigungswinkel.[27] Rotierst du ihn um die verlängerte Achse der USB-Buchse, ändert sich der Rollwinkel.

Der Spieler muss versuchen, so waagerecht wie möglich auf dem Balance Board zu bleiben. Weicht der Wert in unserem Spiel zu weit davon ab, wird das Spiel beendet.

Einbaurichtung des Neigungssensors

Lege den Calliope mini flach auf den Tisch, sodass dich die Vorderseite mit der LED-Matrix anlächelt. Misst du nun den Neigungswinkel, ergibt sich ein Wert von 0 +/− ein paar Grad. Neigst du ihn nach vorn/unten, wird der Wert positiv, neigst du ihn nach hinten/oben, wird der Wert negativ – genauso wie man es erwarten würde.

Beim Rollwinkel ist dies jedoch nicht so. Der Neigungssensor ist verkehrt herum eingebaut. Liegt der Calliope mini flach auf dem Tisch, ergeben sich Werte um +179 und −179°. Der Wert springt zwischen diesen beiden Werten hin und her. Rollst du nach links, werden die Werte größer, rollst du nach rechts, werden die Werte kleiner. Drehst du ihn einmal komplett, sodass die LEDs nach unten zeigen, hast du hier den Wert von 0°. Bild 5.23 stellt diese Situation noch mal anschaulich dar.

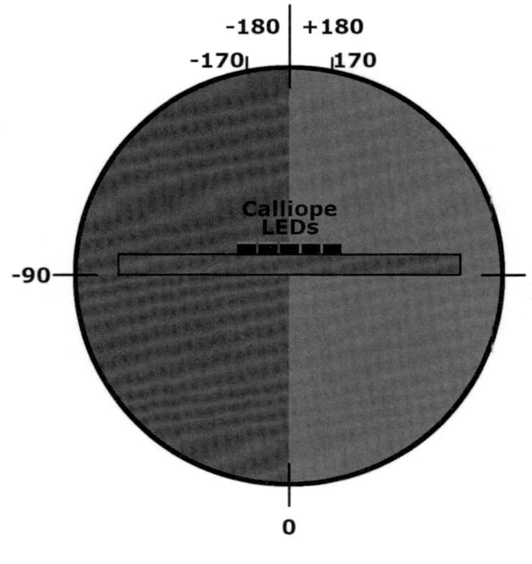

Bild 5.23 Der Neigungssensor des Calliope mini ist verkehrt herum: Eine Nullstellung liegt vor, wenn die LEDs nach unten zeigen (und du sie damit nicht mehr siehst).

[27] Du drehst den Calliope mini nach vorne um die Achse zwischen den beiden Buttons.

Der Aufbau des Spiels ist relativ identisch zum Spiel „Don't move": Zuerst musst du ein paar Werte in der Funktion `beim Start` initialisieren (Bild 5.24). Neben den bekannten Variablen `Punkte`, `go` und `SpielStartZeit` erstellst du in der Variablen `Spieler` einen sogenannten Sprite – unsere Spielfigur auf dem virtuellen Spielfeld. Diesen setzt du an Position 2/2 auf die LED-Matrix.

> Die LED-Matrix zählt von links unten bei 0/0 los. Links oben liegt 5/0 an, rechts oben 5/5, rechts unten 0/5. 2/2 ist somit die Mitte des Spielfeldes.

Um den Neigungssensor zu kalibrieren bzw. warmlaufen zulassen, liest du schon einmal die beiden Gradwerte aus.

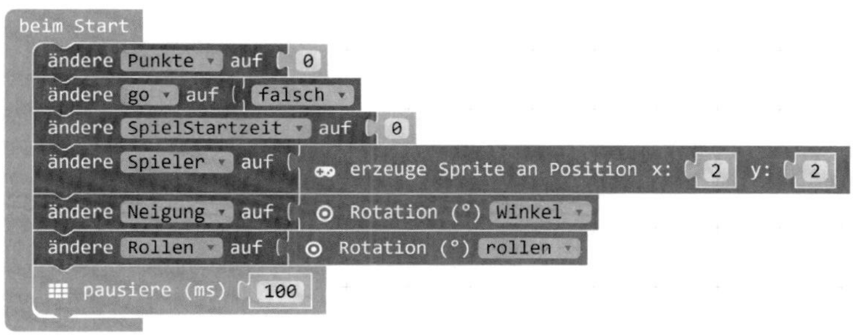

Bild 5.24 „Keep your balance": Auch hier müssen die passenden Variablen gesetzt werden. Mit einem Sprite erzeugst du eine Spielfigur.

Den Countdown und Spielstart durch Drücken auf A+B kannst du direkt aus dem Spiel „Don't move" übernehmen (Bild 5.17) und kommst damit schon zum Herzstück von „Keep your balance": der `dauerhaft`-Schleife (Bild 5.27). Hier liest du zuerst den `Neigungs`winkel und den Rollwinkel (`Rollen`) aus und überprüfst dann zuerst den aktuellen Neigungswert. Die passende Zuordnung von Winkel zu Feld lässt sich am besten in Bild 5.25 nachvollziehen. Ist der Wert größer als 10, setzt du Feldposition 4, ist er zwischen 5 und 10, setzt du Position 3. Ist er kleiner als −10, ergibt sich Feldposition 0, liegt er zwischen −10 und −5, setzt du Position 1. In allen anderen Fällen setzt du ihn in die Mitte auf Position 2.

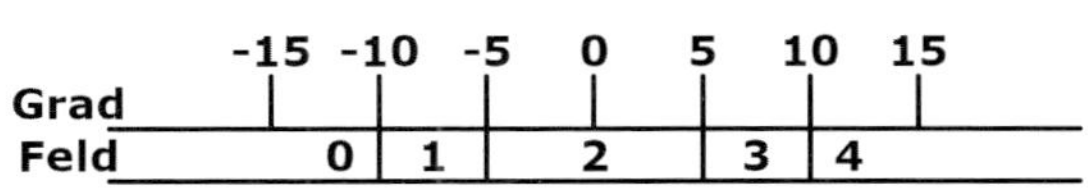

Bild 5.25 Neigungswinkel und Feldposition

Für den Rollwinkel ist die Situation ähnlich (Bild 5.26). Hier musst du jedoch unterscheiden, ob der Wert negativ (links) oder positiv (rechts) ist. Ist er negativ und größer als −170, ergibt sich die Position 0, liegt er zwischen −170 und −175, die Position 1. Ist er positiv und der Wert kleiner als 170, ergibt sich Position 4, liegt er zwischen 175 und 170, die Position 3, ansonsten die Position 2.

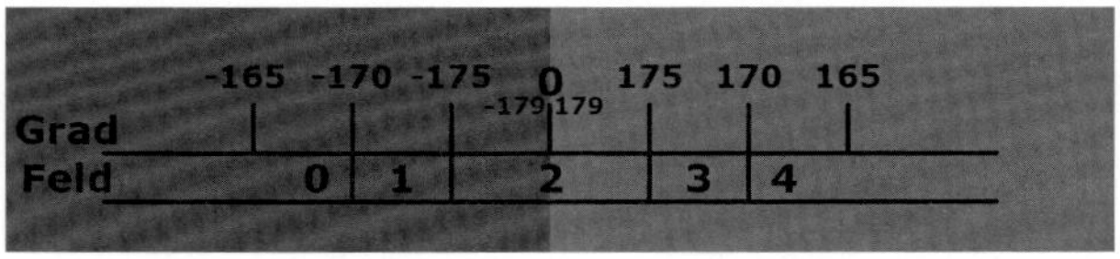

Bild 5.26 Rollwinkel und Feldposition

Anschließend überprüfst du mit der Spielbibliothek, ob die Spielfigur den Rand berührt (`touching edge`) und ob das Spiel schon gestartet wurde. Falls dies der Fall ist, berechnest du den Punktestand, spielst gegebenenfalls die hämische Verlierermelodie und beendest das Spiel (analog zu „Don't move", Bild 5.27).

Das komplette Programm ist in Bild 5.28 dargestellt. Bild 5.29 zeigt einen der Autoren im Praxistest auf dem Balance Board.

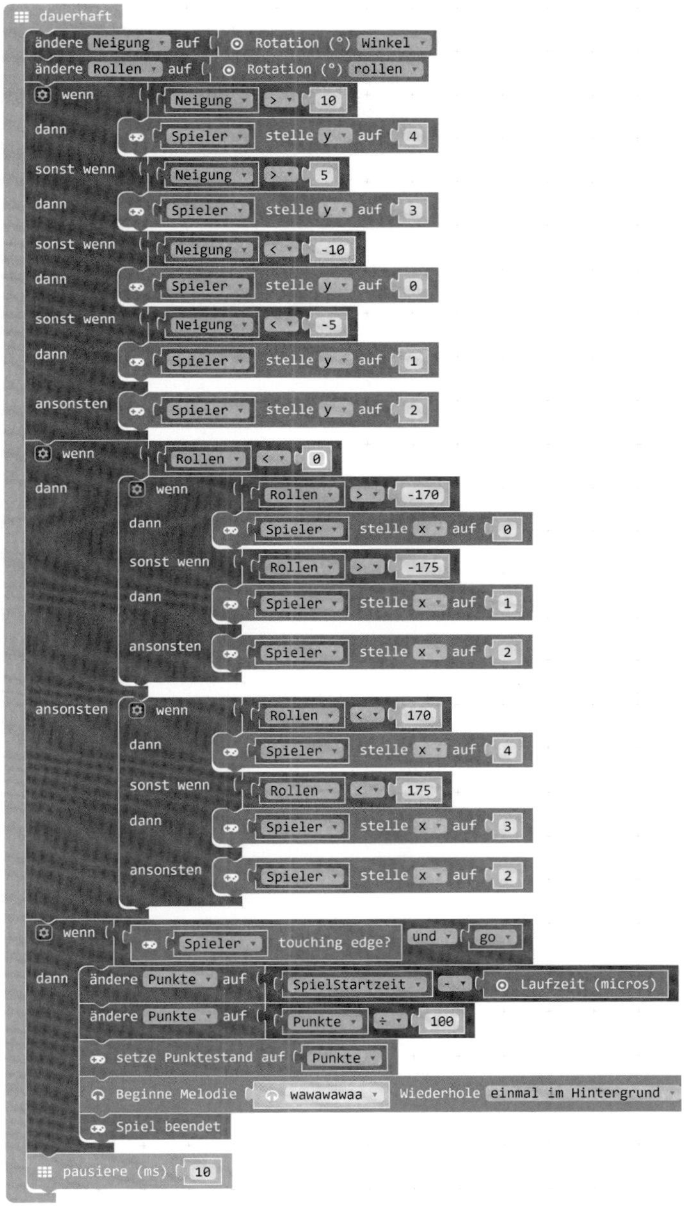

Bild 5.27 Balance Loop

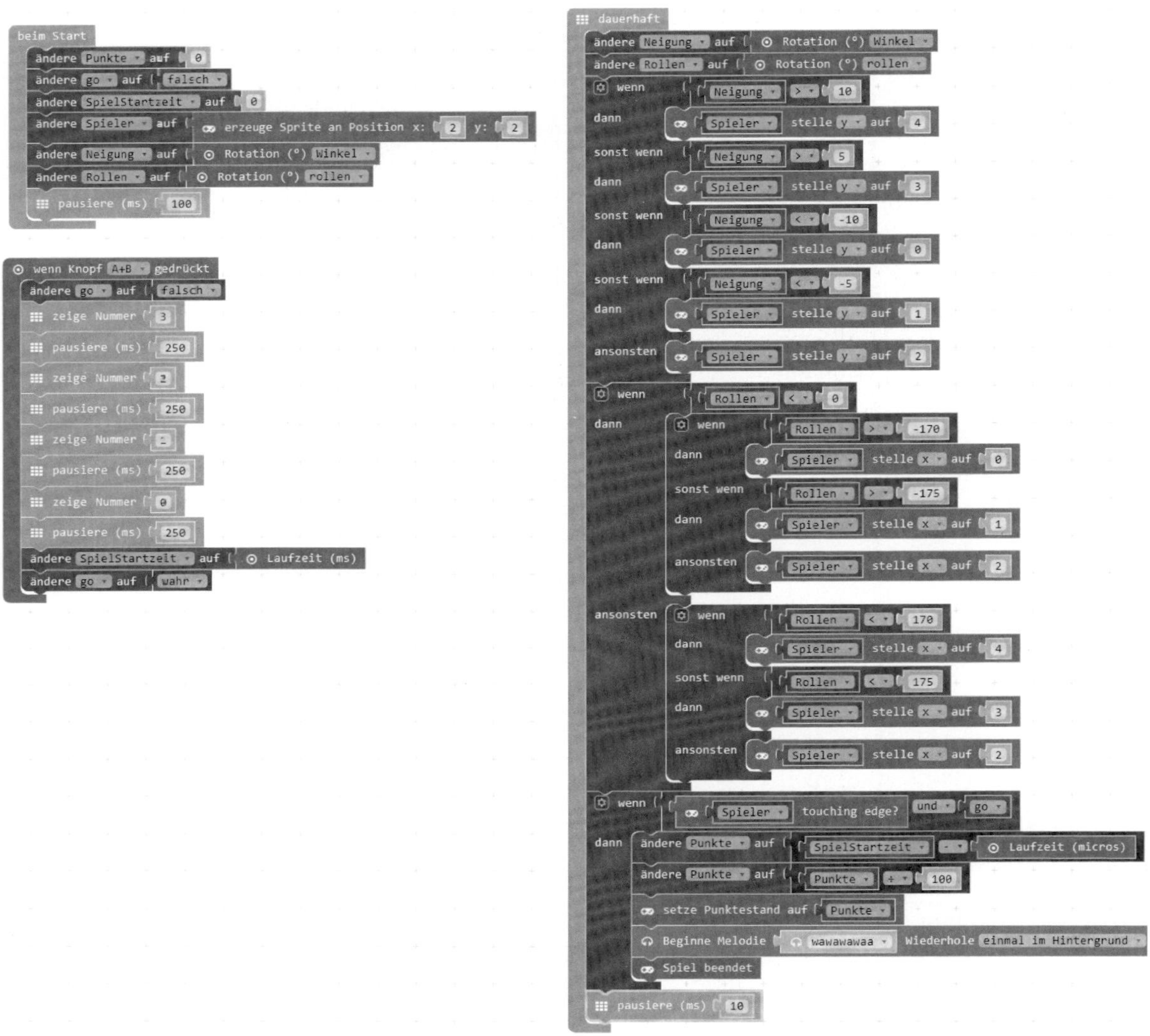

Bild 5.28 Das komplette Programm des „Keep your balance“-Spiels

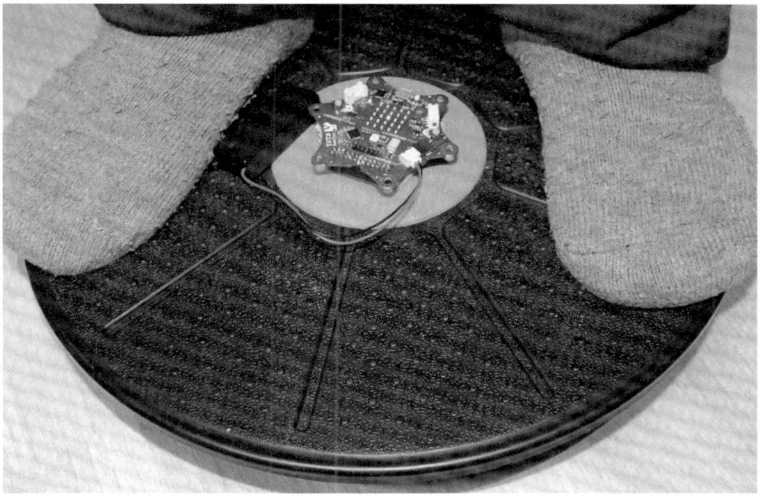

Bild 5.29 Das „Keep your balance"-Spiel im Einsatz: Achte darauf, dass du nicht auf den Calliope mini trittst (© Sonja Hemmersbach).

5.3.4 Ausblick

Jetzt heißt es natürlich: üben, üben, üben und Freunde und Familie zum Duell herausfordern. Um die Spannung zu steigern, könntest du über das Funkmodul (engl. *radio*) zwei Calliope mini miteinander kombinieren. Der Countdown würde bei beiden gleichzeitig gestartet. Möchtest du den Highscore per Bluetooth an einen Raspberry Pi verschicken, benötigst du die Bluetooth-Bibliothek, die du unter *Paket hinzufügen* findest.[28] Hierzu eignet sich der Bluetooth-Dienst UART. In der Praxis kam es mit dem Dienst jedoch schon häufiger zu Verbindungs- und Kommunikationsproblemen. Mehr Informationen zu diesem Thema findest du unter *https://makecode.microbit.org/reference/bluetooth*.

Natürlich lassen sich mit dem Calliope mini auch die klassischen Fitness-Tracker wie Sprung- oder Schrittzähler implementieren. Wie wäre es jedoch mal mit einem Sit-ups-Tracker, der eine langsame, saubere Ausführung überwacht? Mit den Bausteinen aus unseren beiden Spielen hast du alles, was du dafür benötigst.

Die komplette Referenz der Calliope- bzw. micro:bit-Blöcke findest du unter *https://makecode.calliope.cc/reference/* bzw. *https://makecode.microbit.org/reference*. Wer etwas Motivation und passende Fitnessübungen sucht, dem seien die Workout-Poster *https://darebee.com/wods.html* empfohlen.

[28] Die Bluetooth-Bibliothek ist leider nicht mit der Funk- bzw. „radio"-Bibliothek kompatibel.

5.4 Word Clock

Das Projekt auf einen Blick:

- Plattform: Arduino (alternativ Raspberry Pi)
- Peripherie: WS2801 LED-Stripe
- Schnittstellen: SPI
- Sprache: Python, Arduino C, HTML
- Besonderheit: Ansteuerung einer großen Anzahl von LEDs in Reihe

5.4.1 Einführung

Die Realisierung einer Word Clock ist eines der beliebtesten Maker-Projekte. Der Erfinder dieses Uhrentyps scheint die Firma Biegert & Funk aus Ulm zu sein. Dort kann man die QLOCKTWO[29] käuflich erwerben. Wobei es in diesem Projekt weniger um das ohne Zweifel grandiose Design geht als um die technischen Herausforderungen einer solchen Uhr.

Die Idee der Uhr liegt darin, die Uhrzeit in Form von Worten statt Zeigern oder einer digitalen Anzeige anzuzeigen („Es ist ein Uhr"). Hierbei sind sowohl hinsichtlich der Sprache als auch regionaler Gegebenheiten (viertel vor, viertel nach, viertel) keine Grenzen gesetzt. Auch wäre es denkbar, eine solche Uhr mit Dialekt zu bauen. In Bayern gehen die Uhren ja bekanntlich anders.

Im Internet finden sich viele Anleitungen für ein solches Projekt. Viele davon basieren auf Steuerplatinen, die zusammen mit einem AVR-Mikrocontroller die Steuerung übernehmen.[30] Hier finden sich auch Quellen für die verschiedenen bereits vorgefertigten Gehäusebauteile.

Die Herausforderung bei diesem Projekt liegt in drei wesentlichen Punkten:

- Hardwaredesign (Gehäuse und Anzeige)
- Steuerungstechnik (Ansteuerung der LEDs, Uhrzeitermittlung)
- LED (Ansteuerung, Anordnung und Verkabelung)

Damit ein erster Eindruck entsteht, zeigt Bild 5.30 ein Foto des Uhrenprototyps.

[29] *https://qlocktwo.com/de/*

[30] *https://www.mikrocontroller.net/articles/Word_Clock*

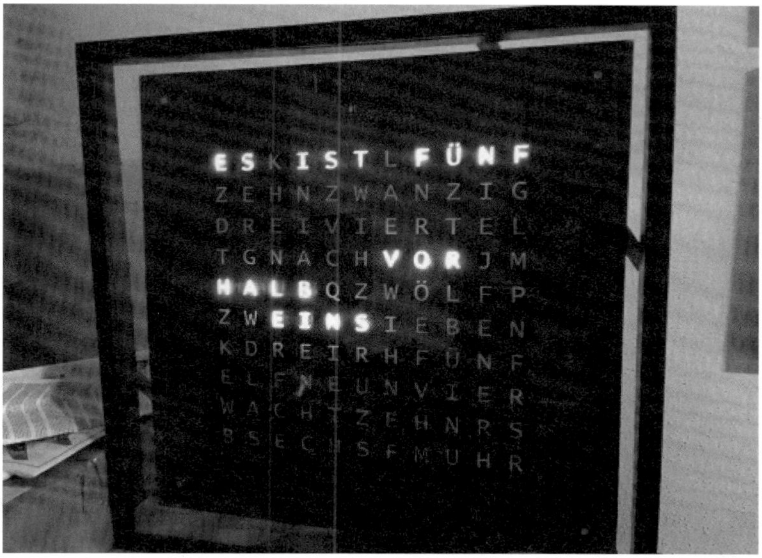

Bild 5.30 Prototyp unserer Word Clock

5.4.2 Hardwareaufbau

5.4.2.1 Das Gehäuse

Das Gehäuse der Uhr besteht in der Basis aus einem Ribba-Rahmen von IKEA in den Maßen 50 × 50 mm, ob in Schwarz oder Weiß ist Geschmackssache. Der Rahmen hat eine Tiefe von ca. 4,5 cm. Das heißt, wir müssen sämtliche Technik in dieser Größe unterbringen – eine Herausforderung. Neben dem Rahmen benötigen wir eine Rückwand. Die dünne Rückwand des Rahmens reicht nicht aus, um die ganze Technik zu halten. Wir haben uns daher entschieden, die Rückwand durch eine MDF-Platte zu ersetzen. Diese kann beispielsweise online im gewünschten Format bestellt werden. Als Maßvorlage dient die mitgelieferte Standardrückwand. Von dort kannst du die Maße nehmen und als Vorlage verwenden.

5.4.2.2 Das Ziffernblatt

Das Herzstück der Uhr ist das Ziffernblatt. Hierzu musst du dir zunächst Gedanken um das Layout und die zugrunde liegende Matrix machen. Unsere Uhr arbeitet mit Fünf-Minuten-Schritten nach folgendem Muster:

- Es ist zwölf Uhr.
- Es ist fünf nach zwölf.
- Es ist zehn nach zwölf.
- Es ist viertel nach zwölf.

- Es ist zehn vor halb eins.
- Es ist fünf vor halb eins.
- Es ist halb eins.
- Es ist fünf nach halb eins.
- Es ist zehn nach halb eins.
- Es ist viertel vor eins.
- Es ist zehn vor eins.
- Es ist fünf vor eins.
- Es ist eins.
- usw.

Daraus abgeleitet müssen folgende Worte in unserer Matrix untergebracht werden: Es, ist, fünf, zehn, zwanzig, drei, dreiviertel, vor, nach, halb, eins, zwei, drei, vier, fünf, sechs, sieben, acht, neun, zehn, elf, zwölf, Uhr.

Die bekannteste Anordnung des Ziffernblattes besteht aus einer Matrix mit elf Spalten und zehn Zeilen:

- E S K I S T L F Ü N F → ES IST FÜNF
- Z E H N Z W A N Z I G → ZEHN ZWANZIG
- D R E I V I E R T E L → DREI | VIERTEL
- T G N A C H V O R J M → NACH VOR
- H A L B Q Z W Ö L F P → HALB ZWÖLF
- Z W E I N S I E B E N → ZW | EI | N | S | IEBEN
- K D R E I R H F Ü N F → DREI FÜNF
- E L F N E U N V I E R → ELF NEUN VIER
- W A C H T Z E H N R S → ACHT ZEHN
- B S E C H S F M U H R → SECHS UHR

Hier werden geschickt Kombinationen genutzt, die sich wiederverwenden lassen (ein/s und zwei beispielsweise). Wem das nicht ausreichen sollte, für den existiert sogar ein Word-Clock-Generator, der das Layout generiert.[31] Auf der Projektseite bei GitHub findest du auch ein passendes Erklärvideo dazu.

Zu bedenken ist, dass wir jeden einzelnen Buchstaben bzw. das jeweilige Wort später in unserer Software steuern müssen. Hierbei gilt es also, eine sinnvolle Abbildung zu wählen, aber dazu später mehr. Da einige Buchstaben nicht beleuchtet werden müssen, sind es am Ende „nur" 100 LEDs, zehn Buchstaben bleiben ohne Beleuchtung.

Für das Ziffernblatt gibt es verschiedenste Optionen hinsichtlich Material und Herstellung. Zunächst bleibt die Option, das Ziffernblatt/die Frontplatte aus Plexiglas herzustel-

[31] *https://github.com/pknoe3lh/WordClockGenerator/releases*

len. Andere mögliche Varianten sind Karton, Holz oder Edelstahl. Hierbei kannst du die Buchstaben aus dem Material ausschneiden (lasern, stanzen etc.) oder sie zum Beispiel als gedruckte Folie erwerben, die man auf eine Plexiglasscheibe aufklebt. Wichtig ist je nach Ausprägung auch die gewählte Schriftart, diese muss von den Stegen her passen. Oder anders gesagt, gilt es zu bedenken, welche Teile eines Buchstabens je nach Schriftart lose wären. Sehr viele Umsetzungen verwenden hierbei die Schriftart Lucida Console (Copyright beachten!). Generell eignen sich Konsolenschriftarten aufgrund ihrer festen Breite gut.

Im Netz finden sich zahlreiche Dienstleister, die diese Ziffernblätter herstellen können oder auch bereits fertige Frontplatten anbieten. In den Foren finden sich häufig auch Sammelbesteller, die z. B. mit lokalen Unternehmen spezielle Konditionen ausgehandelt haben. Am Ende des Tages kannst du relativ frei wählen, wie viel Arbeit du in dieses Thema stecken möchtest. Hier beständige Quellen anzugeben, halten wir für unmöglich, da sowohl die Händler als auch die Preise ständig wechseln. Für eine Frontplatte im Format 500 × 500 mm wirst du ca. 20 – 30 € einplanen müssen. In jedem Fall ist das Forum von mikrocontroller.net sicher eine gute Anlaufstelle.[32]

5.4.2.3 Lichttrenner/Lichtgitter und Zwischenplatte

Zwischen Rückwand und Ziffernblatt werden die LEDs angebracht. Damit das Ziffernblatt gut zur Geltung kommt, muss sichergestellt werden, dass einzelne Ziffern und Buchstaben trennscharf leuchten. Hierzu müssen die einzelnen Buchstaben voneinander abgetrennt werden.

Auch hier gibt es mehrere Möglichkeiten zur Realisierung. Die Premiumvariante ist ein fertiger Zwischenboden mit vorgefertigten Zwischenräumen für die LEDs. Auch dieser wird in diversen Foren immer mal wieder im Rahmen einer Sammelbestellung angeboten. Eine weitere Möglichkeit ist, eine Holzplatte/MDF zu verwenden und in diese entsprechende Löcher zu bohren, die auch als Halterung für die LEDs verwendet werden können.

Die einfachste Variante ist die Umsetzung mit dünnen Kartonstreifen (z. B. aus dem Karton von Schaumküssen). Bild 5.31 zeigt einen entsprechenden Prototyp. Damit diese direkt zusammengesteckt werden können, empfiehlt es sich, beide Teile jeweils bis zur Mitte einzuschneiden, damit diese ineinander gesteckt werden können. Da die Innenseite des Kartons mit Silberfolie beschichtet ist, kannst du diesen Effekt gezielt ausnutzen, um das Leuchten der LEDs noch effektiver zu gestalten. Wichtig ist jedoch, dass die einzelnen Felder lichtdicht sind. Dies kannst du beispielsweise durch schwarzen Heißkleber lösen, entsprechende Sticks sind im Handel erhältlich. Wir empfehlen, dieses Thema zunächst zurückzustellen, bis die Verkabelung geklärt ist und welche LEDs zum Einsatz kommen.

[32] *https://www.mikrocontroller.net/forum/all*

Bild 5.31 Lichttrenner aus einem Schokokuss-Karton

5.4.2.4 LEDs

Beim Design der Beleuchtung greifst du sinnigerweise auf LEDs zurück. Bei der Umsetzung gibt es zwei große Herausforderungen:

- Jede LED muss einzeln angesteuert werden können, damit du individuelle Bereiche beleuchten kannst.
- Die Stromstärke muss abbildbar sein, denn es sind immerhin 100 LEDs.

Als weiteres Kriterium war uns wichtig, dass auch verschiedene Farben darstellbar sind. Von daher wollten wir uns nicht auf weiße LEDs beschränken, wobei das natürlich kein K.-o.-Kriterium ist.

Prinzipiell könnte man viele einzelne LEDs verwenden, in einer Matrix aufbauen und einzeln verkabeln. Das brachte uns aber ziemlich schnell an unsere Grenzen: Jede LED braucht einen eigenen Vorwiderstand. Wenn du RGB möchtest, benötigst du jeweils drei Kanäle (Rot, Grün und Blau), und das Ganze dann auch noch für alle LEDs einzeln. Auch wenn du dieses Layout sehr gut in Form einer Platine realisieren könntest (die es im Übrigen auch fertig zu kaufen gibt), haben wir für unser Beispiel eine komfortablere Lösung angestrebt.

Eine elegante Möglichkeit zur Realisierung sind hierbei die WS2812- oder WS2801-LEDs. Auf die Unterschiede kommen wir gleich noch zu sprechen. Beide LEDs haben gemeinsam, dass sie über einen integrierten Controller verfügen. Ein Datensignal von einem Mikrocontroller, z. B. einem Arduino, bestimmt dann, in welcher Farbe der Controller die LED leuchten lassen soll. Darüber hinaus lassen sich sehr viele LEDs hintereinander in Serie schalten und sogar einzeln adressieren. Damit werden die LEDs als Strang ausgeliefert, wobei jede einzelne LED inklusive Wunschfarbe gesteuert werden kann.

Die von uns im Beispiel verwendeten LEDs haben einen Durchmesser von 8 mm. Sie sind mit einer Silikonhülle umgeben und passen damit ideal in eine 12-mm-Bohrung unseres Zwischenbodens zur LED-Halterung. In Bild 5.32 siehst du unsere Realisierungsvariante. Da wir mit den LEDs lange herumprobiert haben, passten die Bohrungen am Ende nicht richtig, sodass wir die LEDs zusätzlich mit Heißkleber fixiert haben.

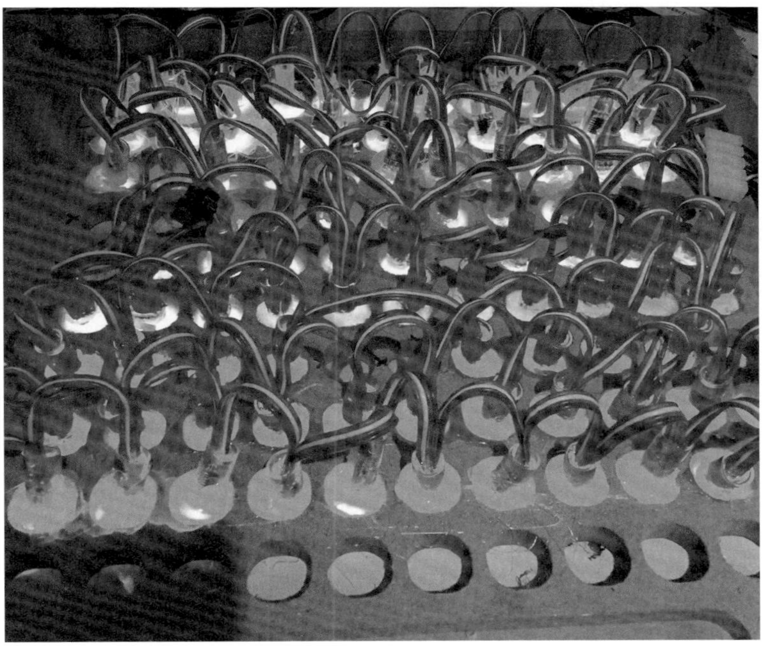

Bild 5.32 Aufbau der LEDs im Holz-Lichtgitter

LED-Typen WS2801, W2811, WS2812

Die einzelnen Modellnummern WS2801, W2811, WS2812 der LEDs können etwas verwirrend sein, zumal sie häufig synonym verwendet werden. Genau genommen beschreiben alle drei Modellnummern unterschiedliche Dinge. WS2801 und 2811 sind Treiber-LED-ICs (Integrated Circuits), die von der LED getrennt sind. Diese ICs können bis zu drei LEDs steuern. In der Regel sind das RGB-LEDs (Rot, Grün, Blau). Die LEDs sind so gebaut, dass sich für den Betrachter dann die entsprechende gemischte Farbe ergibt. In der Vergangenheit war das Modell WS2801 das Mittel der Wahl, aber die Modelle WS2812/WS2811 sind immer mehr im Kommen. Bei dem Modell WS2812 handelt es sich um einen WS2811 IC, der direkt in einen LED-Chip integriert ist, mit den Maßen 5 × 5 mm.

Darüber hinaus gibt es Unterschiede in der Ansteuerung (Bild 5.33). Das Modell WS2801 benötigt vier Leitungen, während WS2811 und WS2812 jeweils nur drei Drähte benötigen. WS2801 hat eine dedizierte Taktleitung (Clock). Damit ist das Modell WS2801 zwar hinsichtlich der Ansteuerung etwas komplexer, aber auch robuster, da kein vorgegebenes Timing eingehalten werden muss. Da wir in diesem Beispiel den Arduino nutzen, wäre aber auch ein vorgegebenes Timing zunächst kein Problem. Mit einem Raspberry Pi und Linux sähe die Sache schon etwas anders aus.

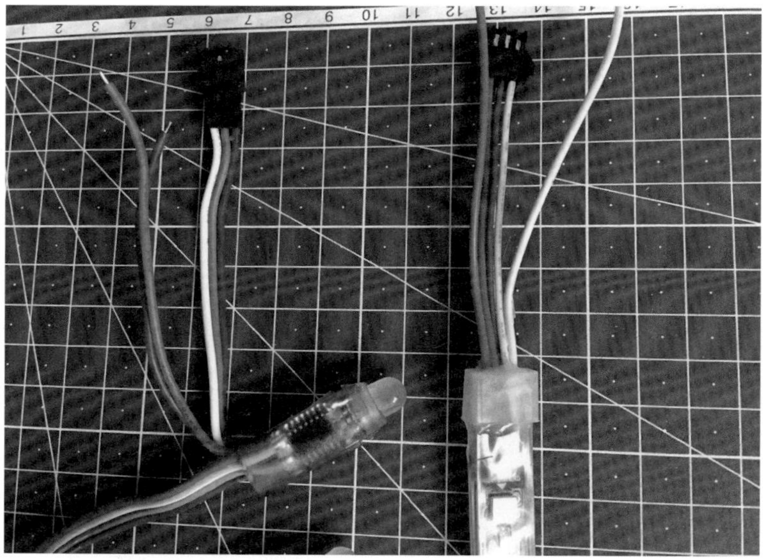

Bild 5.33 Unterschiede zwischen WS2801 (links) und WS2812 (rechts)

Jede LED verarbeitet das Signal und gibt dieses an die nächste LED in der Kette weiter. Auf diese Weise können mehrere hundert LEDs in Reihe geschaltet werden. Diese Reihe muss auch nicht terminiert werden.

Die Ansteuerung erfolgt über ein SPI-Protokoll (siehe Abschnitt 4.2.1). Es gibt fertige Libraries,[33] sodass es am Ende kaum einen Unterschied macht, für welches Modell du dich entscheidest. Wir haben uns für das Modell WS2801 entschieden, da dieses günstiger erhältlich war. Zur Programmierung kommen wir an späterer Stelle im Detail.

[33] *https://github.com/adafruit/Adafruit-ws2801-library*

5.4.2.5 Stromversorgung und Verkabelung

Jede LED benötigt bis zu 60 mA (bei hellstem Weiß) bei einer Betriebsspannung von 5 V. Das bedeutet, dass du bei 100 LEDs eine Leistung von 6 A bzw. 30 W (Watt) hast, sofern alle LEDs gleichzeitig leuchten. Da immer nur ein paar wenige LEDs leuchten, liegt die tatsächliche dauerhafte Stromaufnahme deutlich niedriger. Dennoch solltest du ein entsprechend dimensioniertes Netzteil verwenden. Im Beispiel haben wir uns für ein Tischnetzteil/Laptop-Netzteil entschieden. Aufgrund der Größe und der entstehenden Abwärme bleibt jedoch kein Platz im Bilderrahmen für das Netzteil. Wir haben uns daher für ein externes Gehäuse entschieden, in dem wir das Netzteil und den Arduino untergebracht haben.

Die Verkabelung ist relativ einfach (Bild 5.34 und Bild 5.35). Die LED-Module haben ein vierpoliges Kabel, das wie folgt angeschlossen wird (die Farben können abweichen!):

- Rot: 5 V +
- Blau: GND –
- Gelb: Datenleitung (Pin 2 des Arduino)
- Grün: Clock (Pin 3 des Arduino)

Am anderen Ende des Strangs können die beiden „abstehenden“ Kabel verwendet werden, um die externe Stromversorgung vorzunehmen. Wichtig sind zwei Dinge: Erstens musst du die richtige Seite des Strangs verwenden, um die Verkabelung zu beginnen, und zweitens solltest du für die Stromversorgung der LEDs ein extra Netzteil verwenden.

Wir empfehlen dir, sobald du die Verkabelung vorgenommen hast, das Testprogramm laufen zu lassen.[34] Hierbei werden alle LEDs angeschaltet und mit einem Farbwechsel versehen.

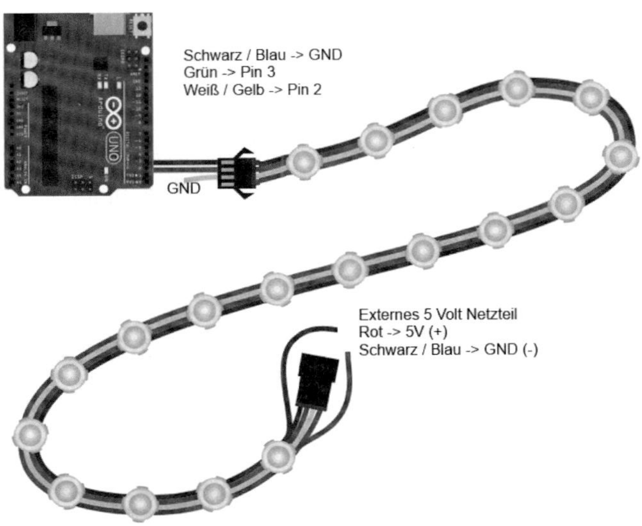

Bild 5.34 Verkabelung des WS2801-Strangs

[34] *https://github.com/adafruit/Adafruit-WS2801-Library/blob/master/examples/strandtest/strandtest.pde*

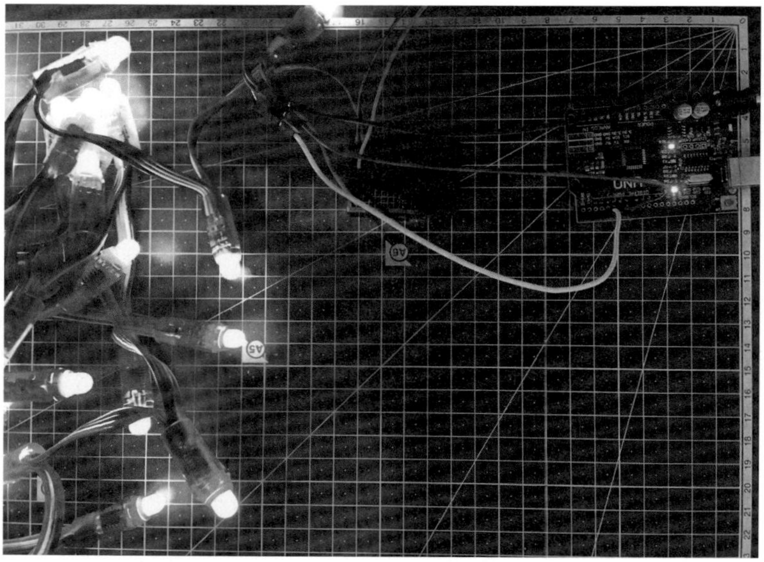

Bild 5.35 WS2801-Strang am Arduino

5.4.2.6 Arduino

Wir haben uns in diesem Projekt für einen Arduino Uno entschieden. Dieser ist aus unserer Sicht die ideale Kombination aus Größe und benötigten Features, denn er braucht schlichtweg wenig Platz. Zur Ansteuerung der LEDs ist er darüber hinaus hinsichtlich des Timings deutlich besser geeignet als ein Raspberry Pi. Schnittstellen wie USB, Ethernet oder WLAN benötigen wir ebenfalls nicht. Problematisch ist nur, dass der Arduino keine Real Time Clock besitzt (RTC), doch hier haben wir nachfolgend eine Lösung parat.

5.4.2.7 DS3231 Real Time Clock

Die Frage ist zunächst, warum wir überhaupt eine separate Real Time Clock (RTC) für den Arduino benötigen, denn der Arduino hat einen integrierten Zeitgeber. Das Thema ist die Unterbrechung der Stromversorgung. Sobald unsere Uhr beispielsweise durch einen Stromausfall vom Netz getrennt wird, müsste die Uhr neu gestellt werden. Das bedeutet, dass wir im Worst Case den Arduino wieder an den PC hängen müssen, um die Uhr neu zu stellen. Um diesem Dilemma zu entkommen, bietet sich der Einsatz eines batteriegepufferten RTC-Moduls. Für unser Projekt haben wir uns für ein DS3231-Modul entschieden. Es handelt sich dabei um ein kostengünstiges Modul, das die Uhrzeit und das aktuelle Datum vorhalten und selbstständig weiterschreiben kann. Das Modul kann sowohl mit 3,3 V als auch 5 V betrieben werden. Die Pufferung erfolgt mittels einer 3-V-CR2032-Batterie. Das Modul verwendet das I2C-Protokoll (in Abschnitt 4.2.2 findest du weitere Erklärungen zu diesem Protokoll) und kann daher sehr einfach mit dem Arduino betrieben werden. Daher werden vier Leitungen benötigt: VCC und GND sowie die beiden Steuerleitungen SDA und SCL. Die Verkabelung ist daher sehr einfach (Bild 5.36). VCC verbindest du mit dem 5-V-Port, GND mit GND, die beiden Steuerleitungen SDA und SDL mit dem entsprechenden Pendant auf dem Arduino (A5 und A4).

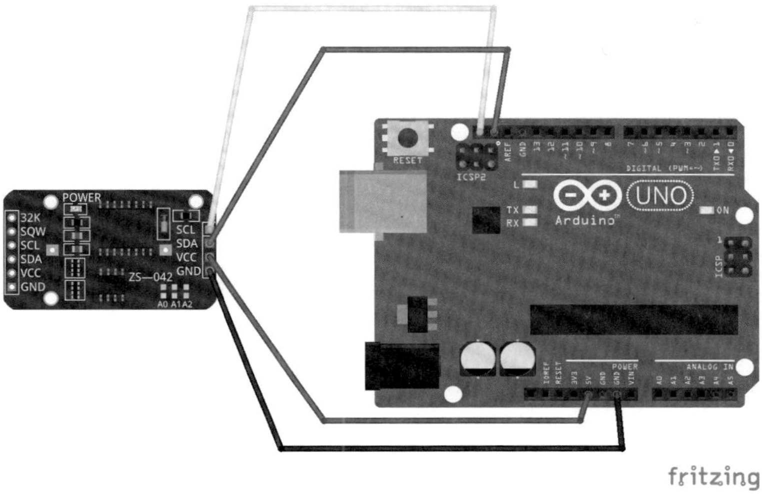

Bild 5.36 Real Time Clock (RTC) am Arduino

Zur Kommunikation verwenden wir die Library von Henning Karlsen,[35] die die Ansteuerung sehr einfach ermöglicht. Achtung: Hier gibt es auch andere Libraries, die jedoch in der Verwendung etwas unterschiedlich sein können. Im Wesentlichen muss dem RTC-Modul initial die korrekte Kombination aus Datum und Uhrzeit mitgeteilt werden, danach läuft es selbstständig weiter. Du fragst dann im Intervall die Uhrzeit vom Modul ab und gibst diese aus. Mehr dazu erfährst du in Abschnitt 5.4.3.

5.4.3 Software

Nachfolgend findest du den kommentierten Arduino-Code. Dieser ist ebenfalls im GitHub-Repository für Kapitel 5 unter „Word Clock" zu finden. Der Code im Buch wurde aus Gründen der Lesbarkeit anders angeordnet als in der Kompiliervariante.

```
// Die nachfolgenden Libraries sind unbedingt erforderlich und müssen über
// die Arduino-Bibliotheksverwaltung eingebunden werden
// Diese sind für die Ansteuerung der RTC und der LED erforderlich
#include <Time.h>
#include <DS3231.h>
#include "Adafruit_WS2801.h"
#include "SPI.h"

```

[35] *http://www.rinkydinkelectronics.com/library.php?id=73*

```
// Erstellt eine 24-Bit-Farbe aus den RGB-Werten
uint32_t Color(byte r, byte g, byte b)
{
  uint32_t c;
  c = r;
  c <<= 8;
  c |= g;
  c <<= 8;
  c |= b;
  return c;
}

// Wichtig ist, die Ground-Leitung des Stripes mit der Ground-Leitung
// des Arduino zu verbinden. Die +5-V-Leitung muss mit dem externen Netzteil
// verbunden werden.

// Nun legen wir fest, aus wie vielen LEDs unser Stripe besteht. Dies ist für
// die Adressierung wichtig. In unserem Fall sind es 100 Stück.

Adafruit_WS2801 strip = Adafruit_WS2801(100);

// Als Nächstes initialisieren wir die Real Time Clock
DS3231  rtc(SDA, SCL);
Time  t;

// Die Setup-Methode wird zu Beginn aufgerufen
// und hier werden alle Initialisierungsvorgänge durchgeführt

void setup() {
  rtc.begin();

  // Sollten wir die Zeit und das Datum initial einmal setzen müssen, können
  // wir das mit den folgenden Befehlen tun.
  // Diesen lassen wir aktuell auskommentiert
  // rtc.setTime(16, 18, 0);    // Damit setzen wir die Zeit auf 16:18:00 Uhr
  // rtc.setDate(24, 12, 2018); // Datum wird auf den 24.12.2018 gesetzt

  // Nun initialisieren wir den LED-Stripe und setzen alle LEDs auf den
  // Status aus
  strip.begin();
  strip.show();

  // Zum Schluss initialisieren wir noch unseren Zufallszahlengenerator
  // Diesen benötigen wir für die zufällige Wahl der Farbe, die die LEDs
  // anzeigen werden
  randomSeed(42);

}

// Füllt alle LEDs mit der gesetzten Farbe
void colorWipe(uint32_t c, uint8_t wait)
{
   int i;
   for (i = 0; i < strip.numPixels(); i++)
   {
     strip.setPixelColor(i, c);
     strip.show();
     delay(wait);
```

```
    }
}

void show(int array[], int size)
{
    int i, j;
    int r,g,b;

    // Die dargestellte Farbe besteht aus zufälligen RGB-Werten
    r = random(0,255);
    g = random(0,255);
    b = random(0,255);

    // Hier werden die einzelnen LEDs mit der Farbe vorbelegt
    for (i = 0; i < size; i++)
    {
        strip.setPixelColor(array[i] - 1, Color(r, g, b));
    }

    // und nachfolgend ausgesteuert
    strip.show();
    delay(100)  ;
}


void ShowTime(int hour, int minute)
{
  // Nachfolgend haben wir alle Worte in Form von LED-Positionen in Arrays
  // gespeichert, je nachdem, wie du den LED-Strang verlegt hast, können
  // sich hier Abweichungen ergeben
  int es[] = {1, 2};
  int ist[] = {4, 5, 6};
  int fuenf[] = {8, 9, 10, 11};
  int zehn[] = {19, 20, 21, 22};
  int zwanzig[] = {12, 13, 14, 15, 16, 17, 18};
  int drei[] = {23, 24, 25, 26};
  int viertel[] = {27, 28, 29, 30, 31, 32, 33};
  int dreiviertel[] = {23, 24, 25, 26, 27, 28, 29, 30, 31, 23, 33};
  int nach[] = {37, 38, 39, 40};
  int vor[] = {34, 35, 36};
  int halb[] = {41, 42, 43, 44};
  int zwoelf[] = {45, 46, 47, 48,49};
  int zwei[] = {57, 58, 59, 60};
  int ein[] = {56, 57,58};
  int eins[] = {55, 56, 57,58};
  int sieben[] = {50, 51, 52, 53, 54,55};
  int drei2[] = {61, 62, 63, 64};
  int fuenf2[] = {65, 66, 67,68};
  int elf[] = {77, 78, 79};
  int neun[] = { 73, 74, 75,76};
  int vier[] = {69, 70, 71,72};
  int acht[] = {81, 82, 83,84};
  int zehn2[] = {85, 86, 87,88};
  int sechs[] = {96,97,98,99,100};
  int uhr[] = {91, 92, 93};

  // Zunächst schalten wir alles aus
  colorWipe(Color(0,0,0),0);
```

```

// Der Text -- es ist -- wird immer angezeigt
// Zur Anzeige eines Wortes gibt es die Funktion show
// Diese Funktion erwartet das Wort und die Anzahl der LEDs,
// die beleuchtet werden sollen
show(es,2);
show(ist,3);

// Sofern wir uns innerhalb der ersten fünf Minuten befinden, zeigen wir
// das Wort Uhr an, werten es also als volle Stunde.
if (minute >= 0 && minute < 5)
{
  show(uhr,3);
}

// Ab der Minute fünf bis zur zehnten zeigen wir fünf nach an
if (minute >=5 && minute < 10)
{
  show(fuenf,4);
  show(nach,4);
}

// Zwischen Minute 10 und bis 15 gilt zehn nach
if (minute >= 10 && minute < 15)
{
  show(zehn,4);
  show(nach,4);
}

// Zwischen Minute 15 und 20 gilt viertel nach
if (minute >= 15 && minute < 20)
{
  show(viertel,7);
  show(nach,4);
}

// Zwischen 20 und 25 stellen wir zwanzig nach dar
if (minute >=20 && minute < 25)
{
  show(zwanzig,7);
  show(nach,4);
}

// Fünf vor halb, wichtig ist, dass wir hier die Stunde weiterschieben
if (minute >= 25 && minute < 30)
{
  show(fuenf,4);
  show(vor,3);
  show(halb,4);

    hour++;
}

// Von 30 bis 35 gilt als halb - ebenfalls mit einer Stunde mehr
if (minute >= 30 && minute < 35)
{
  show(halb,4);
  hour++;
```

```
}

// Fünf nach halb
if (minute >= 35 && minute < 40)
{
  show(fuenf,4);
  show(nach,4);
  show(halb,4);
  hour++;
}

// Zwanzig vor
if (minute >= 40 && minute < 45)
{
  show(zwanzig,7);
  show(vor,3);
  hour++;
}

// Viertel vor
if (minute >= 45 && minute < 50)
{
  show(viertel,7);
  show(vor,3);
  hour++;
}

// Zehn vor
if (minute >= 50 && minute < 55)
{
  show(zehn,4);
  show(vor,3);
  hour++;
}

// Fünf vor
if (minute >= 55 && minute < 59)
{
  show(fuenf,4);
  show(vor,3);
  hour++;
}

// Nachfolgend wird die Anzeige der Stunden durchgeführt
switch(hour)
{
  case 0:
  case 12:
      show(zwoelf,5);
      break;

  case 1:
  case 13:
      if (minute <5)
      {
           show(ein,3);
      }
      else
```

```
          {
          show(eins,4);
          }
          break;

      case 2:
      case 14:
          show(zwei,4);
          break;

      case 3:
      case 15:
          show(drei2,4);
          break;

      case 4:
      case 16:
          show(vier,4);
          break;

      case 5:
      case 17:
          show(fuenf2,4);
          break;

      case 6:
      case 18:
          show(sechs,5);
          break;

      case 7:
      case 19:
          show(sieben,6);
          break;

      case 8:
      case 20:
          show(acht,4);
          break;

      case 9:
      case 21:
          show(neun,4);
          break;

      case 10:
      case 22:
          show(zehn2,4);
          break;

      case 11:
      case 23:
        show(elf,3);
        break;
   }
}
```

```
// Nun folgt die Hauptschleife, in der die gesamte Logik als Endlosschleife
// abgearbeitet wird
void loop() {

  // Zunächst holen wir die aktuelle Uhrzeit ab und zerlegen diese in
  // Stunden und Minuten
  String myTime = rtc.getTimeStr();
  Serial.println("Uhrzeit : " + myTime);
  int hour = myTime.substring(0,2).toInt();
  int minute = myTime.substring(3,5).toInt();

  Serial.println(hour);
  Serial.println(minute);

  // Das ist unsere Anzeigefunktion
  ShowTime(hour,minute);

  // 60 Sekunden warten, damit die nächste Minutenanzeige durchgeführt wird
  delay (60000);
}
```

5.4.4 Alternative: Raspberry Pi, Display und HTML

Wem diese Variante zu aufwendig ist, für den gibt es noch eine handlichere. Diese besteht aus einem Raspberry Pi mit Display und einer HTML-Webseite. Dieses Projekt haben wir ursprünglich auf GitHub[36] gefunden. Hierbei hat uns jedoch die Variante mit dem externen Bildschirm gestört. Von daher sind wir auf ein Display-Modul mit einer Größe von 3,5" gewechselt. In unserem Fall haben wir ein Display von Joy-It verwendet. Genau genommen ist es ein resistives Touch-Display – diese Funktion verwenden wir jedoch nicht – bei einer Auflösung von 480 × 320 Pixel (Bild 5.37).

[36] *https://github.com/ThomasH-W/wordclock*

Bild 5.37 Mini-Word-Clock als Website-Display-Lösung

Die Umsetzung ist relativ einfach, erfordert jedoch grundlegende Linux-Kenntnisse: Zunächst installierst du eine gängige Linux-Distribution auf deinem Raspberry Pi – in unserem Beispiel Raspbian (siehe Abschnitt 4.1.3.4). Im nächsten Schritt benötigst du einen einfachen Browser, der die Uhren-Website ausliefern soll. Da er ressourcenschonend sein soll, greifst du am besten auf den Kiosk-Browser[37] zurück, wie wir in unserem Beispiel. Von der GitHub-Seite lädst du zunächst die browser.c-Datei herunter und überträgst diese auf deinen Raspberry Pi (FTP, SCP etc.).

Danach musst du diese Datei kompilieren (und gegebenenfalls vorher den GCC installieren!):

```
gcc -o browser browser.c $(pkg-config --libs --cflags gtk+-2.0 webkit-1.0)
```

Das fertige Binary kopierst du in dein lokales Binary-Verzeichnis:

```
sudo cp browser /usr/local/bin
```

Nun musst du xorg und xodn installieren:

```
sudo apt-get install xorg nodm
```

Als Nächstes legst du noch den User kiosk an und fügst Gruppen hinzu:

```
sudo useradd -g www-data kiosk
passwd kiosk
sudo usermod -a -G www-data kiosk
```

[37] *https://github.com/pschultz/kiosk-browser*

Nun erstellst du ein Home-Verzeichnis und setzt den Kiosk-User als Eigentümer ein:

```
cd /home
sudo mkdir kiosk
sudo chown kiosk kiosk
```

Danach meldest du dich als Benutzer kiosk am System an und arbeitest als dieser weiter. Denn das wird wohl auch der Benutzer sein, der am Ende den Browser mit deiner Uhr ausführen wird.

Nach der Anmeldung musst du die X-Session-Parameter anpassen:

```
nano ~/.xsession
```

Hier wird eingetragen, dass du im Rahmen deiner Desktop-Session direkt den Browser aufrufst und deine Uhren-Website anzeigst:

```
#!/bin/bash
/usr/local/bin/browser  file:///var/www/clock.html
```

Als Nächstes konfigurierst du den Display-Manager:

```
sudo nano /etc/default/nodm
```

Dort setzt du folgende Parameter:

```
NODM_ENABLED=true
NODM_USER=kiosk
NODM_X_OPTIONS='-nolisten tcp -s 0 dpms'
```

Damit du nach dem Boot-Vorgang auch den richtigen Displaymanager startest, musst du diese Einstellung ebenfalls anpassen:

```
sudo nano /etc/X11/default-display-manager
```

Dort ersetzt du /usr/sbin/lightdm durch /usr/sbin/nodm.

Damit du dich nach einem (Re-)Boot-Vorgang nicht mehr einloggen musst, soll der Benutzer kiosk automatisch eingeloggt werden:

```
sudo nano /etc/inittab
```

Hierzu kommentierst du folgende Zeile aus, indem du ein # voranstellst:

```
1:2345:respawn:/sbin/getty 115200 tty1
```

Danach fügst du folgende Zeile ein:

```
1:2345:respawn:/bin/login -f kiosk tty1 tty1 /dev/tty1 2>&1
```

Damit du die Uhr auch anzeigen kannst, muss die HTML-Seite nach /var/www/ kopiert werden:

```
sudo mkdir -p /var/www
sudo chown www-data:www-data /var/www
sudo chmod 775 /var/www
```

Im letzten Schritt startest du den Raspberry Pi neu:

```
sudo reboot
```

5.4.5 Alternative: LED-Punktuhr mit dem Raspberry Pi Zero

- Plattform: Raspberry Pi Zero, W oder WH-Variante
- Peripherie: Pimoroni Unicorn pHAT
- Schnittstellen: DMA über PWM
- Sprache: Python

Eine letzte Uhrenvariante wollen wir dir noch vorstellen: Hierbei handelt es sich um eine „Binäruhr", die nicht binär ist. Sagen wir lieber, es handelt sich um eine Uhr, die mithilfe von Punkten die aktuelle Uhrzeit darstellt. Eine Ansicht der fertigen Uhr siehst du in Bild 5.38. Die ersten drei Reihen zeigen die Stunde an, die beiden Reihen daneben die Minuten in Zehnerschritten und die letzten drei Reihen die einzelnen Minuten. Im Beispiel ist es 17:58 Uhr.

Bild 5.38 Raspberry Pi Zero mit Unicorn Shield

Da wir eine möglichst kompakte Bauform umsetzen möchten, greifen wir für unser Beispiel auf einen Raspberry Pi Zero zurück, idealerweise gleich mit WLAN, also ein Raspberry Pi Zero W. Für die Anzeige verwenden wir ein fertiges Aufsteckmodul,[38] das Unicorn pHAT.[39] Dabei handelt es sich um ein Modul mit 32 RGB-LEDs, angeordnet in einer 8-×-4-Matrix, die in der Farbe einzeln ansteuerbar sind. Das Modul belegt sämtliche 40 Pins des Raspberry Pi. Damit die Ansteuerung einfach möglich ist, gibt es eine fertige Bibliothek auf GitHub.[40]

Beim Zusammenbau gibt es für ungeübte Hände eine große Herausforderung: das Löten. Sofern du auf einen Raspberry Pi mit vorgelöteter GPIO-Leiste zurückgreifst, hast du ein Problem weniger. Das zweite Thema ist in jedem Fall, dass du die Stiftleiste auch an dem Unicorn pHAT anbringen musst. Das Löten ist mit etwas Übung kein Problem, es gibt jedoch eine deutlich einfachere Variante: Hämmern statt Löten. Das klappt mit dem sogenannten GPIO Hammer Header (Bild 5.39).[41]

Der Originalcode stammt von Jan Martinek.[42] Du findest ihn auch im GitHub-Repository für Kapitel 5 unter „Unicorn_Clock“. Es handelt sich dabei um ein Python-Skript.

Bild 5.39 Hammer Header für die GPIO-Stiftleiste

[38] Solche Module werden HAT genannt. Für den Zero heißen sie pHAT.
[39] *https://shop.pimoroni.de/products/unicorn-phat*
[40] *https://github.com/pimoroni/unicorn-hat*
[41] *https://shop.pimoroni.de/products/gpio-hammer-header*
[42] *https://gist.github.com/jan-martinek/d1051350be5a8def4df0332b9b7a4ff6*

5.5 Smartes Türschloss

Das Projekt auf einen Blick:

- Plattform: Raspberry Pi
- Peripherie: Fingerabdruckscanner, elektronisches Türschloss NUKI
- Schnittstellen: USB, Wiegand
- Sprache: Python

5.5.1 Einführung

Einsatzzwecke für ein elektronisches Türschloss gibt es viele. Man steht mit Einkäufen bepackt vor der Haustür, man hat den Schlüssel vergessen, man möchte eine Fernöffnung aus der Ferne, wenn man nicht zu Hause ist usw. Das waren unserer Motivatoren, uns um das Thema Türschloss zu kümmern. Der zweite wichtige Faktor war für uns, dass wir uns nicht nur auf eine App verlassen, sondern auch alternative Zugangswege wie Fingerabdruck oder Chipkarte nutzen wollten. Und der dritte Punkt war, dass das alles ohne externen Cloud-Anbieter funktionieren soll.

Bevor du jetzt auf die Idee kommst, direkt die wichtigste Haustür mit einem smarten Schloss zu versehen, empfehlen wir dir, es zunächst an einer unwichtigeren Tür im Innenbereich auszuprobieren, wie z. B. einer Zimmertür oder der Kellertür, bevor du ein Risiko eingehst. Sprich darüber hinaus auch mit deiner Versicherung, was sie von so einem Schloss hält.

5.5.2 Hardware

Bei der Auswahl der Hardware haben wir uns für folgende Komponenten entschieden: Als Mikrocomputer verwenden wir einen Raspberry Pi (Modell ist egal) mit einer aktuellen Raspbian-Distribution. Dies hat den Vorteil, dass wir problemlos auf USB zurückgreifen können, uns ins WLAN verbinden können und auch noch eine Vielzahl weiterer Funktionen später integrieren können.

Als elektronisches Türschloss haben wir Nuki[43] ausgewählt. Nuki passt auf eine Vielzahl von Türschlössern und ist leicht anzubringen (Bild 5.40). Nuki lässt sich über Bluetooth steuern. Obwohl Nuki inzwischen einige Schnittstellen zu bekannten kommerziellen Smart Home-Systemen anbietet, möchten wir diese in diesem Beispiel nicht nutzen.

[43] *https://nuki.io/de*

Bild 5.40 Nuki-Türschloss (1. Generation)

Aus diesem Grund benötigen wir neben dem Schloss auch die Nuki-Bridge (Bild 5.41). Die Bridge ermöglicht es, das Türschloss über Bluetooth mit dem heimischen WLAN zu verbinden. Darüber hinaus bietet die Bridge eine HTTP-REST-API[44]. Wer die Bridge nicht kaufen möchte, kann sich auch ein ausgedientes Android-Smartphone schnappen und die Bridge-App[45] verwenden. Wir haben jedoch keine Erfahrungswerte, wie gut das klappt.

---

[44] *https://nuki.io/wp-content/uploads/2018/04/20180330-Bridge-API-v1.7.pdf*

[45] *https://play.google.com/store/apps/details?id=io.nuki.bridge*

Bild 5.41 Nuki Bridge

Neben dem Türschloss benötigen wir noch einen Fingerabdruck-Sensor. Im Beispiel haben wir uns für das Modell Sebury F007 entschieden (Bild 5.43). Es handelt sich hierbei um ein Fingerabdruck-Lesegerät für den Innen- und Außenbereich, mit dem man auch direkt elektrische Türschlösser ansteuern könnte. Hier scheint es inzwischen mehrere Versionen zu geben. Wenn eine Funktionalität mit RFID-Karten gewünscht ist, sollte es die EM-Version sein. Ansonsten scheint es auch andere Anbieter baugleicher Geräte zu geben. Wir sind mit der Qualität des Fingerabdruck-Scanners so weit zufrieden. Du findest das Gerät bei Amazon, eBay und zahlreichen Händlern für Sicherheitstechnik.

Den Fingerprint-Sensor kannst du mittels Fernbedienung oder einer Steuerkarte (Manager Card) bedienen. Der Fingerprint-Sensor selbst benötigt 12 V und verfügt über einen integrierten Manipulationsschutz. Wichtig ist in jedem Fall, die Verkabelung auf die „sichere" Seite der Tür zu verlagern, um eine Manipulation zu erschweren.

Herausfordernd ist die Ansteuerung. Während es Modelle mit einer seriellen Schnittstelle gibt, haben wir ein Modell vorliegen, das auf dem Wiegand-Protokoll[46] aufsetzt. Es handelt sich dabei um ein vielfach verwendetes Protokoll für Kartenleser. Die Schnittstelle verwendet drei Drähte: zwei Datenleitungen, DATA0 und DATA1, und eine gemeinsame Masse (GND). DATA0 und DATA1 liefern je nach Signal 0 V oder +5 V. Die Anzahl der übertragenen Bits beträgt je nach Implementierung 26 – 37 Bit. Nachdem wir uns mit der Implementierung des Protokolls nicht weiter aufhalten wollten, haben wir stattdessen einen Wie-

[46] *https://en.wikipedia.org/wiki/Wiegand_interface*

gand-auf-USB-Konverter erworben, der uns diese Arbeit abnimmt (Bild 5.44). Dies hat auch den Vorteil, dass wir uns um die Protokollimplementierung nicht kümmern müssen.

Die Verkabelung sieht daher wie folgt aus: Du verbindest den Fingerprint-Sensor mit dem 12-V-Netzteil, und von dort aus verdrahtest du die beiden Datenleitungen D0 und D1 mit dem USB-Modul und der Versorgungsspannung (Bild 5.42). Der Wiegand2USB-Controller kann glücklicherweise Spannungen zwischen 7 V und 12 V verarbeiten, somit reicht eine einzelne Stromquelle hierfür aus.

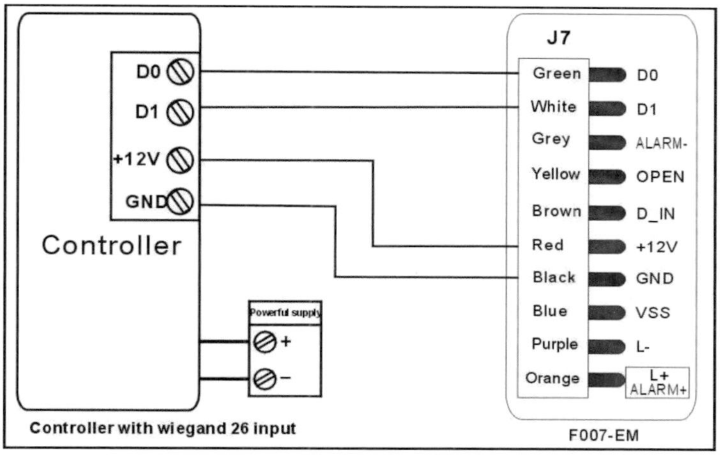

Bild 5.42 Beschaltung des Wiegand-Controllers mit dem F007-Fingerprint-Sensor aus dem Handbuch

Bild 5.43 Sebury F007 Fingerprint-Sensor

Bild 5.44 Wiegand zu USB: Adapterplatine WG2USB

Im Folgenden fassen wir noch einmal die Schritte für die Zusammenstellung der Komponenten zusammen (die Wiederholungen der Betriebsanleitungen sparen wir uns an dieser Stelle):

- Nuki an der Tür anbringen
- Nuki mit Bridge mit dem heimischen WLAN-Verbinden und REST-API-Aufrufe testen
- Fingerprint-Sensor an Stromquelle mit 12 V anschließen und mittels Manager-Karten die gewünschten Fingerabdrücke anlernen
- Wiegand2USB-Modul mit dem Fingerprint-Sensor koppeln (D0 und D1 sowie die Stromversorgung)

5.5.3 Software

Sobald die Nuki Bridge über die App aktiviert wird, erhält man ein Access-Token. Zunächst solltest du prüfen, ob die API korrekt mit deinem Nuki-Schloss kommunizieren kann. Hierzu kannst du im Browser folgende URL aufrufen: *http://nuki-ip:8080/list?token=deintoken* (Bild 5.45). Danach solltest du alle Schlösser finden, die über die Bridge ansprechbar sind.

Bild 5.45 Erfolgreiche Kommunikation über die Nuki-API

Das Programm soll nun Folgendes tun: Sobald ein gültiger Fingerabdruck erkannt wird, soll über die Bridge der entsprechende Befehl zum Öffnen der Tür an Nuki gesendet werden. Im Beispiel nutzen wir hierbei Python, da man hier auf eine Vielzahl an Bibliotheken zurückgreifen kann.

```
# Die nachfolgenden Libraries können bspw. über pip nachinstalliert werden
# Benötigt für den Zugriff auf den seriellen Port
import serial
# Regex benötigten wir zum Parsen der Benutzernamen
import re
# Urllib2 hilft uns beim Aufruf der NUKI-API
```

```
import urllib2

# Zunächst verbinden wir uns mit unserem seriellen Wiegand-Device
ser = serial.Serial('/dev/ttyUSB0',9600)

# Einfaches Textfile, Aufbau siehe weiter unten
dbfile = 'database.txt'

# Diese Funktion öffnet unsere "Benutzerdatenbank" und prüft, ob der
# Fingerabdruck darin enthalten ist
def CheckUserExists(user):
    with open(dbfile, 'r') as file:
        if re.search('^{0}$'.format(re.escape(user)), file.read(), flags=re.M):
            return True
        else:
            return False

# In einer Endlosschleife prüfen wir nun, ob etwas über den Fingerprint-Sensor
# ankommt
while True:
    # Wir lesen 7 Byte
    reading = ser.read(7)

    # Schneiden mögliche Leerzeichen weg
    reading = reading.strip()

    # Leeren den Einlesepuffer
    ser.flush()

    # Zur Sicherheit geben wir das Gelesene auf der Konsole aus
    print(reading)

    # Wenn der Benutzer gefunden wurde, öffnen wir die Tür
    if CheckUserExists(reading):

        # Mit diesem Aufruf stellen wir das Schloss auf "offen", sofern
        # abgeschlossen war
        f = urllib2.urlopen('http://xxx:8080/lockAction?nukiId=4711&action=1&token=abc')

        # Ausgabe der Rückgabe
        print(f.read(100))

        g = urllib2.urlopen('http://xxx:8080/lockAction?nukiId=4711&action=3&token=abc')
        # Ausgabe der Rückgabe
        print(g.read(100))
```

Der Inhalt der *database.txt* ist eine einfache Liste, in der die Fingerabdruck-IDs hinterlegt werden:

```
100001
100002
100003
```

Den Code findest du auch im GitHub-Repository für Kapitel 5 im Bereich *SmartLock*.

5.5.4 Ausblick und Erweiterungen

Das Skript aus Abschnitt 5.5.3 ist nur der Startpunkt. Inzwischen ist unser Projekt weiter gewachsen, und wir haben einige neue Funktionen eingebaut, die wir zumindest als Idee weitergeben möchten. Zunächst können wir den Push-Notification-Dienst Pushover[47] empfehlen. Dieser schickt uns inzwischen eine Nachricht, wenn ein Schließungsvorgang ausgelöst wird.

Die zweite Verbesserung, die wir im Laufe der Zeit vorgenommen haben, ist die, eine zweite Sicherheitsstufe zu integrieren, also eine 2-Faktor-Authentifizierung. Diese kann beispielsweise über SMS, Google Authenticator oder darüber erfolgen, ob sich das Smartphone im WLAN befindet. Eine weitere Idee ist die Realisierung einer kleinen Web-App, die im lokalen Netzwerk läuft und die Bridge fernsteuert. Wir können uns daher problemlos über VPN in unser Heimnetz einwählen und von dort auch Remote die Tür öffnen – ganz ohne externe Cloud.

Ein anderes spannendes Projekt, dass in dieselbe Richtung geht, ist DoorPi (Bild 5.46).[48] Im DoorPi-Forum finden sich auch immer wieder neue interessante Ideen.

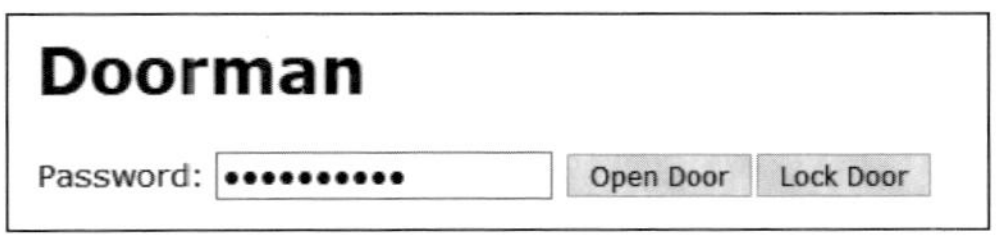

Bild 5.46
Doorman: einfache HTML-Steueroberfläche

5.6 Smart Mirror

Das Projekt auf einen Blick:

- Plattform: Raspberry Pi
- Peripherie: Spions-Spiegel, Bilderrahmen
- Schnittstellen: HDMI

5.6.1 Einführung

Bei einem Smart Mirror handelt es sich um einen Spiegel, der bei Bedarf Informationen wie das aktuelle Wetter oder anstehende Termine anzeigen kann. Da Spiegel häufig in Wohnräumen hängen und zunächst unauffällig sind, eignen sie sich perfekt, um einen Bildschirm möglichst unauffällig und wenig störend in den Wohnraum zu integrieren.

[47] *https://pushover.net*
[48] *https://www.doorpi.org/forum*

5.6.2 Hardwareaufbau

5.6.2.1 Gehäuse und Spiegel

Ähnlich wie bei der Word Clock besteht das Kernstück des Gehäuses aus einem Ribba-Bilderrahmen von IKEA. Wir haben uns für ein 50-×-50-cm-Modell in der Farbe Weiß entschieden(Bild 5.47). Das Passepartout wird nicht benötigt. Eine der wichtigsten Eigenschaften des Smart Mirrors ist die, dass der Bildschirm so gut wie unsichtbar bleibt, solange er ausgeschaltet ist. Das führt zum gewünschten Effekt, dass der Betrachter zunächst denkt, es handele sich um einen ganz normalen Spiegel, und dass er sich darin problemlos betrachten kann.

Bild 5.47 Smart Mirror mit Spiegelfolie

Aus diesem Grund muss die Rückwand des Spiegels bearbeitet oder ersetzt werden. Sie muss möglichst viel Licht absorbieren, damit es hinter dem Spiegel dunkel bleibt. Hierbei hast du zwei Optionen: Entweder du lackierst die mitgelieferte Rückwand schwarz, oder du ersetzt sie durch eine lackierte MDF-Platte. Hier gibt es einige Anbieter. Wir empfehlen, die Rückwand durch eine ca. 5 mm dicke MDF-Platte (diese kannst du übrigens auch bereits lackiert kaufen) zu ersetzen, da du daran auch die Komponente wie den Raspberry Pi mit kleinen Schrauben befestigen kannst. Wichtig ist, ausreichend Abstand zum Rand zu lassen (1 – 2 cm).

Der zweite wichtige Baustein des Spiegels ist das Glas. Hier setzen wir auf das Konzept eines Polizeispiegels, Spion- oder Einwegespiegels. Das bedeutet, dass sich der Spiegel von der einen Seite, in unserem Fall die Seite des Betrachters, wie ein regulärer Spiegel verhält. Jedoch ist er von der anderen Seite (die Seite, an der später das Display sein soll) durchlässig. Sobald das Display leuchtet, wird es sichtbar und „stärker“ als der Spiegel. Sobald es sich wieder im ausgeschalteten Zustand befindet, verschwindet es für den Betrachter. Damit kann man sehr gut verbergen, dass es sich bei dem Spiegel eigentlich um einen Bildschirm handelt.

Das Spiegelglas muss einerseits lichtdurchlässig genug sein, um die Informationen vom Display anzeigen zu können, andererseits darf das Glas auch nicht zu transparent sein. Zur Umsetzung bieten sich zwei mögliche Optionen: entweder ein echtes Spiegelglas oder eine Spiegelfolie, die auf eine Plexiglasscheibe aufgetragen wird. Das echte Spiegelglas wirkt deutlich hochwertiger, ist aber auch deutlich teurer. In unseren Versuchen haben wir über zahlreiche Quellen versucht, einen passenden Spiegel zu finden. Dieser sollte einen Transmissonswert um ca. 10 % aufweisen. Am Ende haben wir uns (auch aus Kostengründen) für die nachfolgend beschriebene Variante entschieden, doch vielleicht kann eine lokale Glaserei in deiner Nähe einen passenden Spiegel anbieten.

Wir haben uns zunächst eine Plexiglasscheibe im passenden Format im Baumarkt anfertigen lassen. Als Vorlage diente uns hierzu das originale Glas des Bilderrahmens. Auf diesen Rahmen haben wir dann eine Sonnenschutz-Spiegelfolie aufgezogen. Dafür eignet sich eine Folie mit einer reduzierten Helligkeit von 78 % (in unserem Fall von Lönartz, SPF-76-1). Da diese Folien nicht immens teuer sind, kannst du auch erst mit einem kleinen Stück experimentieren. Eine kleine Warnung vorweg: Das Aufbringen der Spiegelfolie erfordert sehr viel Geduld und eine absolut staubfreie Umgebung. Wir haben mehrere Versuche gebraucht, um ein zufriedenstellendes Ergebnis zu erreichen. In jedem Fall solltest du die Herstelleranleitung zum Aufbringen der Folie genauestens beachten.

5.6.2.2 Raspberry Pi und Display

Als Computerhardware verwenden wir einen Raspberry Pi 3 (Model B) oder einen Raspberry Pi 2 mit entsprechendem WLAN-Modul. Das minimiert zumindest die Anzahl der Kabel. Wer möchte, kann natürlich auch eine Ethernet-Verbindung wählen, beispielsweise, wenn die Netzwerkdose sowieso in der Nähe ist. Zur Software kommen wir gleich noch, aber wir können schon einmal verraten, dass du eine mindestens 16 GB große SD-Karte für den Raspberry Pi brauchst.

Darüber hinaus benötigst du ein Display für die Anzeige. Hier gibt es verschiedene Varianten. Zunächst muss das Display einen HDMI-Anschluss besitzen, da der Raspberry Pi über diesen Grafikausgang verfügt. Wer noch ein entsprechendes Display zu Hause hat, kann dieses verwenden. Es wäre auch möglich, das Display aus einem alten Monitor auszubauen, aber davon raten wir ab, außer du weißt genau, was du tust. Du solltest bei dem Display auch berücksichtigen, dass es möglichst flach im Aufbau ist, da der Rahmen (bei unserem Ribba-Rahmen maximal 4,5 cm) eine maximale Aufbauhöhe vorgibt. Die Auflösung sollte 1080 × 1920 Pixel im Hochformat betragen.

Bei diversen Online-Händlern gibt es passende 15,6"- oder 17,3"-HD-Displays und zugehörige Display-Controller mit HDMI. Diese Controller gibt es auch mit Fernbedienung. Das ist hilfreich, um den Smart Mirror einfach an- oder ausschalten zu können. Am besten suchst du nach „HDMI LCD Control Board". Bei glancr[49] findest du auch entsprechende eBay-Auktionen.

Das Display schließt du direkt oder über den Controller an den Raspberry Pi an. Hier bietet sich ein schwarzes Kabel an, damit es möglichst unsichtbar im Gehäuse liegt. Das Display selbst klebst du mit etwas dünnem doppelseitigen Klebeband an die durchlässige Innenseite des Spiegels. Leider ist es uns bislang nicht gelungen, die Klebestellen unsichtbar herzustellen. Hierzu wäre ein schwarzes doppelseitiges Klebeband hilfreich, jedoch konnten wir kein passendes finden. Von daher sieht man die Klebestelle leider leicht (Bild 5.48).

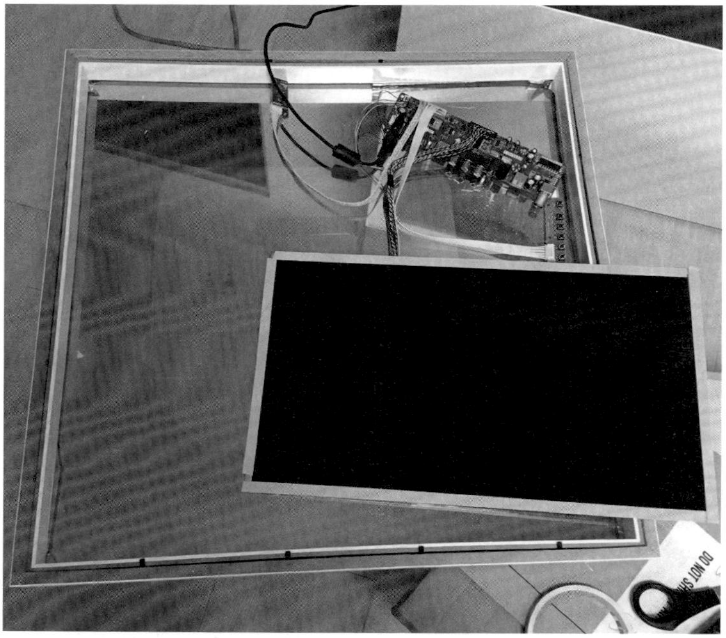

Bild 5.48 Smart-Mirror-Display und passender Controller

5.6.3 Software

Als Softwarepaket haben wir uns für das Smart-Mirror-Betriebssystem mirr.OS entschieden.[50] Die Einrichtung ist ganz einfach. Du benötigst zunächst das Image von der Website. Darüber hinaus benötigst du eine SD-Karte, die das Betriebssystem für deinen Raspberry Pi aufnehmen soll. Damit die SD-Karte beschrieben werden kann, benötigst du einen ent-

[49] *https://glancr.de/smart-mirror-selbst-bauen*

[50] *https://glancr.de/mirr-os*

sprechenden Kartenleser. Dieser kann beispielsweise in Notebooks integriert sein, oder du benötigst ein externes Lesegerät. Mithilfe des Tools etcher[51] lässt sich das mirr.OS-Image auf die SD-Karte übertragen. Dies funktioniert wie bei einem Raspbian-Image (siehe Abschnitt 4.1.3.4). Nach einem erfolgreichen Übertragungsvorgang kann die SD-Karte nun in den Raspberry Pi gesteckt und das Mirror-Betriebssystem gestartet werden. Für die Einrichtung benötigst du keine Tastatur oder Maus.

Der Raspberry Pi spannt ein separates WLAN auf, mit dem du dich mit Smartphone, Tablet oder PC verbinden kannst. Der Spiegel zeigt die entsprechenden Zugangsdaten an, wie in Bild 5.50 gezeigt. Auf diese Weise kannst du deinem Spiegel auch die Zugangsdaten für dein WLAN mitteilen. Nach einem Neustart ist dieser nun Teil deines Netzwerkes und kann über die Adresse *http://glancr/config* oder die IP erreicht werden (Bild 5.49).

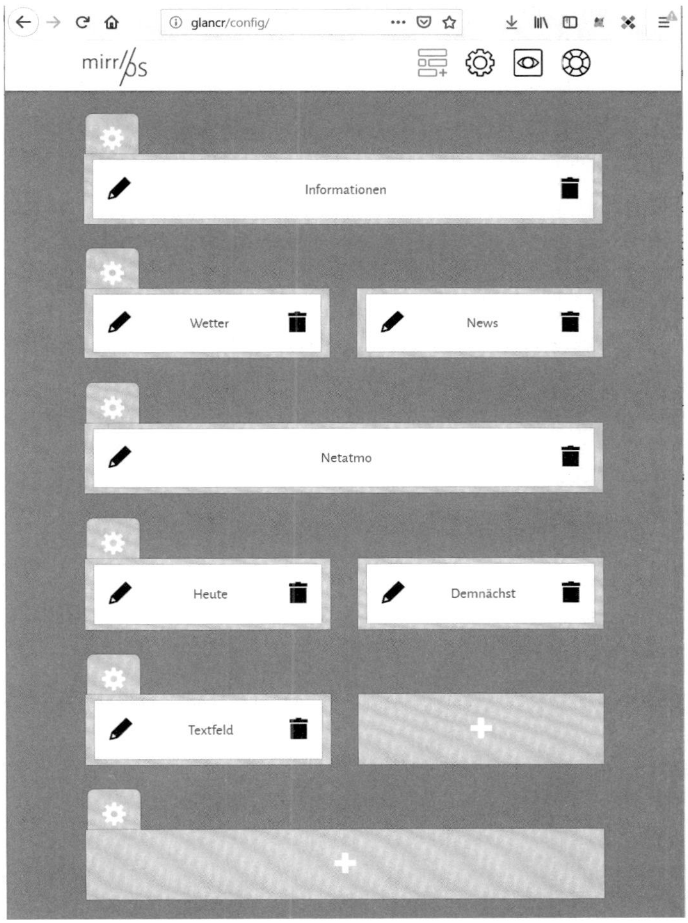

Bild 5.49 mirrOS/glancr-Konfigurationsoberfläche

[51] *https://etcher.io*

Über diese Administrationsoberfläche können verschiedene Module nachinstalliert und konfiguriert werden. Natürlich hast du auch die Möglichkeit, die Anordnung auf dem Bildschirm/Spiegel festzulegen oder eine Live-Ansicht des Spiegels anzuzeigen. Wir haben z. B. das Wettermodul, Nachrichten und unsere Netatmo-Daten hier angezeigt (Bild 5.51).

Wer Interesse hat, eigene Module zu entwickeln, der sollte auf dem glancr-Developer-Portal vorbeischauen.[52] Mithilfe von PHP, JS und CSS lassen sich eigene Module realisieren. Entsprechende Vorlagen werden ebenfalls bereitgestellt.

Bild 5.50 Zugangsdaten zum aufgespannten Smart-Mirror-WLAN

[52] *https://glancr.de/development/ein-eigenes-modul-fuer-mirr-os-schreiben*

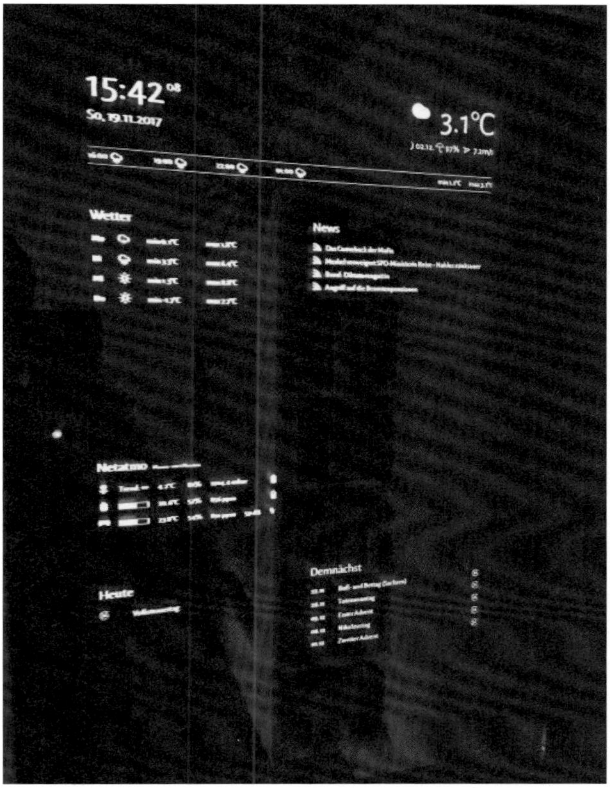

Bild 5.51 Smart Mirror im Einsatz

5.7 Smarter Adventskalender

Das Projekt auf einen Blick:

- Plattform: Raspberry Pi
- Peripherie: Drehteller, Motor, Taster, Kugeln, Lautsprecher
- Schnittstellen: GPIO
- Sprache: Bash/Perl

5.7.1 Einführung

Alle Jahre wieder steht Ende November bei uns ein Brauch an: Selbst gebastelte Adventskalender müssen ins Haus. Da Schokolade irgendwann langweilig wurde, haben wir uns vor ein paar Jahren zusammengesetzt und einen smarten Adventskalender gebaut, den wir dir nicht vorenthalten möchten. Wir wollten einen wiederverwendbaren Adventskalender mit möglichst viel intelligenter Technik entwickeln. Zudem sollte dieser ein schönes Gehäuse besitzen.

5.7.2 Hardwareaufbau

Beim Gehäuse sind der Fantasie keine Grenzen gesetzt. Von daher möchten wir hier auch nicht zu viele Vorgaben machen. Jedoch sind einige Eckpunkte bei der Erstellung des Gehäuses wichtig. Zunächst musst du dir Gedanken machen, wie viele Geschenke du vorhalten willst, denn entsprechend groß muss dann das Gehäuse sein. Sollen alle 24 Tage auf einmal hinterlegt werden, oder ist Nachfüllen erlaubt? Wir haben uns dafür entschieden, dass wir nachfüllen dürfen. Dadurch wollten wir verhindern, dass bei den Raumtemperaturen unsere Schokolade schmilzt oder dass Naschdiebe zuschlagen können.

Die zweite Überlegung betrifft die Auswurfmechanik. Wie soll das Geschenk ausgegeben werden? Hier gibt es eine Vielzahl von Möglichkeiten. Soll das Geschenk beispielsweise über eine Schublade ausgegeben werden oder herausfallen? Wir haben uns dazu entschieden, die Schwerkraft wirken zu lassen. Über einen Drehteller (Details später) werfen wir täglich ein Geschenk nach unten hin aus.

Die letzte Überlegung betrifft die Wahl des Containers. In welcher Form willst du die täglichen Geschenke auswerfen? Da unsere Geschenke immer unterschiedlich groß sind, haben wir uns hierbei für teilbare Acrylkugeln mit 7 cm Durchmesser entschieden (Bild 5.52). Diese Kugeln verfügen über eine Öse, die wir einfach abgeschliffen haben.

Bild 5.52 Geschenk in der Kugel – ein Türchen des Adventskalenders

Sind diese Fragen geklärt, kannst du dich an das Grunddesign des Gehäuses wagen. Zunächst benötigst du einen Auswurfbereich für das tägliche Geschenk. Dieser Bereich soll von außen mit der Hand zugänglich sein, um das Geschenk einfach entnehmen zu können. Ein zweiter Bereich soll für die Technik geschaffen werden. Hier musst du sowohl den Raspberry Pi & Co. hinterlegen als auch die Mechanik für den Auswurf. Des Weiteren benötigst du auch einen Lagerbereich für deine Geschenke. Da uns der Platz ausgegangen ist, haben wir diesen Bereich kurzerhand in den Schornstein ausgelagert. Das hat den Vorteil, dass wir sehr einfach an die Geschenke herankommen und von außen unsere Kugeln nachfüllen können. Bild 5.53 zeigt das fertige Gehäuse, sodass du einen besseren Eindruck vom Endprodukt bekommst. Wie du sehen kannst, haben wir uns für Holz als Baumaterial entschieden. An dieser Stelle geht auch ein Dank an unseren Schwager Michael, der uns hierbei handwerklich tatkräftig unterstützt hat.

Bild 5.53
Adventskalender-Gehäuse

5.7.3 Umsetzung und benötigte Komponenten

Bei diesem Adventskalender kann man sich technisch richtig austoben. Wir haben hier noch viele tolle Ideen für die Weiterentwicklung, wie z. B. die Integration einer Nebelmaschine sowie zusätzlicher Beleuchtung etc., aber bleiben wir zunächst bei den Basics. Das Herzstück ist ein Raspberry Pi, der die komplette Steuerung übernimmt. Da dieser Raspberry weder optisch schön sein noch Höchstleistungen vollbringen muss, ist jedes beliebige Modell ausreichend. Wir haben uns für eines unserer ersten B-Modelle entschieden. Hierauf wird ein aktuelles Linux ohne grafische Oberfläche installiert.

Darüber hinaus benötigst du den Drehteller für die Geschenkausgabe. Hierzu kannst du beispielsweise den IKEA-Drehteller mit der Artikelnummer 900.744.83 verwenden oder einen elektrisch steuerbaren Drehteller modifizieren. Wie in Bild 5.54 ersichtlich, haben wir den Drehteller so modifiziert, dass wir ihn von hinten über eine Walze steuern können.

Links davon befindet sich der Gleichstrommotor, der dann über das Rad den Teller zum Drehen bringt. Die unterschiedlich großen Räder haben wir zur besseren Kraftübertragung und Skalierung der Schrittweite verwendet.

Bild 5.54 Steuerung des Geschenkauswurfs mit Motor, Drehteller und Übersetzung

Die Oberseite des Drehtellers haben wir mit einem Kreuz versehen, sodass vier Abteilungen darin entstehen (Bild 5.55). In ein Abteil passt genau eine Kugel hinein, die nach unten hin ausgeworfen wird.

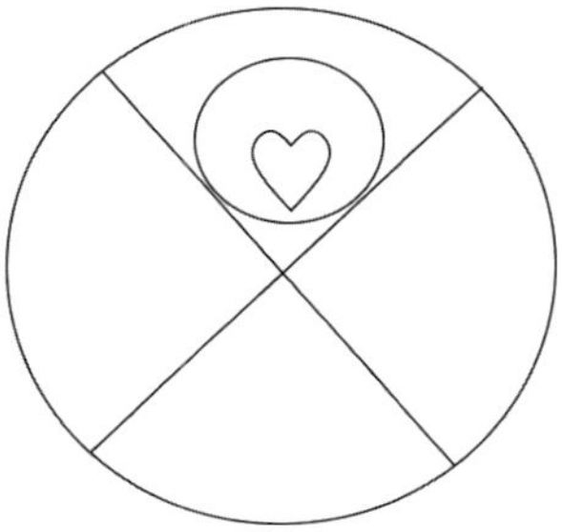

Bild 5.55
Aufteilung des Drehtellers

Die Geschenkausgabe ist mitunter der heikelste Teil der Umsetzung. Hier haben wir viel experimentieren müssen, bis wir eine vernünftige Lösung hinbekommen haben. Die größte Herausforderung liegt in der Abstimmung des Drehtellers auf den Motor und auf den Transport des Geschenks. Wir haben einen Gleichstrommotor verwendet, den wir in einer festgelegten Zeiteinheit an- und ausschalten. Das ist nicht ideal, da wir aufgrund diverser Faktoren (Schwere des Geschenks und Verzögerungen in der Schaltung) nach einigen Läufen einen leichten Versatz haben, den wir aktuell händisch nachjustieren müssen. Bei einer Weiterentwicklung des Projekts würden wir das etwas anders lösen. Vermutlich wäre ein Schrittmotor die bessere Wahl, da wir hier die Anzahl der Schritte, etwa eine Viertelumdrehung, ganz genau vorgeben könnten, anstatt die Zeit stoppen zu müssen. Detailinformationen zu den existierenden Motortypen findest du in Abschnitt 4.3.7.

Um die Zeit bis zur Geschenkausgabe musikalisch zu untermalen, möchten wir jeden Tag ein anderes weihnachtliches Musikstück abspielen. Möchtest du das auch, benötigst du hierzu einen Lautsprecher, den du mit dem 3,5-mm-Klinkenstecker am Raspberry Pi betreibst. Wir haben uns für einen einfachen und günstigen Lautsprecher mit Klinkenstecker entschieden. Andere Optionen wären eine externe Soundkarte (via USB) und bessere Lautsprecher mit Verstärker.

Damit wir unser weihnachtliches Szenario auch optisch untermalen können, haben wir uns für eine LED-Lichterkette mit festem Lichtlauf und Farbwechsel entschieden. Der Raspberry Pi kann an seinen GPIO-Pins nur geringste Stromstärken verwalten. Das reicht gerade so für eine LED, aber nicht für eine richtige Lampe oder einen Motor. Daher musst du hier auf ein Relais zurückgreifen. Bei einem Relais handelt es sich um einen elektromagnetischen Schalter. Charakteristisch für ein Relais ist das Klacken beim Schalten. Dabei wird der Schalter über ein Magnetfeld mechanisch umgelegt. Der Raspberry Pi gibt dem Relais das Signal, den Schalter umzulegen. Hierfür reicht der GPIO-Port aus.

Bild 5.56
4-Kanal-Relais

Ein solches Relais ist in Bild 5.56 abgebildet. Es handelt sich dabei um ein 4-Kanal-Relais des Herstellers SainSmart (Suchbegriff „SainSmart 4 Kanäle 5 V Relay“). Das Relais ist auch mit weniger Kanälen erhältlich. Dieses Relais kann mit einer Steuerspannung von

5 V betrieben werden und eignet sich daher ideal für den Raspberry Pi. Je nach Ausführung ist es in der Lage, sehr kräftige Verbraucher (im Beispiel 250 V/10 A) zu schalten. Informiere dich zunächst mithilfe des Datenblattes über die Funktionsweise des Relais und dessen Anschlüsse. Das Relais benötigt eine eigene Stromversorgung (GND und VCC). Darüber hinaus besitzt es Anschlüsse für die Schaltbefehle (IN1–IN4). Die Schaltbefehle kommen vom GPIO, im Beispiel muss der verwendete GPIO-Port mit dem entsprechenden In-Port auf dem Relais verbunden werden. Die Fritzing-Schaltung in Bild 5.57 zeigt, wie ein möglicher Anschluss einer Lampe (in unserem Fall einer Lichterkette) und am anderen Port eines Motors aussehen kann.

Startgeber ist ein Taster vorne am Gehäuse. Wird dieser gedrückt, läuft das vorgegebene Programm ab: Das Musikstück des jeweiligen Tages wird abgespielt. Gleichzeitig wird die LED-Beleuchtung aktiviert. Nun wird die Geschenkausgabe aktiviert, und nach wenigen Sekunden wird das Geschenk ausgegeben.

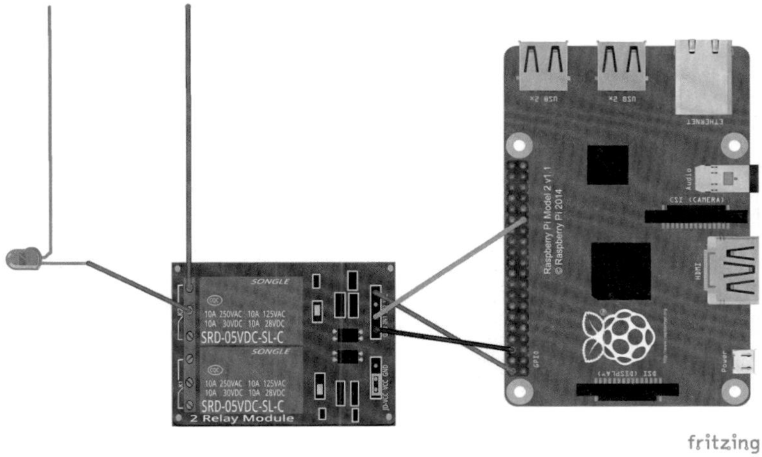

Bild 5.57 Beispielhafte Relais-Schaltung mit dem Raspberry

5.7.4 Software

Die Umsetzung erfolgt über ein Perl-Skript, das als Endlosschleife läuft. Wir bedienen uns hierbei einiger Hilfsprogramme. Für die Ansteuerung der GPIOs verwenden wir wiringpi[53]. Diese Library kann direkt von der Shell aus aufgerufen werden. Bei wiringpi musst du dringend die Pin-Belegung beachten, da diese Bibliothek eine ganz andere Belegung verwendet, als man sonst kennt.[54]

[53] *http://wiringpi.com*

[54] *http://wiringpi.com/pins*

Für das Abspielen der Weihnachtslieder (als MP3) verwenden wir den kostenfreien Konsolen-Mediaplayer mpg123.[55] In einem Unterordner *musik* legst du einzelne Dateien an, nämlich die 24 weihnachtlichen MP3-Stücke, die du dann pro Tag abspielst.

Das fertige Perl-Skript kann einmalig gestartet werden und läuft dann 24 Tage. Es sieht wie folgt aus:

```
# Über den Systembefehl setzen wir ein Systemkommando ab
# In diesem Fall schreiben wir eine 1 auf den Pin 23 / GPIO 11 bzw. 14 unter
# WiringPi
#
# Wir setzen die Pins 11 und 14 in den Ausgangsmodus
# An der 14 hängt unsere Lichterkette
# An der 11 unser Motor
system ("gpio mode 14 out");
system ("gpio mode 11 out");

# Wir schalten beide zur Sicherheit aus
# 1 Bedeutet in unserem Fall aus, da das Relais auf aus schaltet
system ("gpio write 14 1");
system ("gpio write 14 0");

# in einer Schleife
do{
  # Ermitteln wir zunächst den Tag
  $tag=(localtime(time))[3];
  # Sollte der Tag "einstellig" sein, so ergänzen wir vorne eine 0
  $tag = $tag < 10 ? $tag = "0".$tag : $tag;

  # Kontrollausgabe
  print $tag;
  print "Warte auf Taster";

  # In einer Schleife warten wir nun darauf,
  # Dass der Taster, der an Pin 10 liegt, gedrückt wird
  do{
      open($t,"gpio read 10 |");
      $i=<$t>;sleep 1;
  }while($i=~m/1/);

  # Nun schalten wir das Licht an
  system ("gpio write 14 0");
  # Kontrollausgabe
  print "Aktueller Tag: $tag\n";
  # Start der MP3 des Tages, im Hintergrund
  # Dies wird durch das & geregelt, damit läuft das Hauptprogramm weiter
  system ("nohup mpg123 ./musik/$tag* &");
  # Kontrollausgabe
  print "Musik gestartet\n";
  # Nun starten wir den Motor und lassen ihn 10 Sekunden laufen
  system ("gpio write 11 0");
  sleep 10;
  # Und schalten ihn wieder ab
  system ("gpio write 11 1");
  # Am Ende schalten wir das Licht wieder aus
```

[55] *https://www.mpg123.de*

```
    system ("gpio write 14 1");
    # Nur bis zum 24. Tag = Heilig Abend
}while($tag<24);
```

Das fertige Projekt und auch ein Video, wie der Adventskalender in der Praxis funktioniert, findest du im GitHub-Repository für Kapitel 5 im Verzeichnis „Adventskalender".

5.8 Smarter Kühlschrank

Das Projekt auf einen Blick:

- Plattform: ESP8266
- Peripherie: Wägebalken, HX711 ADC
- Schnittstellen: WLAN, Telegram
- Sprache: Arduino C, C

5.8.1 Einführung

In unserer kleinen Familien-WG gibt es einen Mitbewohner, der sich sehr gerne nachts am Kühlschrank bedient und dabei das Nachtmahl mit einem großen Glas Milch abrundet, aber im Halbschlaf dann die fast leere Milch wieder zurück in den Kühlschrank stellt. Die Milch ist also fast leer, auf der Einkaufliste steht sie nicht, und spätestens am Sonntagmorgen ist das Familiendrama vorprogrammiert, wenn die Milch für den Kaffee fehlt und die Kids kein Müsli essen können. Dieses Projekt beschreibt, wie wir dieses kleine soziale Problem technisch lösen und dabei unseren Kühlschrank „smart" machen.

5.8.2 Benötigte Komponenten

Für dieses Projekt bietet sich wieder einmal unsere Allzweckwaffe, der ESP8266, an. Mit dem integrierten WLAN kannst du die Milch gleich auf deine Einkaufsliste setzen. Am besten eignet sich hier ein Wemos-D1-mini-Modul, auch wenn dieses etwas teurer ist als die NodeMCU-Boards.

Zusätzlich benötigst du einen sogenannten Wägebalken (im Englischen auch *Load Cell* genannt) im Bereich bis ca. 2 kg, Genauigkeit C oder besser, sowie die dazu passende Verstärkerschaltung namens HX711. Beides ist bei den einschlägigen Händlern als Set für ca. 10 € erhältlich, separat sogar etwas günstiger. Falls noch eine digitale Küchen- bzw.

Kaffeewaage vorhanden ist, die dringend durch ein neueres Modell ersetzt werden soll, lässt sich diese hervorragend für dieses Projekt ausschlachten. Meist lässt sich der Wägebalken problemlos recyceln. Die Verstärkerschaltung benötigst du aber trotzdem separat.

Zur Aufnahme des Milchkartons und als Basis für deine Waage benötigst du außerdem noch zwei feste Holzplatten (8 × 8 × 0,5 cm), 8–16 Beilagscheiben und vier passende, versenkbare Metallschrauben. Die Größe der Metallschrauben hängt ein wenig von der verwendeten Wägebalken ab – in unserem Fall je zwei versenkbare M4- und M5-Schrauben. Statt der Holzplatten eignet sich eventuell auch Metall oder sehr festes Plexiglas.

Zur Kalibrierung benötigst du außerdem noch eine halbwegs genaue Küchenwaage[56] oder etwas mit bekanntem Gewicht wie eine Tafel Schokolade, die du dann als Belohnung am Ende aufessen darfst.

5.8.3 Hardwareaufbau

Der Hardwareaufbau für den Milch-Tracker entspricht im Großen und Ganzen dem einer einfachen Küchenwaage. Der Wägebalken wird hierzu mit Beilagscheiben als Abstandshaltern zwischen zwei Platten montiert: die untere dient als Fuß, die obere als Wägeteller. Der Aufbau ist in Bild 5.58 dargestellt. Die Schrauben sollten sich nach Möglichkeit komplett in das Holz versenken lassen, um eine möglichst plane Auflagefläche zu bieten. Um eine etwas schönere bzw. unauffälligere Optik zu erlangen, kannst du noch eine zweite Holzplatte oder eine Plexiglas- bzw. Metallplatte daraufkleben.

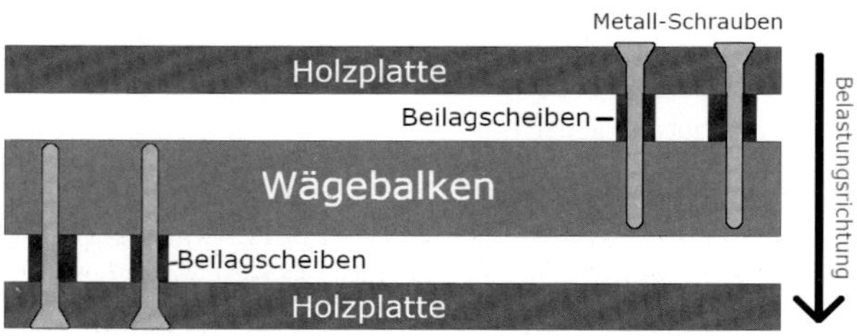

Bild 5.58 Mechanischer Aufbau der Waage

Anschließend musst du den Wägebalken an die HX711-Platine anschließen. Hierzu lötest du die Kabel des Wägebalkens folgendermaßen an:

Wägebalken	HX711-Pin
Rot	E+
Schwarz	E–
Weiß	A–
Grün	A+

[56] Die neue Küchenwaage natürlich, nicht die, die wir gerade recycelt haben.

Die beiden Eingänge B− und B+ könnte man analog für einen weiteren Wägebalken verwenden, zum Beispiel um damit nicht nur die Milch, sondern auch die Eier abzuwiegen. Diese leiden auch häufiger unter nächtlichem Schwund.

Auf der anderen Seite des HX711 lötest du am besten eine Pinleiste an, um mit ein paar Jumper-Kabeln den HX711 an den ESP8266 anschließen zu können. Wie in Bild 5.59 dargestellt, verbindest du VCC und GND mit den entsprechenden Pins am ESP8266. DOUT verbindest du mit D6 und SCK mit D5. Natürlich kannst du für DOUT und SCK auch andere Pins verwenden. Dies musst du nur in der Software entsprechend anpassen.

Um deine Lösung später stromsparend betreiben zu können, benötigst du noch die DeepSleep-Brücke.

> Es kann vorkommen, dass sich das Board sporadisch nicht mehr flashen lässt, sobald die DeepSleep-Brücke angesteckt ist. Falls du Probleme hast, ziehe für das Flashen einfach die Brücke ab oder baue einen Schalter ein. Alternativ reicht es oft auch, kurz auf Reset zu drücken, bevor du mit dem Flashen beginnst.

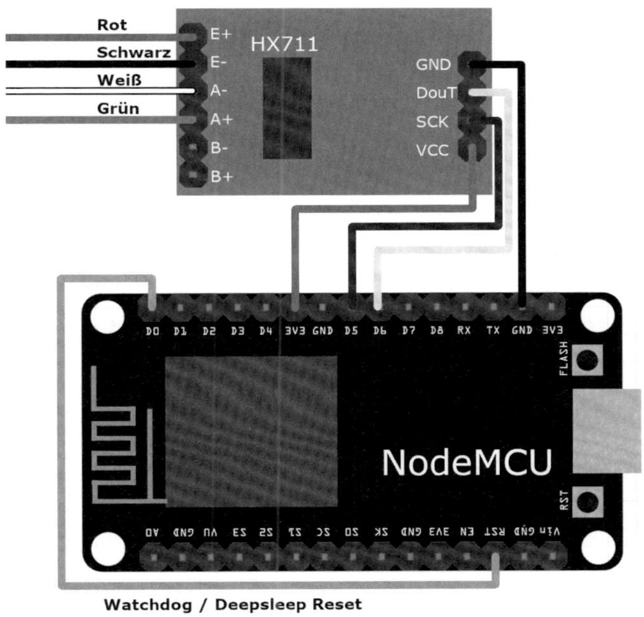

Bild 5.59 Beschaltung des HX711 mit dem NodeMCU: Die DeepSleep-Brücke ist der Trick.

5.8.4 Software

Nachdem der Hardwareaufbau steht, geht es nun an die Software für den Milch-Tracker. Um die Programmierung möglichst einfach zu gestalten, verwendest du die Arduino-IDE und eine passende Softwarebibliothek für den HX711. Nachdem du die Arduino-IDE gestartet hast, kannst du die HX711-Bibliothek ganz einfach nachinstallieren, indem du unter SKETCH > BIBLIOTHEK EINBINDEN > BIBLIOTHEKEN VERWALTEN... den BIBLIOTHEKSVERWALTER aufrufst und dort rechts oben im Suchfeld „HX711" eingibst.

Wir verwenden die Bibliothek HX711_ADC von Olav Kallhovd in der Version 1.1.0 oder neuer.[57] Ein einfacher Klick auf INSTALLIEREN reicht aus – und schon steht dir diese Bibliothek zur Verfügung. Nun kannst du den Bibliotheksverwalter wieder schließen.

5.8.4.1 Kalibrierung

Bevor du deine Waage als Milch-Tracker verwenden kannst, musst du den HX711 für den Aufbau bzw. den verwendeten Wägebalken kalibrieren. Dazu brauchst du ein kleines Programm, das die Waage initialisiert, periodisch das Gewicht sowie den derzeitigen Skalierungsfaktor ausliest und dem Benutzer anzeigt. Der Benutzer passt den Skalierungsfaktor so lange an, bis die Waage das korrekte Gewicht anzeigt. Die Ein- und Ausgabe erfolgt über die serielle Schnittstelle des Arduino.

Die einzelnen Schritte sind dabei folgende: Zuerst legst du einen neuen Sketch an und speicherst ihn direkt unter passendem Namen, z. B. „Waagen-Kalibrierung". Um deine HX711-Bibliothek nutzen zu können, musst du diese in deinem Projekt einbinden, indem du sie unter SKETCH > BIBLIOTHEK EINBINDEN > HX711_ADC auswählst. Die Arduino-IDE fügt damit oben in den Sketch `#include <HX711_ADC.h>` ein und passt im Hintergrund die Projektparameter entsprechend an. Direkt darunter beginnt dein Werk. Zunächst einmal musst du eine Instanz der HX711-Bibliothek anlegen und ihr mitteilen, an welchen Pins dein HX711 angeschlossen ist:

```
HX711_ADC Waage(D6, D5); //DOUT an Pin D6, SCLK an Pin D5
```

HX711_ADC ist hierbei der Name der Klasse in der Bibliothek, `Waage` der gewählte Name für diese Instanz.

Innerhalb der `setup()`-Funktion initialisierst du zuerst einmal die serielle Schnittstelle:

```
Serial.begin(115200);
```

[57] Mit Version 1.1.0 wurde ein Fehler behoben, der uns ziemlich viele graue Haare während der Entwicklung beschert hat. Mehr dazu erfährst du in der nachfolgenden Praxistipp-Box.

Anschließend initialisierst du die Waage, tarierst sie und setzt einen beliebigen[58] Kalibrierungsfaktor als Startwert:

```
Waage.begin(); // Waage einschalten
Waage.start(2*1000); // 2 Sekunden warten, dann tarieren
Waage.setCalFactor(1700.0); // Geschaetzter Kalibierungsfaktor
```

Innerhalb der `loop()`-Funktion findet dann deine eigentliche Kalibrierungsroutine statt. Zuerst liest du die Waage mittels `Waage.update();` ab. Sind mehr als 250 ms seit dem letzten Ablesen vergangen, gibst du das aktuell gemessene Gewicht und den Kalibrierungsfaktor aus:

```
Serial.print("Gewicht: ");
Serial.print(Waage.getData());
Serial.print(" Kalibierungsfaktor:  ");
Serial.println(Waage.getCalFactor());
```

Anschließend liest du vom Benutzer mittels `serial.read()` ein, wie er den Kalibrierungsfaktor verändern möchte, und korrigierst den alten Kalibrierungsfaktor entsprechend:

```
float neu = Waage.getCalFactor() + korrektur;
Waage.setCalFactor(neu);
```

Das komplette Programm ist in Listing 5.1 abgebildet.

Um die Kalibrierung auszuführen, lädst du deinen Sketch nun auf den Arduino hoch und öffnest anschließend unter WERKZEUGE den SERIELLEN MONITOR, um die Ausgabe deines Kalibrierungsprogramms zu sehen (Bild 5.60).

Bild 5.60 Ausgabe des Kalibrierungsprogramms

[58] Die bisher getesteten Wägebalken benötigten alle einen Kalibrierungsfaktor zwischen 1500 und 2100. Sollte sich 1700 später als vollkommen unpassender Startpunkt herausstellen, kannst du hier einen passenderen Wert einfügen.

Auf der Waage sollte sich noch kein Gewicht befinden. Falls doch schon etwas aufgelegt wurde, nimm das Gewicht bitte noch einmal herunter und drücke den Reset-Button. Nach ein paar Sekunden legst du ein bekanntes Gewicht (das du vorher z. B. mit einer anderen Küchenwaage gewogen hast)[59] auf die Waage und veränderst den Kalibrierungsfaktor so lange, bis die Waage das richtige Ergebnis anzeigt.

> Je höher der Kalibrierungsfaktor, desto geringer das angezeigte Gewicht.

Für den Aufbau in unserem Beispiel hat sich der Faktor 2170 ergeben. Mit diesem Faktor können wir unsere Waage präzise betreiben.

Da wir in unserem speziellen Anwendungsfall die Waage **nicht** auf null tarieren möchten – der Milchkarton steht in der Regel schon da, wenn du später die Waage einschaltest –, musst du noch das Leergewicht messen mittels der Ausgabe von `Waage.getTareOffset()`. Diesen Wert notierst du genauso wie den Kalibrierungsfaktor für später.

Listing 5.1 Kalibrierungsprogramm für den HX711

```
// Kalibrierungsprogramm für den HX711, basierend auf dem Beispiel von HX711_ADC
#include <HX711_ADC.h>
#include <Esp.h>

HX711_ADC Waage(D5, D6); //DOUT an Pin D5, SCLK an Pin D6
long t; //Variable zur Zeitmesssung

void setup() {
  Serial.begin(116200); // Serielle Schnittstelle initialisieren, 9600 Baud
  Serial.println("Bitte kurz abwarten, dass sich die Werte stabilisieren");
  Serial.println("Je hoeher der Kalibrierungsfaktor, desto geringer wird das Gewicht");
  Serial.println("H = +10, h= +1, l= -1, L = -10");

  Waage.begin(); // Waage einschalten
  wdt_disable(); // Watchdog Timer ausschalten.
  Waage.start(5*1000); // 5 sekunden warten, dann tarieren
  Waage.setCalFactor(2169.0); // Geschaetzten Kalibrierungsfaktor einstellen.
  Serial.println("Setup abgeschlossen");
  delay (1000);
}

void loop() {
  Waage.update(); // Zustand aktualisieren/Waage ablesen

  // Sind mehr als 250 ms seit dem letzten Auslesen vergangen,
  // geben wir den aktuellen Wert und Kalibrierungsfaktor aus
  if (millis() > t + 250) {
    Serial.print("Gewicht: ");
    Serial.print(Waage.getData());
```

[59] Oder eben eine neue Tafel Schokolade – die erste ist bestimmt schon weg.

```
    Serial.print(" Kalibierungsfaktor:  ");
    Serial.print(Waage.getCalFactor());
    Serial.print(" Tarierungs-Offset:  ");
    Serial.println(Waage.getTareOffset());
    t = millis();
  }

  if (Serial.available() > 0) { // Hat der Benutzer etwas eingegeben?
    float korrektur;
    char eingabe = Serial.read(); // Eingabe einlesen
    if (eingabe == 'l')       korrektur = -1.0;
    else if (eingabe == 'L') korrektur = -10.0;
    else if (eingabe == 'h') korrektur = 1.0;
    else if (eingabe == 'H') korrektur = 10.0;

    float neu = Waage.getCalFactor() + korrektur;
    Waage.setCalFactor(neu);
  }
}
```

Watchdog Timer und längere Schleifen

Der Watchdog Timer überwacht deine Software. Er prüft, ob sie sich aufgehängt hat, und startet den Controller bei Bedarf wieder neu. In einem vordefinierten Zeitraum (Threshold) muss sich die Software bei ihm melden, ansonsten wird er aktiv und zieht die Reset-Leitung. Viele Bibliotheken verwenden für länger laufende Schleifen die bekannte Syntax:

```
1 timeout = millis() + 8000;
2 while(millis() < timeout) { // So lange versuchen, bis entweder Timeout
3   if (doSomething() == 0) { // Oder erfolgreich
4     break;
5   }
6   // Hier fehlt etwas, wenn der WDT auslöst!
7 }
```

Solange der Timeout-Wert kleiner ist als die verbleibende Threshold-Zeit des Watchdog Timers, funktioniert deine Software wunderbar. Wird er jedoch überschritten, grätscht der Watchdog dazwischen, und du kannst lange suchen, wo der Fehler lag. Falls der Watchdog Timer aus unerklärlichen Gründen zuschlägt, suche nach genau diesem Schleifenmuster und füge ein einfaches `yield()` vor dem Ende der Schleife ein (hier Zeile 6).

Watchdog Timer – Hardware und Software

Der erfahrende Embedded-Programmierer wird sich beim vorangegangenen Praxistipp gedacht haben: „Warum nicht einfach den Watchdog Timer mittels `wdt_disable()` komplett ausschalten?" Im Prinzip ist dies möglich, doch beim ESP8266 lässt sich damit nur der Software-Watchdog ausschalten. Ist dieser jedoch für länger als 6 Sekunden deaktiviert, schlägt, laut Header File, der Hardware-Watchdog zu. Pech gehabt! Baue deshalb immer, wenn Schleifen oder Ähnliches länger laufen, ab und an mal ein `yield()` oder `delay(1)` ein. Der Software-Watchdog wird in beiden Fällen entsprechend angetriggert. Genau dieses fehlende `yield` und die Kombination aus Hardware- und Software-Watchdog hat uns bei der Entwicklung dieses Beispiels einige sehr, sehr lange Debug-Nächte beschert – mit passenden Nachtmahlen.

Nun, da du den passenden Kalibrierungsfaktor gefunden hast, kannst du den Milch-Tracker fertigstellen. Das Grundkonzept ist dabei dem Kalibrierungsprogramm sehr ähnlich: Zuerst wird die Waage initialisiert und anschließend periodisch der Wert der Waage abgelesen. Anschließend musst du nur noch deiner Umwelt mitteilen, wie es um eure Milchvorräte steht. Hierzu verwendest du die Telegram-API.

5.8.4.2 Telegram-API und Bot-Erstellung

Der beliebte Messenger-Dienst Telegram bietet im Gegensatz zu vielen seiner Alternativen, wie z. B. WhatsApp, eine gut dokumentierte und öffentlich zugängliche API zur Erstellung eigener Bots. Neben deinem eigenen, persönlichen Account benötigt dein Bot auch einen Account. Dieser ist jedoch nicht an eine E-Mail-Adresse oder Telefonnummer gebunden, sondern wird vom @BotFather für dich erstellt.

Dazu musst du einen neuen Chat mit @BotFather beginnen und wie jeden Bot mit der Nachricht `/start` starten. Anschließend wird dir eine Auswahl an Aktionen präsentiert. Da du einen neuen Bot erstellen willst, nimmst du passenderweise `/newbot` und wählst mit der nächsten Nachricht einen passenden Namen, z. B. „MilchTracker". Anschließend fragt dich der BotFather noch nach einem Usernamen für deinen Bot. Verwendest du hier den vorgeschlagenen Namen „MilchTrackerBot", erhältst du jedoch die Fehlermeldung, dass dieser bereits vergeben ist. Kein Wunder, denn diesen Namen haben wir schon für unseren Bot verwendet. Wer also nachsehen möchte, wie viel Milch im Hüwe-Kühlschrank verfügbar ist, kann ja mal unseren Bot fragen: *http://t.me/MilchTrackerBot*

Deshalb muss man sich für jeden Bot einen eindeutigen Namen überlegen.

Alle Telegram-Bots sind **öffentlich** zugänglich und können von **jedem** verwendet werden, der dessen Namen kennt. Deshalb solltest du darauf achten, den Bot entsprechend abzusichern.

Sobald der Bot erfolgreich erstellt wurde, erhältst du einen sogenannten API Access Token, eine Art zufälliges Passwort, den du später für die Implementierung deines Bots benötigst.

Wenn du möchtest, kannst du über weitere Befehle wie `/setdescription` oder `/setuserpic` deinen Bot noch etwas für die Öffentlichkeit individualisieren. Um den Umgang mit dem Bot zu vereinfachen, kannst du mit dem Kommando `/setcommands` die unterstützten Befehle setzen und deinem Bot mit `gotmilk - Wie viel Milch ist noch im Kühlschrank?` den `/gotmilk`-Befehl hinzufügen. Dieser Schritt ist zwar nicht unbedingt notwendig, ist aber einfach gute Praxis und macht den Umgang mit dem Bot etwas einfacher.

Der komplette Registrierungsprozess ist in Bild 5.61 dargestellt. Damit ist die Registrierung deines Bots erst einmal abgeschlossen. Jetzt musst du ihn in den nächsten Schritten noch mit Leben füllen, indem du ihn auf deinem ESP implementierst.

Mehr Details zu Bots findest du unter *https://core.telegram.org/bots*.

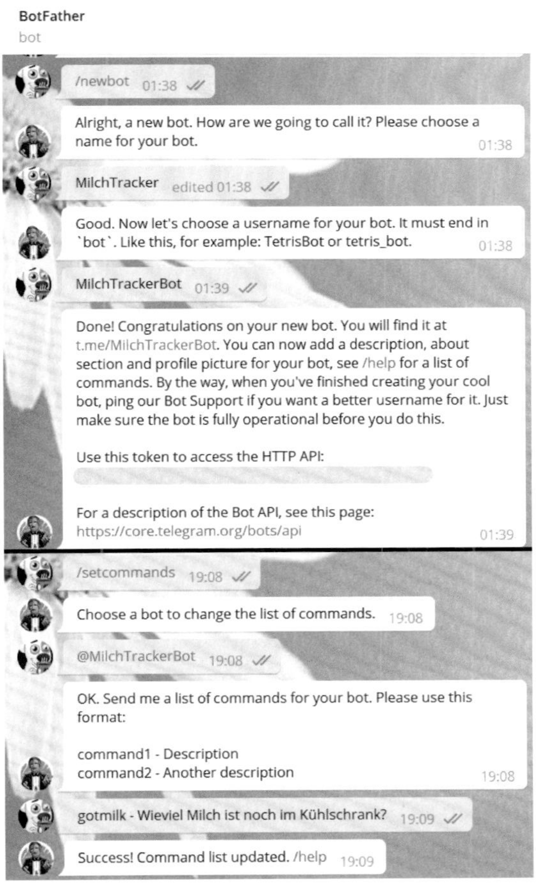

Bild 5.61
BotFather macht uns ein Angebot, das wir nicht ablehnen können: Er registriert unseren Bot kostenlos für uns.

5.8.4.3 Milch-Tracker

Nachdem du nun alle Bausteine für deinen Milch-Tracker zusammen hast, heißt es, Ärmel hochkrempeln und in der Arduino-IDE mit der Implementierung loslegen. Zuerst erstellst du einen neuen Sketch namens *MilchTracker.ino* und installierst über den Bibliotheksverwalter, wie vorangehend beschrieben, zusätzlich noch eine weitere Bibliothek: UniversalTelegramBot von Brian Lough. Diese Bibliothek implementiert für dich alle wichtigen Funktionen, um mit der Telegram-API reden zu können. Nach der Installation der Bibliothek bindest du diese und die HX711-Bibliothek in deinen Sketch ein.

Listing 5.2 zeigt das komplette Programm des Milch-Trackers. Dieses werden wir nun Schritt für Schritt durchsprechen.

Die Zeilen 1 – 4 fügen die passenden Header-Dateien ein, die du für deine verschiedenen Bibliotheken benötigst. In den Zeilen 6 – 7 trägst du die beiden Werte aus deinem Kalibrierungsprogramm ein, in Zeile 9 und 10 deine WLAN-Zugangsdaten. Anschließend folgt in den Zeilen 11 – 14 noch die Konfiguration deines Telegram-Bots. Solltest du deine Telegram-ID noch nicht kennen, lässt du dort einfach „12345678" vorerst stehen. Anschließend folgt in den Zeilen 16 – 36 deine WLAN-Konfigurationsroutine. Diese verbindet sich mit dem WLAN und gibt dann die IP-Adresse deines Boards aus.

> Die Funktion `setup_wifi` lässt sich in vielen Projekten wiederverwenden.

> **Speicher sparen mit F()**
>
> Falls du dich wunderst, warum in diesem Beispiel viele Strings mit einer Funktion `F()` umgeben sind: Dies ist eine sehr einfache Möglichkeit, um den RAM-Verbrauch eines Programms zu verringern. Normalerweise werden Strings beim Start vom Flash in den RAM kopiert. Damit sind sie doppelt vorhanden. Durch die Verwendung von `F()` bei konstanten Strings wird auf diesen Kopiervorgang verzichtet und der String direkt aus dem Flash verwendet. Dies ist zwar unter Umständen etwas langsamer, spart dir aber eine Menge deines sehr kostbaren RAM-Speichers ein.

Nun kommen wir zum interessanteren Teil des Programms, der `setup()` Funktion. In den Zeilen 40–56 findet die Initialisierung deiner Komponenten statt: `UniversalTelegramBot`, `HX711_ADC`, `Serial` und `Wifi`. Falls es Probleme bei der Kommunikation mit der Telegram-API gibt, setzt du einfach `bot._debug` auf `true` und erhältst sämtliche Meldungen und Nachrichten, die zwischen deinem Bot und den Telegram-Servern verschickt werden auf der seriellen Konsole.

Danach liest du das Gewicht von der Waage ab und speicherst es zwischen (Zeile 58 – 59).

Sofern du vom Telegram-Server neue Nachrichten erhalten hast (Zeile 61 – 62), iterierst du über jede dieser Nachrichten (Zeile 65) und bearbeitest sie.

Wurde eine Nachricht von einem bekannten Nutzer geschickt und beinhaltet sie **nur** das Kommando `/gotmilk` (Zeile 67 – 68), wandelst du das gemessene Gewicht in eine passende Nachricht um (Zeile 69–78) und schickst sie dann über die Telegram-API mit `bot.sendMessage` zurück an den passenden Chat (Zeile 80).

Der letzte Parameter von `bot.sendMessage` bezeichnet das Format einer Nachricht. Dieses kann entweder `""` für normalen Text, `"HTML"` für HTML-Nachrichten oder – wie in unserem Beispiel – `"Markdown"` für das z. B. von GitHub bekannte Markdown-Format sein. Da man mittels Markdown ohne viel Aufwand Dinge sowohl im Quelltext als auch in der Empfängernachricht hervorheben kann, empfiehlt es sich für die meisten Anwendungsfälle.

Einfache Beispiele sind `*fett*` und `_kursiv_`. In HTML müsste man diese als `<b>fett</b>` bzw. `<i>kursiv</i>` schreiben. Dies verringert jedoch die Lesbarkeit des Quellcodes.

Hatte die Nachricht jedoch den Befehl `/start` als Inhalt,[60] schickst du dem Nutzer eine Willkommens-Nachricht mit seiner Telegram-ID als Antwort (Zeile 81 – 88).

Diese Telegram-ID ist genau die, die wir in Zeile 14 als `allowed_user_id` eintragen haben, um als bekannter Benutzer zu gelten.

Sollte keiner der beiden Fälle eingetreten sein, schickst du dem Nutzer eine kleine Fehlermeldung (Zeile 89 – 95).

Den kompletten Dialog mit dem MilchTracker-Bot findest du nochmals in Bild 5.62.

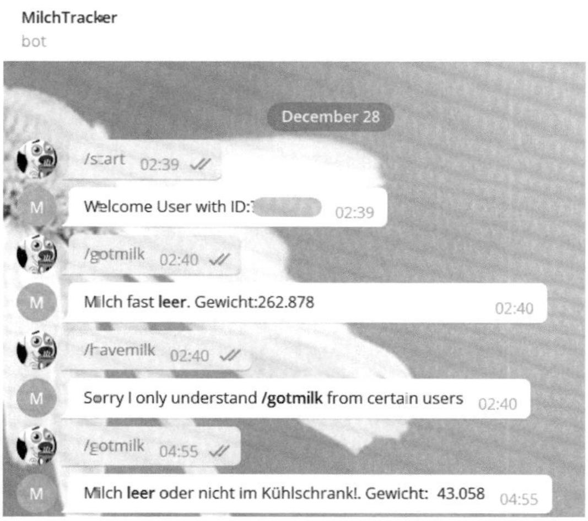

Bild 5.62
Unser MilchTracker-Bot wird Zeuge eines Nachtmahls.

[60] Normalerweise ist das die erste Nachricht, die an einen Bot geschickt wird.

Power Management und DeepSleep

Nachdem das Board im Kühlschrank verwendet wird und du dort vermutlich nicht mit einem externen Netzteil arbeiten kannst bzw. willst, muss deine Schaltung batteriebetrieben funktionieren und damit möglichst stromsparend sein. Dazu solltest du versuchen, deine Schaltung so oft und so gut wie möglich schlafen zu legen.

Schalte hierzu im ersten Schritt das WLAN-Modul ab. Dies passiert zwar in der Regel auch automatisch, man kann es jedoch auch explizit anfordern (Zeile 99 – 101). Damit wird der Stromverbrauch des ESP auf ca. 15 mA reduziert.[61] Um den Stromverbrauch weiter zu senken, auf sagenhafte 20 µA (0,020 mA!), musst du den ESP selbst schlafen legen (in den sogenannten DeepSleep-Modus). Dies geschieht in Zeile 105: Mittels der Funktion `ESP.deepSleep` wird ein Hardware Timer aufgesetzt und die CPU komplett abgeschaltet. Nach der eingestellten Zeit zieht der Hardware Timer kurz den Pin D0 (WAKE) auf LOW. Ist dieser wie in unserem Fall mit RST verbunden, wird ein Reset ausgelöst, und der ESP startet wieder von Neuem. Dies erklärt auch, warum die `loop()`-Funktion in diesem Beispiel leer ist. Sie wird nie ausgeführt. Nach dem DeepSleep kommt ein Reset und damit wieder die Setup-Funktion an die Reihe.

Noch mehr Stromspartipps: Voltage Regulator

Leider gelten die angegebenen 20 µA nur für den ESP selbst, nicht für die komplette Schaltung bzw. das gesamte Board. Wir haben für diese Schaltung einige Boards und Schaltungen gemessen, und es gab dabei gravierende Unterschiede.

Das getestete NodeMCU Lua Lolin V3 (ein NodeMCU-Klon, *https://www.amazon.de/dp/B06Y1ZPNMS*) benötigt im Betrieb ca. 85 mA. Schaltet man den ESP8266 in den DeepSleep, verbraucht die restliche Schaltung immer noch 10 mA. Damit wäre ein normaler Akku mit 2400 mAh nach spätestens zehn Tagen restlos leer, ohne dass nur ein einziger Wert übertragen würde. Der Grund hierfür ist, dass neben dem ESP8266 selbst ein relativ großer Spannungsregler verbaut wurde, um die eingehenden 5 V oder mehr auf 3,3 V herunterzuregeln, in diesem Fall der AMS1117. Dieser benötigt im Leerlauf typischerweise 5 mA laut Datenblatt. Dieser Baustein wird sehr gerne verwendet, da er eine zuverlässige Spannung auch bei hohen Strömen liefern kann (bis zu 1 A) und der ESP öfter Peaks bis zu 350 mA verursacht.

Der Test mit einem anderen Board (Witty Cloud, *https://www.amazon.de/dp/B071VMBYB1*), das auch den AMS1117 verwendet, zeigte jedoch eine deutlich verringerte Stromaufnahme von 80 mA bzw. 5 mA, also knapp die Hälfte. Der Unterschied liegt darin, dass auf dem Board Witty Cloud der auf beiden Boards verwendete USB2UART-Wandler CH340 auch in den Sleep-Modus versetzt wird, beim NodeMCU Lua Lolin V3 jedoch nicht. Trotzdem reicht der Akku hiermit nur 20 Tage.

[61] Siehe auch: *https://www.espressif.com/sites/default/files/9b-esp8266-low_power_solutions_en_0.pdf*

Ein deutlicher Schritt in Richtung Stromsparen gelingt mit dem IZOKEE D1 Mini NodeMcu Lua (ein Wemos-D1-mini-Klon, *https://www.amazon.de/gp/product/B076F81VZT*). Dieser verwendet einen etwas besseren Voltage Regulator. Das Ergebnis spricht für sich: 74 mA im Betrieb, nur 0,180 mA im DeepSleep! Das entspricht ca. 576 Tagen Standby-Batterielaufzeit, dem über Hundertfachen an Laufzeit, allein durch die passende Board-Auswahl. Das passende Datenblatt ließ sich leider nicht auftreiben. Die meisten Wemos-Klon-Boards verwenden jedoch den RT9013 bzw. ME6211 als Voltage Regulator. Beide verbrauchen im Leerlauf Strom im zweistelligen Mikroampere-Bereich. Im Test brachte das Entfernen des Voltage Regulators einen Gewinn von 40 µA. Mit 140 µA ist das immer noch ein gutes Stück entfernt von den versprochenen 20 µA, aber dennoch ist der Stromverbrauch im DeepSleep klein genug für eine lange Laufzeit.

Dennoch ist anzumerken, dass alle getesteten Boards nicht schlecht sind. Du solltest nur gegebenenfalls den Einsatzweck anpassen und immer nachmessen. ■

Stromverbrauch: Ein Kompromiss zwischen Reaktionszeit und Batterielebensdauer

Je länger der ESP schläft, desto länger wird die Batterie halten. In unserem Beispiel wird der ESP alle 10 Sekunden aufgeweckt, was viel zu häufig ist, aber dafür eine vergleichsweise gute Reaktionszeit unseres Bots ermöglicht. Dieser Wert sollte deutlich erhöht werden, speziell wenn man bedenkt, dass die Abarbeitung der kompletten Routine selbst durchaus 5 – 10 Sekunden beanspruchen kann. Damit schläft unser ESP aktuell nur ca. 50 % der Zeit!

Rechnen wir dies kurz mit dem Battery Life Calculator (*http://www.of-things.de/battery-life-calculator.php*) durch, erhalten wir eine sehr enttäuschende Laufzeit von 53 Stunden (Parameter 10 s @ 74 mA, 10 s @ 180 µA, 2500 mAh, 20 % Rest). Legen wir unseren Tracker für eine Minute schlafen, müssen wir alle sieben Tage den Akku wechseln – leider auch noch viel zu häufig. Mit 10 Minuten haben wir zumindest für 60 Tage Ruhe. Bei 60 Minuten Schlafzeit müssen wir nur noch knapp zweimal pro Jahr die Batterie wechseln. Schauen wir nur alle 4 Stunden nach dem Milchstand, reicht unsere Batterie fast ein Jahr. Das klingt doch gut, oder?

Das Problem hierbei ist jedoch die Reaktionszeit, denn während der Bot schläft, antwortet er nicht. 4 Stunden zu warten, um eine Antwort auf die Frage „Ist noch Milch da?" zu erhalten, dauert vermutlich auch den Geduldigsten zu lange. Andererseits wollen wir nicht ständig die Batterien auswechseln. Um aus dieser Zwickmühle auszubrechen, gibt es nur eine praktikable Lösung: zwei Systeme. Das kleine batteriebetriebene Waagensystem im Kühlschrank wird nur ein- bis zweimal am Tag aufgeweckt, misst den Füllstand und schickt das Ergebnis per MQTT an einen Broker. Ein zweites System mit konstanter Stromversorgung (ESP oder Raspberry Pi) schaut permanent nach Telegram-Nachrichten und beantwortet diese mit dem letzten gespeicherten (gecachten) Wert. Damit lässt sich ein Kompromiss aus Batterielaufzeit, Aktualität und Antwortzeit erreichen. Den entsprechenden Code findest du in unserem GitHub-Repository. Bis dahin gibt es nur eine Lösung: mehr Power! Mit einer großen 25 000-mAh-Powerbank und einer Reaktionszeit von 15 Minuten, haben wir zwei Jahre Zeit, um eine bessere Lösung zu implementieren. ■

Listing 5.2 Der komplette Milch-Tracker

```
#include <ESP8266WiFi.h>
#include <WiFiClientSecure.h>
#include <UniversalTelegramBot.h>
#include <HX711_ADC.h>
// Kalibrierungsfaktor und Tara Offset
#define calfactor 2169.0
#define tareoffset 136952560
// Wifi SSID und Password angeben
#define ssid "WLAN"
#define password "superSecret!"
// Token von BotFather
#define BOTtoken "682807999:AAG5xi3Y6HkJZ_9XXXEny5RnHv1QKUbJ1mM"
// Nur diese ID erhaelt den aktuellen Milchstand.
#define allowed_user_id "12345678"

// Bekannte Wifi Setup Routine
void setup_wifi()
{
  delay(10);
  Serial.println();
  Serial.print(F("Connecting to "));
  Serial.println(ssid);
  // Nur Station Mode
  WiFi.mode(WIFI_STA);
  WiFi.begin(ssid, password);
  // Loop, bis wir connected sind.
  while (WiFi.status() != WL_CONNECTED) {
    delay(200);
    Serial.print(F("."));
  }
  randomSeed(micros());
  Serial.println(F(""));
  Serial.println(F("WiFi connected"));
  Serial.println(F("IP address: "));
  Serial.println(WiFi.localIP());
}

void setup()
{
  char gewichtwert[20];
  int anzahlNeueNachrichten = 0;
  float gewicht = 0.0;
  String msg;
  WiFiClientSecure secclient;
  // Initialize Telegram BOT
  UniversalTelegramBot bot(BOTtoken, secclient);
  // Waage Initiailisieren: DOUT an Pin D6, SCLK an Pin D5, ggf. anpassen.
  HX711_ADC Waage(D6, D5);
  bot._debug = false;                 // Debug Meldungen einschalten
  Serial.begin(115200);              // Serielle Konsole
  Waage.begin();                     // Waage einschalten
  Waage.start(2 * 1000);             // 2 Sekunden warten, dann tarieren
  Waage.setCalFactor(calfactor);     // Ermittelten Kalibrierungsfaktor einstellen.
  Waage.setTareOffset(tareoffset);// Ermittelten Tare-Offset einstellen.
  setup_wifi();                     // Wifi einschalten
  Serial.println(F("Setup abgeschlossen"));
```

```

  Waage.update(); // Zustand aktualisieren / Waage ablesen
  gewicht = Waage.getData();
  // Nach neuen Nachrichten schauen
  anzahlNeueNachrichten = bot.getUpdates(bot.last_message_received + 1);
  while (anzahlNeueNachrichten) {
    Serial.print(F("Neue Nachrichten:"));
    Serial.println(anzahlNeueNachrichten);
    for (int i = 0; i < anzahlNeueNachrichten; i++) {
      // Nur Nachrichten von bekannten Benutzern mit dem Inhalt "/gotmilk"
      if ((bot.messages[i].from_id == allowed_user_id) &&
          (bot.messages[i].text == "/gotmilk")) {
        dtostrf(gewicht,7,3,gewichtwert); // Zahl in Textumwandeln
        if (gewicht > 900) {
          msg = "Milch fast voll. Gewicht:";
        } else if (gewicht > 400) {
          msg = "Milch halb voll. Gewicht:";
        } else if (gewicht > 100) {
          msg = "Milch fast *leer*. Gewicht:";
        } else {
          msg = "Milch *leer* oder nicht im Kühlschrank!. Gewicht: ";
        }
        delay(10);
        bot.sendMessage(bot.messages[i].chat_id, msg + gewichtwert, "Markdown");
      } else if (bot.messages[i].text == "/start") {
          Serial.print(F("Got /start Message from "));
          Serial.print(bot.messages[i].from_name);
          Serial.print(F(" ("));
          Serial.print(bot.messages[i].from_id);
          Serial.print(F(" )"));
          bot.sendMessage(bot.messages[i].chat_id,
              "Willkommen User mit ID: " + bot.messages[i].from_id, "Markdown");
      } else {
        Serial.print(F("Ignoring Message from Unknown user: "));
        Serial.println(bot.messages[i].from_id);
        bot.sendMessage(bot.messages[i].chat_id,
              F("Sorry I only understand */gotmilk* from certain users"), "Markdown");
      }
    }
    anzahlNeueNachrichten = bot.getUpdates(bot.last_message_received + 1);
  }
  Serial.println(F("Disconnecting"));
  WiFi.disconnect();        // Vom Wifi abmelden
  WiFi.mode(WIFI_OFF);      // Wifi explizit ausschalten
  WiFi.forceSleepBegin(0); // Wifi schlafen legen
  Serial.println(F("No Messages, going to sleep"));
  //Alles abschliessen lassen
  delay(10);
  ESP.deepSleep(10UL * 1000UL * 1000UL); // Update alle 10 Sekunden
}
// Loop wird nie erreicht
void loop() { }

```

5.8.5 Ausblick

Nachdem nun immer ausreichend Milch eingekauft wird und der Hausfrieden wiederhergestellt ist, stellt sich die Frage: „Was nun?“

- Der logische nächste Schritt wäre die Erweiterung um eine zweite Wägeplatte, die du unter die Eier im Kühlschrank klemmst.
- Alternativ könnte man die Messung auch auslösen, kurz nachdem im Kühlschrank das Licht angeht (mit einem Lichtsensor). Wird die leere Milch zurückgestellt, erfolgt über einen kleinen Summer sofort ein Warnton.
- Wenn sich der Wert über mehrere Tage oder Wochen nicht ändert, kommt die Milch automatisch auf die Einkaufliste, da sie vermutlich schlecht geworden ist.
- Die Waage kann man auch als Feedback-Loop in einer Steuerung verwenden, z. B. um genau 16 g Espresso-Bohnen mit einer elektrischen Mühle zu mahlen.
- Durch Gewichtsunterschiede lassen sich indirekt viele Zustände ablesen: Hat die Pflanze noch ausreichend Wasser? Ist sie schwer, dann ja, ist sie leicht, dann nein.
- Die Waage ließe sich auch für die Langzeitbeobachtung der Gewichtsentwicklung von Haustieren einsetzen. Sie wird dazu einfach unters Körbchen gelegt.
- Als IoT[62]-Device kann die Waage auch genutzt werden, um zu prüfen, ob etwas im Katzenklo hinterlassen wurde.

Du siehst also, eine Waage hat deutlich mehr Einsatzgebiete, als du meinst, speziell dann, wenn die Messung regelmäßig und automatisch passieren kann. Beides ist mit unserem Aufbau theoretisch möglich.

> Als Kommunikationskanal zur Außenwelt lassen sich natürlich auch andere Dienste nutzen. Für Messwerte/Messreihen eignet sich vermutlich das bereits kurz erwähnte MQTT-Protokoll (mehr dazu in Abschnitt 6.1.1).

[62] Hier Internet of **Toilets** – spätestens seit der CES 2019 ist dies ein Thema: *https://www.geek.com/tech/this-smart-toilet-adds-alexa-to-your-bathroom-routine-1768314*

6 Smart Home-Plattformen

Was du in diesem Kapitel erfährst:

- Welche Smart Home-Plattformen gibt es?
- Details über das IoT-Protokoll MQTT
- Bau eines eigenen IoT-Sensors mit MQTT und ESP8266
- Installation und Konfiguration von Home Assistant, FHEM, openHAB und ioBroker
- Visualisierung von Sensordaten in Smart Home-Plattformen

6.1 Einführung und Übersicht

Nachdem wir in Kapitel 5 verschiedene IoT Gadgets entwickelt haben, möchten wir dir in diesem Kapitel zeigen, wie du diese @Home integrierst, um dein Zuhause intelligent zu machen (Smart Home). Dazu benötigst du eine passende Plattform, ein sogenanntes Smart Home-Gateway[1] bzw. eine Smart Home-Plattform.

Smart Home-Plattformen ähneln dem in Abschnitt 5.6.3 vorgestellten Betriebssystem mirr.OS. Daten aus verschiedenen Quellen werden gesammelt und auf anschauliche Weise dargestellt, meist in Form von sogenannten Dashboards. Diese Dashboards sind in der Regel grafisch so ansprechend, dass man sie auch im Wohnzimmer anzeigen lassen kann. Wer möchte, kann das mirr.OS-Dashboard des Smart Mirrors durch eines der in diesem Kapitel vorgestellten Dashboards ersetzen.

Eine weitere Eigenschaft von Smart Home-Plattformen ist neben der Anzeige auch die Steuerung von Geräten – entweder manuell durch den Benutzer oder automatisch durch vordefinierte Regeln. Die Anzahl der verfügbaren Smart Home-Plattformen ist fast unüber-

[1] Oft auch Heim-/Gebäudeautomatisierungssoftware genannt

schaubar, immer wieder gibt es ein neues Projekt, das den heiligen Gral der Smart Homes gefunden haben will – sei es kommerziell oder als Open Source. Im Folgenden möchten wir vier der verbreitetesten Smart Home-Plattformen vorstellen und miteinander vergleichen. Dabei wirst du feststellen, wie unterschiedlich die einzelnen Plattformen sein können, obwohl sie alle mehr oder weniger versuchen, das gleiche Problem zu lösen. Damit es etwas leichter ist, die einzelnen Lösungen miteinander zu vergleichen, werden wir jedes der Systeme auf einem Raspberry Pi installieren und so konfigurieren, dass wir zwei Sensorwerte anschaulich darstellen können. Dabei wirst du auch die ein oder andere Eigenheit bzw. Besonderheit der Systeme kennenlernen.

Damit ein eindeutiger Name für den Smart Home-Raspberry Pi vorliegt, wurde der Hostname mittels `raspi-setup` auf *iotathome* gesetzt. ■

Das Sensor-Gadget ist natürlich Marke Eigenbau (ESP8266) und verwendet das universelle MQTT-Protokoll, das wir im Detail betrachten werden.

Als weiteres Beispiel wird eine Kaffeemaschine[2] dienen, die sich bereits über eine Belkin-WeMo-kompatible Steckdose ein- und ausschalten lässt.[3] Damit hat sie nicht nur wertvolle Dienste bei der Erstellung dieses Buches geleistet, sondern eignet sich auch perfekt als Beispiel für bereits bestehende, kommerzielle Smart Home-Geräte.

Über jede der in diesem Kapitel vorgestellten Smart-Home-Plattformen ließe sich ein ganzes Buch schreiben, deshalb können wir leider nicht jedes Detail beleuchten. Stattdessen wollen einen ersten Überblick über die verschiedenen Lösungen geben und diese miteinander vergleichbar machen. Dennoch haben wir versucht, die Besonderheiten der einzelnen Plattformen herauszustellen, auch wenn wir bei den Beschreibungen bestimmt ein paar coole Features übersehen haben. Zusätzlich wird immer das jeweilige Endergebnis präsentiert, falls man nicht jede Lösung selbst ausprobieren möchte. ■

In manchen der in diesem Kapitel enthaltenen Screenshots wurden kleinere Veränderungen vorgenommen, um gewisse Bereiche hervorzuheben oder Arbeitsschritte anzuzeigen. Diese sind meistens mit Zahlen gekennzeichnet und werden im Text in Klammern angegeben. Wundere dich deshalb nicht, wenn die Screenshots nicht immer komplett mit deiner eigenen Bildschirmansicht übereinstimmen. ■

[2] Genauer eine Gaggia Classic, liebevoll SkyNet genannt, seitdem wir sie über die Smartwatch ein- und ausschalten können.

[3] Es handelt sich dabei um eine der in Kapitel 4 erwähnten Sonoff-Steckdosen mit der wunderbaren Tasmota-Firmware. Diese kann eine WeMo Steckdose emulieren und ist damit auch kompatibel mit Alexa & Co.

6.1.1 MQTT – das IoT-Protokoll

Sobald du dich mit den Themen IoT, Smart Home oder Sensoren etwas näher beschäftigst, stößt du unweigerlich auf das MQTT-Protokoll.[4] Dieses leichtgewichtige Protokoll wurde ursprünglich dafür entwickelt, Ölpipelines über unzuverlässige Satellitenverbindungen zuverlässig zu überwachen, ohne dabei viele Ressourcen und viel Bandbreite zu verbrauchen. Außerdem sollte es einfach zu implementieren sein. Auch wenn niemand von uns Ölpipelines zu Hause hat, passen die Designziele sehr gut zu sehr vielen Sensor- und IoT-Anwendungen: geringe Bandbreite, lange Batterielaufzeit, einfache Implementierung. Das klingt doch sehr passend für unsere Smart Gadgets.

Um ein besseres Verständnis von MQTT zu bekommen und zu verstehen, warum es sehr gut in unser IoT@Home-Umfeld passt, erhältst du im Folgenden eine kompakte Einführung.

Architektur: Broker, Clients und Publish/Subscribe

Die zentrale Anlaufstelle eines MQTT-Systems ist der sogenannte Broker[5]. Dieser empfängt Nachrichten von Clients und verteilt sie ungelesen an andere Clients weiter. Der Broker ist lediglich eine Verteilstation für Nachrichten. Der Client kann entweder Nachrichten zu einem bestimmten Thema *(Topic)* senden *(Publish)* oder dieses beim Broker abonnieren *(Subscribe)*. Erhält der Broker eine Nachricht zu einem Thema, leitet er diese Nachricht an alle Abonnenten weiter. Ein Client kann Publisher, Subscriber oder beides sein – für beliebig viele Themen.

Das Besondere an MQTT ist jedoch, dass ein Client gar nicht weiß, ob und wer seine Nachricht überhaupt empfängt. Wenn das Thema keinen Client interessiert, gehen die Nachrichten des Publishers einfach verloren. Sie werden in der Regel auch nicht vom Broker gespeichert. Ein Client kann auch ein Thema abonnieren, das es gar nicht gibt und zu dem er niemals eine Nachricht erhalten wird.[6] Bild 6.1 soll die Architektur nochmals verdeutlichen. Dort siehst du auch, dass Client2 dasselbe Thema als Publisher und als Subscriber bedient.

---

4 MQTT steht tatsächlich nur für MQTT. Das frühere Akronym MQ Telemetry Transport wurde aufgegeben.

5 Mit der Version 3.1.1 des Standards wurde der MQTT Broker offiziell in MQTT Server umbenannt *(https://github.com/mqtt/mqtt.github.io/wiki/Differences-between-3.1.0-and-3.1.1)*. Da die meiste Literatur und Software jedoch noch den alten Namen verwenden, bleiben wir vorerst auch dabei.

6 Da Themen nicht im Vorfeld festgelegt werden müssen, sind Tippfehler hier fatal.

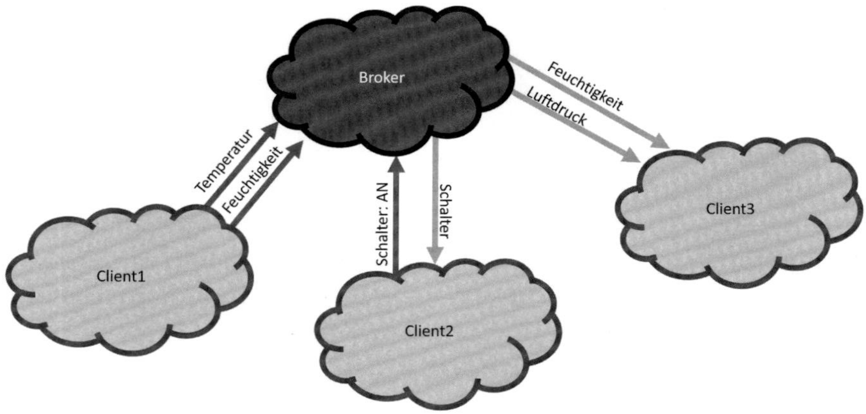

Bild 6.1 MQTT-Publish-Subscribe-Modell: Das Thema Luftdruck wird nie eine Nachricht bekommen. Die Temperatur interessiert keinen.

Topics und Wildcards

Jede Nachricht ist einem Thema *(Topic)* zugeordnet. Dabei können die Topics hierarchisch aufgebaut werden. Jedes dieser hierarchischen Level wird durch ein / getrennt.

Best Practices im Umgang mit Topics

- Bei Topics musst du immer auf die Groß- und Kleinschreibung achten (Haus != haus). Deshalb schreibst du Topics am einfachsten immer klein.
- Leerzeichen sind theoretisch möglich, sollten aber unbedingt vermieden werden.
- Verwende keine führenden Slashes (/), sondern fang gleich mit dem ersten Topic an.
- Verwende ein Topic pro Wert. Das macht es für den Empfänger einfacher, die Daten (Payload) zu verarbeiten. In der Praxis sieht man jedoch häufig auch JSON als Payload-Format.
- Nimm die Sensor-ID mit ins Topic auf.

Dies sind ein paar Beispiele für Topic-Namen:

```
temperatur
haus/stock1/schlafzimmer/sensor1/temperatur
haus/stock1/schlafzimmer/sensor1/feuchtigkeit
haus/erdgeschoss
haus/erdgeschoss/lichtschalter
haus/erdgeschoss/sensor5/temperatur
haus/erdgeschoss/sensor99/temperatur
haus/erdgeschoss/kueche/sensor11/temperatur
haus/erdgeschoss/kueche/kaffeemaschine/POWER
```

Auch haus/erdgeschoss kann als Topic für Nachrichten verwendet werden, obwohl es Sub-Topics gibt. Dennoch solltest du dies eher vermeiden. Führe lieber ein eigenes Topic haus/erdgeschoss/**status** ein.

Um ein Topic zu abonnieren, muss man dessen Namen kennen. Was ist jedoch, wenn man alle temperatur-Sensoren im erdgeschoss abonnieren möchte oder alle Werte von sensor1 im schlafzimmer? Hierfür gibt es sogenannte Wildcards – für exakt ein Level (+) und für alle folgenden Level (#). Um alle temperatur-Sensoren unter haus/erdgeschoss zu abonnieren, lautet das Topic haus/erdgeschoss/+/temperatur. Der sensor11 in der Küche würde jedoch **nicht** erfasst werden, da + für exakt ein Level gilt. Es darf auch mehr als ein + in einem Topic vorkommen.

Wildcard + gilt immer für exakt ein Level.

Um alle Werte von sensor1 zu erhalten, lautet das Topic haus/stock1/schlafzimmer/sensor1/+. Möchte man hingegen alle Topics im haus/erdgeschoss abonnieren, gibt man danach einfach die Wildcard # an: haus/erdgeschoss/#.

Wildcard # gilt für alle folgenden Level. Es muss jedoch immer am Ende stehen.

Möchtest du zu Debug-Zwecken alle Nachrichten eines Brokers abonnieren, abonnierst du einfach das Topic #. Je nach Broker-Auslastung können hier allerdings schnell sehr viele Nachrichten auf einmal eintreffen. Deshalb solltest du dies nach Möglichkeit vermeiden oder nur auf Desktop-Systemen machen.

Quality of Service

Ein weiteres Feature von MQTT ist das Quality of Service oder kurz QoS Flag einer Nachricht. Dieses Flag kann sowohl beim Publish als auch beim Subscribe gesetzt werden. Die meisten Nachrichten werden mit dem Standard QoS 0 gesendet, d.h., die Nachricht wird **maximal einmal** beim Empfänger ankommen oder eben auch nicht. QoS wird oft auch als „Fire and forget" bezeichnet. Der Sender erhält keine Rückmeldung darüber, ob die Nachricht ankam. Dabei ist es wichtig zu verstehen, dass hier mit Sender und Empfänger nicht zwei Clients gemeint sind, sondern eben der Sender und Empfänger einer Nachricht. Schickt ein Client eine Nachricht zum Broker, ist der Client der Sender und der Broker der

Empfänger. Sendet der Broker nun die Nachricht zu einem Client weiter, ist er Sender und der Client ist Empfänger.[7]

QoS 1 garantiert, dass die Nachricht **mindestens einmal** beim Empfänger ankommt. Sie könnte auch 200- oder 300-mal beim Empfänger ankommen, doch wird er sie in jedem Falle erhalten. Ein Beispiel für QoS 1 wäre etwa die Ansteuerung eines Schlosses: Bei der Nachricht „ZU" möchten wir sichergehen, dass das Schloss die Nachricht wirklich erhält und abschließt und dass die Wohnung eben nicht unverschlossen bleibt. Ob das Schloss mehrfach versucht abzusperren, ist irrelevant, solange am Ende abgesperrt ist.

QoS 1 hat einen kleinen Overhead im Gegensatz zu QoS 0. Die höchste Stufe ist QoS 2: Die Nachricht kommt **genau einmal** beim Empfänger an. Der Unterschied zwischen QoS 0, QoS 1 und QoS 2 zeigt sich an dem Beispiel „Pumpe 100 Liter in die Badewanne":

- Bei QoS 0 sind am Ende 100 Liter in der Badewanne oder eben auch nicht.
- Bei QoS 2 kam die Nachricht genau einmal an, und es sind garantiert 100 Liter in der Badewanne.
- Bei QoS 1 sind mindestens 100 Liter in der Badewanne, aber eventuell steht auch das ganze Haus unter Wasser.

Leider ist der Overhead von QoS 2 deutlich höher als der von QoS 1, deshalb macht es manchmal Sinn, die Anwendungsfälle in zwei QoS-1-Nachrichten aufzuteilen, einmal für „Wasser An" (QoS 1) und immer wieder „Stoppe Wasser, sobald 100 l in Wanne" (QoS 1). Unabhängig davon, wie oft die einzelnen Nachrichten ankamen, haben wir auch hier am Ende die gewünschte Wassermenge in der Badewanne.

Retain

Wie vorangehend beschrieben, werden Nachrichten nicht vom Broker gespeichert. Gibt es keine Subscriber, wird die Nachricht verworfen. Abonniere ich ein Thema, muss ich auf das nächste Publish warten, um einen Wert zu erhalten. Es gibt jedoch Anwendungsfälle, in denen ist es wichtig, immer über den Stand nach der letzten Änderung informiert zu sein, auch wenn man die Änderung an sich nicht mitbekommen hat. Hierfür gibt es das Retain Flag. Ist dieses Flag gesetzt, speichert der Broker die **letzte** Nachricht mit diesem Flag. Sobald ein neuer Abonnent auftaucht, erhält dieser die Nachricht, vom Broker mit dem Retain Flag als „alt" markiert.

> **!** Das Retain Flag wird auf einzelne Nachrichten, nicht auf Topics gesetzt. Nur die letzte Nachricht mit Retain wird gespeichert. ■

[7] Hier gilt das QoS Flag, das beim Subscribe angegeben wurde.

Ein passendes Beispiel hierfür ist wieder das Schloss. Um zu wissen, ob es offen oder geschlossen ist, möchtest du nicht warten, bis jemand es auf- oder zuschließt. Mit dem Retain Flag speicherst du einfach den letzten Zustand.

Last Will and Testament

Bei der Verbindung mit dem Broker kann ein Client sein „Testament“ machen, und der Broker wird seinen letzten Willen für ihn ausführen. Was gruselig klingt, ist in der Tat ganz praktisch. Mit dem Last Will and Testament (LWT) gibt der Client eine Nachricht für ein beliebiges Topic an. Sobald die Verbindung zwischen Broker und Client abreißt, sendet der Broker diese Nachricht stellvertretend an das Topic. Wird die Verbindung ordnungsgemäß beendet, wird die Nachricht einfach verworfen und nicht gesendet.

Das Beispiel mit der QoS-1-Badewannensteuerung bietet sich auch hier an: Reißt die Verbindung nach dem „Wasser An“ ab, würde die Badewanne einfach überlaufen, da nie der Stopp-Befehl kommen würde. Mit dem LWT „Wasser Aus“ würde es jedoch zu keiner Überschwemmung kommen.

Der LWT besitzt ansonsten alle Eigenschaften einer normalen Nachricht (QoS, Retain).

Online-Status mit LWT und Retain

Mittels der LWT-Nachricht und dem Retain Flag lässt sich sehr zuverlässig der Online-Status von Geräten abbilden:

1. Sobald ein Client online ist, verbindet er sich mit dem Broker, gibt als LWT die Nachricht „Offline“ an und setzt das Retain Flag.
2. Anschließend schickt er die Nachricht „Online“, wiederum mit dem Retain Flag.
3. Sobald nun jemand den Status überprüft, wir der letzte Status als „Online“ angezeigt.
4. Reißt die Verbindung ab, setzt der Broker automatisch den Status auf „Offline“.
5. Wird nun der Status überprüft, ergibt sich der letzte Status als „Offline“.
6. Meldet sich der Client regulär ab, muss er jedoch vorher seinen Status selbst auf „Offline“ setzen.

Sicherheit

In der Standardkonfiguration bietet MQTT keine Sicherheitsmaßnahmen, d. h., alle Daten werden im Klartext übertragen und **jeder** kann **jedes** Topic abonnieren oder Nachrichten an dieses schicken. Es findet keine Zugriffskontrolle statt. Damit ist es einfach, z. B. Sensorwerte zu fälschen. Auch können sämtliche Nachrichten einfach mitgelesen werden.

Um diesem Problem zu begegnen, kann man den MQTT Broker jedoch so konfigurieren, dass sich ein Client erst mit seinen Zugangsdaten anmelden muss, bevor er Lese- oder Schreibzugriff auf einzelne Topics erhält. Die Anmeldung mit Username und Passwort sind feste Bestandteile des MQTT-Protokolls, die Rollenverwaltung ein Feature des Brokers. Um das Problem der Übertragung von Daten im Klartext (inklusive Usernamen und Passwort, siehe Abschnitt 3.3.2) zu lösen, lässt sich MQTT einfach über das TLS-Protokoll absichern. Die Kombination aus beiden Maßnahmen ermöglicht einen sicheren Betrieb von MQTT.

Auf einen Blick

Pro und contra:

(+) IoT-Protokoll

(+) geringe Anforderungen an Speicher und Bandbreite

(+) einfache Implementierung

(+) geringer Overhead

(+) sehr viele Softwarekomponenten und Tools für alle Betriebssysteme verfügbar

(+) basierend auf einem offenen OASIS-Standard

(–) Zugriffskontrolle optional

(–) Verschlüsselung optional

Anwendungsgebiete:

- Anbindung von Sensoren und Aktoren, speziell im Smart Home-Umfeld
- batterieschonende Sensoraufzeichnung
- Die Aufzeichnung und Auswertung von Sensoren kann komplett getrennt funktionieren.

Sonstiges:

Die meiste Software implementiert aktuell noch MQTT 3.1.1. Im Oktober 2018 wurde die neue Version MQTT 5.0 als Standard verabschiedet. Falls du dich nun wunderst, was mit MQTT 4 passiert ist, folgt hier die Auflösung:

- MQTT 3.1.0 hatte als Protokoll Level 3. Der Protokollname lautete noch *MQIsdp*.
- Als MQTT zum OASIS-Standard erhoben wurde und in diesem Zug kleinere Änderungen vorgenommen wurden, wurde die Version nur auf MQTT 3.1.1 erhöht, das Protokolllevel jedoch auf 4.
- Mit der nächsten Version wurde das Protokolllevel auf 5 erhöht, deshalb auch MQTT 5.0.

6.1.1.1 MQTT Broker Mosquitto: Installation und Konfiguration

Um MQTT erfolgreich nutzen zu können, benötigst du einen passenden Broker. Zwar bieten viele der hier vorgestellten Smart Home-Gateways die Möglichkeit, einen mitgelieferten MQTT Broker zu betreiben, in der Praxis haben sich damit aber oft sehr subtile Probleme ergeben, die am Ende zu sehr langen Debug-Sessions führen können.

Deshalb möchten wir lieber unseren eigenen Standalone-MQTT-Broker installieren, den beliebten Mosquitto von der Eclipse Foundation. Mosquitto ist als Open-Source-Software verfügbar und eignet sich deshalb auch perfekt für unsere Zwecke. Die Installation erfolgt auf dem Raspberry Pi erfreulich einfach mit `sudo apt install mosquitto-clients mosquitto`. Damit ist der Mosquitto-Broker installiert und wird automatisch beim Systemstart gestartet. Der Dienst lauscht auf dem bekannten Port 1883 und unterstützt initial weder TLS noch Login mit Username und Passwort.

Die Konfigurationsdatei unter `/etc/mosquitto/mosquitto.conf` ist überraschend kurz. Sind keine Optionen angegeben, werden die in Mosquitto hinterlegten Standardwerte verwendet. Eine vollständige Liste aller Optionen findest du unter *https://mosquitto.org/man/mosquitto-conf-5.html*. Änderungen an dieser Konfigurationsdatei solltest du jedoch nicht direkt vornehmen, sondern in einer neuen Datei, z. B. `/etc/mosquitto/conf.d/99-local.conf`, hinterlegen.

> Zum Testen, ob dein Broker auch funktioniert, eignen sich verschiedene Clients. Die besten Erfahrungen haben wir mit MQTTBox gemacht (erhältlich unter *http://workswithweb.com/mqttbox.html* oder auch im Microsoft Store bzw. Apple Store). Einen ersten Eindruck, wie MQTTBox im Betrieb aussieht, vermittelt Bild 6.2. Alternativ empfiehlt sich MQTT.fx (*http://mqttfx.jensd.de*).

Login mit Username und Passwort

Möchtest du erzwingen, dass sich ein Client erst anmelden muss, bevor er auf ein Topic zugreifen darf, musst du erst eine entsprechende Passwortdatei anlegen. Dies geschieht am einfachsten mittels `sudo mosquitto_passwd -c /etc/mosquitto/passwd` *`USERNAME`*, wobei du `USERNAME` natürlich durch den gewünschten Usernamen ersetzt. Nachdem du das gewünschte Passwort eingegeben hast, wird die Datei angelegt. Möchtest du weitere Benutzer hinzufügen oder das Passwort eines Users ändern, verwendest du einfach den gleichen Befehl.

Nun musst du Mosquitto noch bekannt geben, wo diese Datei liegt und dass anonyme Verbindungen passé sind. Dazu fügst du in der neuen Datei `/etc/mosquitto/conf.d/10-password.conf` die folgenden beiden Zeilen ein:

```
password_file /etc/mosquitto/passwd
allow_anonymous false
```

Nun startest du den Dienst mit `sudo service mosquitto restart` neu. Anschließend müssen sich alle Clients mit Username und Passwort anmelden.

> Hier gehen Username und Passwort im Klartext über die Leitung! Der Schutz ist damit schnell ausgehebelt. Verwende Mosquitto daher am besten in Kombination mit TLS. Einen gewissen Grundschutz bietet es trotzdem.

6.1.1.2 TLS-Verschlüsselung

Damit du nicht mehr im Klartext kommunizieren musst, benötigt dein MQTT Broker ein passendes Zertifikat. Dieses wird normalerweise von einer Certificate Authority (CA) ausgestellt. Für lokale Netzwerke gibt es jedoch keine einfache Möglichkeit, ein entsprechendes Zertifikat von einer CA zu erhalten. Kein Problem, du erstellst einfach deine eigene CA und stellst mit dieser dann das Serverzertifikat aus. Dieses Zertifikat ist ein sogenanntes Self-Signed Certificate.

Dies geht mit OpenSSL ganz einfach:

```
# CA Key und Zertifikat erstellen (356 Tage gültig, RSA 2048 bit)
openssl req -new -x509 -days 365  -extensions v3_ca -keyout ca.key -out ca.crt
# Server Key erstellen (RSA 2048)
openssl  genrsa -out server.key 2048
# Server Certificate Signing Request generieren
openssl req  -out server.csr -key server.key  -new
# Server-Zertifikat mittels CA erstellen (180 Tage gültig)
openssl x509 -req -in server.csr -CA ca.crt -CAkey ca.key  -CAcreateserial -out server.crt -days 180
# Eigentümer von Zertifikaten und Server Key auf mosquitto ändern
sudo chown mosquitto:mosquitto server.key server.crt ca.crt
# Zertifikate und Server Key nach /etc/mosquitto/certs/ kopieren
sudo cp server.key server.crt ca.crt/etc/mosquitto/certs/
```

Bei der Zertifikatserstellung werden ein paar Fragen über die Verwendung gestellt. Diese füllst du so gut wie möglich aus. Diese Details sieht der Benutzer, wenn er das Zertifikat installiert/akzeptiert.

> Auf die gleiche Weise lassen sich auch Zertifikate für die HTTPS-Verbindung zu deinen Smart Home-Plattformen erstellen. Hast du das CA-Zertifikat jedoch nicht im Browser installiert, gibt es meistens eine Fehlermeldung wie „Diese Website ist nicht sicher". In diesem Fall musst du das *ca.crt* in deinem Browser/Betriebssystem installieren – meist per Doppelklick auf die Datei *ca.crt*.

Anschließend teilst du Mosquitto noch mit, wo es die passenden Zertifikate finden kann, und änderst außerdem den Port auf 8883. 8883 ist der definierte Standard-Port für MQTT mit TLS. Um diese Änderungen vorzunehmen, legst du eine neue Datei `/etc/mosquitto/conf.d/20-TLS.conf` an und fügst folgenden Inhalt ein:

```
port 8883
cafile /etc/mosquitto/certs/ca.crt
certfile /etc/mosquitto/certs/server.crt
keyfile /etc/mosquitto/certs/server.key
```

Anschließend startest du deinen Mosquitto Broker mit `sudo service mosquitto restart` neu. Damit sind sämtliche Verbindungen mit MQTT TLS verschlüsselt.

Nachdem TLS aktiviert wurde, gibt es je nach verwendetem Client folgende Szenarien:

1. Der Client akzeptiert das im TLS-Handshake geschickte Zertifikat einfach. Dies ist zwar praktisch, aber unsicher, da der Server (oder ein Angreifer) nur irgendein Zertifikat präsentieren muss. Ein Man-in-the-Middle-Angriff würde damit nicht erkannt werden.
2. Der Client erwartet *ca.crt* an einem definierten Speicherort, damit er das mitgeschickte TLS-Zertifikat überprüfen kann.
3. Der Client erwartet, dass die Datei *ca.crt* im Zertifikatspeicher des Betriebssystems installiert ist.
4. Der Client erwartet zusätzlich die Datei *server.crt.*

Beide Dateien müssen in diesem Fall vom Raspberry Pi erst einmal auf den Client kopiert werden, aber Achtung, **nicht** *server.key* oder *ca.key*.

MQTT mit und ohne TLS

Leider gibt es noch relativ viele MQTT-Clients, die nicht mit TLS-Verschlüsselung umgehen können, entweder weil es einfach nicht implementiert ist oder um den Rechenaufwand (= Stromverbrauch/Batterielebensdauer) für die Verschlüsselung zu sparen. In diesem Fall kann man einen zweiten, unverschlüsselten Listener auf den Standard-Port 1883 legen. Dazu fügst du `/etc/mosquitto/conf.d/20-TLS.conf` noch folgende Zeile am Ende hinzu: `listener 1883`

Nach einem Neustart ist es damit Clients wieder möglich, sich unverschlüsselt mit dem Broker zu verbinden – auf Kosten der Sicherheit. Im heimischen WLAN mag dies vertretbar sein, bei Übertragungen über das Internet nicht. Es verhält sich hierbei genauso wie bei HTTP vs. HTTPS beim Surfen im Internet. Möchte man also seinen MQTT Server wirklich über das Internet erreichbar machen, leitet man nur den Port 8883 per Port-Freigabe weiter. Diese Verbindung ist dann mit TLS geschützt. Die lokalen Clients können weiterhin unverschlüsselt mit dem Broker kommunizieren – ein akzeptabler Kompromiss.

Online-MQTT-Broker

Möchte man den MQTT Broker über das Internet erreichen oder möchte man keinen lokalen MQTT Broker betreiben, bietet sich eventuell auch die Verwendung eines Online-MQTT-Brokers an. Hierbei gibt es verschiedenste Dienste mit zahlreichen Features und Preismodellen, von einfach und gratis bis hin zu komplex und extrem teuer. Viele dieser Dienste übernehmen auch gleich die Datenaufbereitung der Sensordaten. Leider setzen diese Online-Dienste, wie der Name schon sagt, eine stabile Internetverbindung voraus. Fallen der Dienst oder die Internetverbindung aus, lässt sich z. B. deine Kaffeemaschine nicht mehr „per App" steuern. Die Sicherheit dieser Dienste hängt vom jeweiligen Anbieter ab und auch davon, wie sehr du diesem vertraust. Generell solltest du in diesen Fällen jedoch unbedingt das TLS-Protokoll einsetzen. Beispiele für diese Dienste sind *https://io.adafruit.com* und *https://www.cloudmqtt.com*.

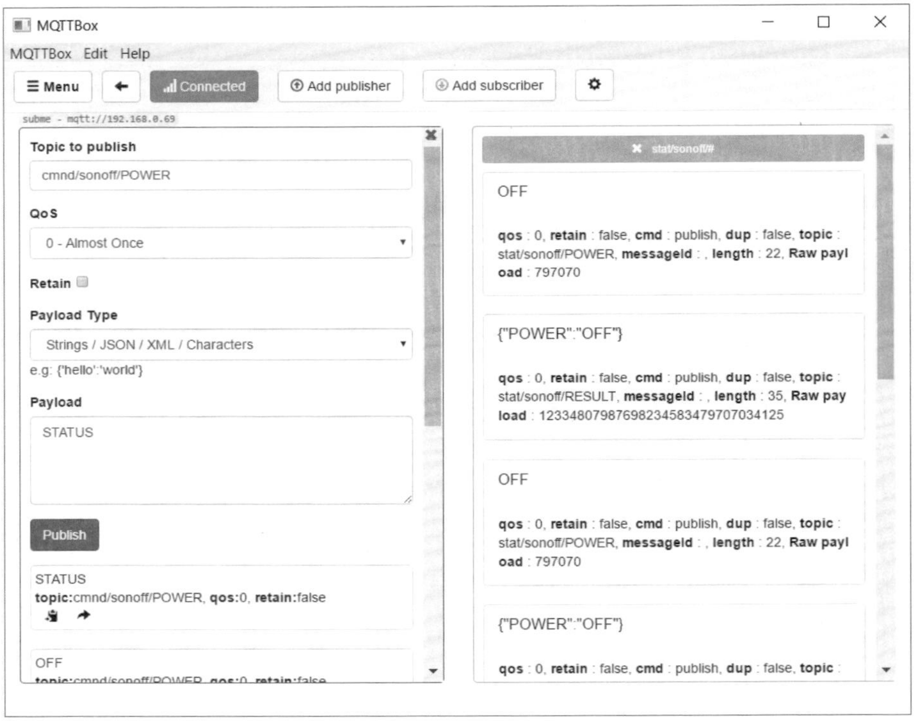

Bild 6.2 MQTTBox im Einsatz: Nachrichten von unseren Sonoff-Steckdosen mit Tasmota-Firmware

6.1.1.3 Let's Encrypt

Sofern der MQTT Broker über eine **feste Adresse** über das Internet erreichbar sein wird, bietet es sich an, statt der oben erstellten Self-Signed-Zertifikate auf eine echte CA zurückzugreifen und sich ein „echtes" Zertifikat ausstellen zu lassen. Während viele Dienste kostenpflichtig sind, gibt es seit Ende 2015 den kostenlosen Dienst Let's Encrypt (LE).

Let's Encrypt erstellt für jedermann kostenlose TLS-Zertifikate mit einer Gültigkeit von 90 Tagen. Da die meisten Betriebssysteme/Browser von Haus aus der Let's-Encrypt-CA vertrauen, wird allen von Let's Encrypt ausgestellten Zertifikaten ebenfalls vertraut. Lästige Fehlermeldungen wie „Diese Website ist nicht sicher" oder die händische Installation von Zertifikaten in Clients/Browsern entfallen damit. Der einzige Nachteil von Let's Encrypt ist der, dass genauso wie bei den meisten anderen CAs nur Zertifikate für öffentlich erreichbare Systeme ausgestellt werden. Dies funktioniert jedoch auch mit dem in Abschnitt 3.4.1 beschriebenen Dynamic-DNS-Verfahren.

Um den Prozess der Zertifikatserstellung und -erneuerung deutlich zu vereinfachen, wurde, basierend auf dem ACME-Protokoll,[8] ein Tool[9] entwickelt, das einem die Arbeit fast komplett abnimmt: certtool. Bevor du jedoch mit der Zertifikatserstellung beginnen kannst, musst du den Port 80 (**temporär**) per Port-Freigabe auf deinen Raspberry Pi umleiten (siehe Abschnitt 3.4.2). certtool bringt im Standalone-Modus seinen eigenen Webserver mit, der die Verifikationsroutine bei der Zertifikatserstellung automatisch für dich übernimmt.

Um ein Let's Encrypt -Zertifikat zu erstellen, installierst du den certbot mit einfachem `sudo apt install certtool` und startest ihn anschließend mit `sudo certbot --standalone certonly`. Nach Zustimmung zu den Geschäftsbedingungen und Eingabe der URL für das Zertifikat (hier die Dynamic-DNS-URL) wird ein Schlüssel und das dazugehörige Zertifikat erstellt und unter `/etc/letsencrypt/live/`*`URL`*`/fullchain.pem` abgelegt. Ist dieser Schritt erledigt, kannst du die Port-Freigabe wieder entfernen. Du benötigst sie erst zum Renewal in 90 Tagen wieder. Anschließend passt du nur noch deine Konfiguration unter `/etc/mosquitto/conf.d/20-TLS.conf` an:

```
cafile /etc/ssl/certs/DST_Root_CA_X3.pem
certfile /etc/letsencrypt/live/URL/fullchain.pem
keyfile /etc/letsencrypt/live/URL/privkey.pem
```

Nach einem Neustart von Mosquitto wird das Let's-Encrypt-Zertifikat verwendet.

[8] Automatic Certificate Management Environment (ACME) – ein schönes Akronym für alle RoadRunner-Fans.

[9] Es gibt eine lange Liste an Alternativen für alle Systeme und Sprachen: *https://letsencrypt.org/docs/client-options*

Um Zertifikatfehler zu vermeiden, müssen nun **alle** Clients den Broker über die öffentliche URL ansprechen. Natürlich könnte man seine DNS-/Routing-Einstellungen entsprechend anpassen, dass diese URL dann direkt intern im Heimnetz geroutet wird. Damit lässt sich ein valides Zertifikat auch im Heimnetz nutzen, ohne dass die Dienste selbst öffentlich sein müssen. Dieses Zertifikat könntest du auch für andere Dienste (z. B. HTTPS für deine Smart Home-Plattform) verwenden. Let's Encrypt wird in mehr und mehr Produkten unterstützt, z. B. lassen sich FritzBox, ioBroker und Home Assistant entsprechend konfigurieren, dass Zertifikate automatisch erstellt und erneuert werden.

Alle Let's-Encrypt-Zertifikate werden im Certificate Transparency System eingetragen bzw. mitgeloggt. Dies ist seit einiger Zeit Pflicht für alle öffentlichen Zertifikate und wird von allen CAs so gehandhabt. Diese Einträge im CTS lassen sich mit speziellen Suchmaschinen, wie etwa *http://crt.sh*, einfach durchsuchen und damit z. B. alle URLs eines Dynamic-DNS-Betreibers aufspüren. Im Prinzip sollte dies kein Problem darstellen, sofern du nur **sichere** Dienste mit **sicheren** Konfigurationen laufen hast, denn durch den Eintrag landet man vermutlich sehr schnell auf automatischen Angriffslisten von Botnetzen & Co. ■

6.1.2 MQTT-Sensor als Grundlage

Um zu demonstrieren, was unsere Smart Home-Gateways alles draufhaben und wie man sie entsprechend einrichtet, benötigen wir ein praktisches Beispiel. Ein typisches Smart Gadget ist der Temperatur- und Feuchtigkeitssensor, der in regelmäßigen Abständen die Werte entsprechend misst und per MQTT veröffentlicht. Genau dieses Gadget wollen wir mit einem ESP8266 und einem AM2320 Sensor bauen. Der AM2320 ist die I2C-Variante des berühmten DHT22/AM2302 und sollte dadurch etwas einfacher und zuverlässiger anzusteuern sein. Die Ansteuerung haben unsere Freunde bei Adafruit schon für uns entwickelt und in eine passende Bibliothek gepackt: Adafruit_AM2320. Diese installierst du zusammen mit einer weiteren Bibliothek, Adafruit_Sensor, wie immer über den Arduino-Bibliotheksverwalter. Da du den Bibliotheksverwalter gerade offen hast, kannst du auch gleich noch die passende MQTT-Bibliothek PubSubClient installieren.

Hardwareaufbau

Der Hardwareaufbau ist sehr simpel, wie du in Bild 6.3 sehen kannst: Die I2C-Leitungen werden mit zwei GPIOs des ESP verbunden (SDA nach D1, SCL nach D2), und ansonsten werden noch VCC sowie GND entsprechend verbunden. Auch in diesem Fall verwendest du wieder den DeepSleep-Trick aus Abschnitt 5.8.3 und benötigst deshalb wieder die DeepSleep-Brücke (D0 nach RST). Damit kannst du später den Sensor auch batteriebetrieben verwenden.

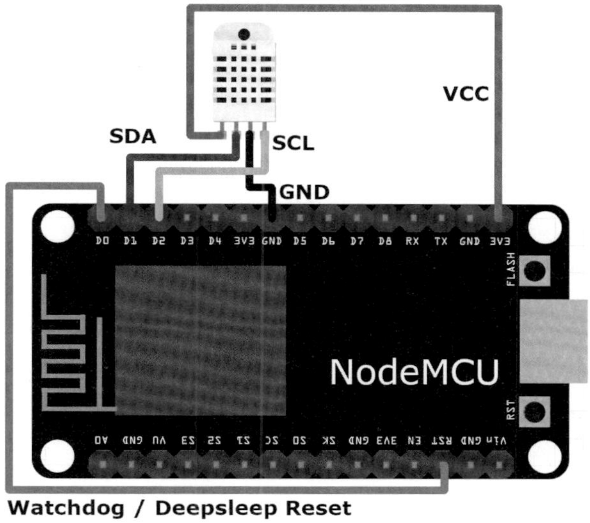

Bild 6.3 MQTT-Sensor: AM2320 am ESP8266, mit DeepSleep-Brücke

Softwareansteuerung

Die Softwareansteuerung ist fast genauso simpel (Listing 6.1). Zuerst findest du wie immer die Header-Dateien (Zeile 1 – 5) und dann eine kleine Konfigurationssektion (Zeile 7 – 14), in der du dein WLAN-Passwort und MQTT-Passwort angeben musst. Verwendet der MQTT Broker keinen Login, kannst du für Username und Passwort jeweils `NULL` (ohne Anführungszeichen!) angeben. Hier werden auch die Topics für deinen Sensor festgelegt – in unserem Beispiel `sensors/zimmer_1/temp` bzw. `sensors/zimmer_1/hum`.

Danach werden die entsprechenden Instanzen aus den Bibliotheken angelegt (Zeile 16 – 18). Möchtest du dich mit TLS verbinden, würdest du hier statt `WiFiClient` einfach **`WifiClientSecure`** angeben und eventuell noch den passenden Header per `#include <WifiClientSecure.h>` einbinden. Die bekannte Funktion `setup_wifi` können wir überspringen (Zeile 22 – 40) und kommen direkt zu der `setup`-Routine. Hier muss für jedes Objekt die Methode `begin()` aufgerufen werden. Mit der entsprechenden Angabe bei `Wire.begin(D1,D2)` kannst du die Pins für deinen Sensor passend festlegen (Zeile 44 – 47).

Nachdem du den MQTT Broker und dessen Port entsprechend festgelegt hast (Zeile 48), kannst du dich nun mit diesem verbinden (Zeile 50). War die Verbindung erfolgreich, liest du die Temperatur vom Sensor mittels `am2320.readTemperature()` ab und wandelst das Ergebnis mit `dtostrf` in eine Zeichenkette um. Der Parameter `3` bezeichnet hier die Mindestbreite der Zeichenkette nach der Umwandlung, die `2` die Anzahl der Nachkommastellen (Zeile 51).

Anschließend schickst du die Nachricht per `client.publish` mit dem entsprechenden Topic an deinen MQTT Server. Damit deine Abonnenten immer einen Wert zurückbekommen, wurde das Retain Flag auf `true` gesetzt (Zeile 54). Danach rufst du die Funktion `client.loop` auf, um dem MQTT-Client etwas Zeit zum „Housekeeping" zu geben, hier werden z. B. anstehende Nachrichten abgearbeitet.

Nachdem du das Gleiche für die Feuchtigkeitsmessung erledigt hast (Zeile 57 - 61), kannst du dich ordnungsgemäß vom MQTT Broker abmelden (Zeile 62), dich vom WLAN abmelden (Zeile 67 - 68) und den Bot für 55 Sekunden „schlafen" legen (Zeile 70). Die 55 Sekunden ergeben sich daraus, dass die komplette Setup-Routine ca. 5 Sekunden benötigt. Zusammen mit den 55 Sekunden Schlafzeit bekommst du ca. jede Minute eine Messung.

`loop()` ist wie immer leer, wenn du den DeepSleep-Trick anwendest.

Listing 6.1 MQTT Temperatur und Feuchtigkeitssensor

```
1  #include <Wire.h>
2  #include <ESP8266WiFi.h>
3  #include <PubSubClient.h>
4  #include <Adafruit_Sensor.h>
5  #include <Adafruit_AM2320.h>
6
7  #define ssid "WLAN"
8  #define password "_WLAN!"
9  #define mqtt_server "MQTT_SERVER"
10 #define mqtt_user "MQTT"
11 #define mqtt_password "MQTT_PASSWORD"
12 #define mqtt_client "zimmer_1"
13 #define topic_temp "sensors/zimmer_1/temp"
14 #define topic_hum "sensors/zimmer_1/hum"
15
16 Adafruit_AM2320 am2320;
17 WiFiClient espClient; //WiFiClientSecure, falls TLS gewünscht ist
18 PubSubClient client(espClient);
19 char msg[10];
20
21 // Bekannte Wifi-Setup-Routine
22 void setup_wifi()
23 {
24   delay(10);
25   Serial.print(F("Connecting to "));
26   Serial.println(ssid);
27   // Nur Station Mode
28   WiFi.mode(WIFI_STA);
29   WiFi.begin(ssid, password);
30   // Loop, bis wir connected sind.
31   while (WiFi.status() != WL_CONNECTED) {
32     delay(200);
33     Serial.print(F("."));
34   }
35   randomSeed(micros());
36   Serial.println(F(""));
37   Serial.println(F("WiFi connected"));
38   Serial.println(F("IP address: "));
39   Serial.println(WiFi.localIP());
40 }
41
```

```
void setup()
{
  Serial.begin(115200);// Serielle Konsole initialisieren
  Wire.begin(D1, D2);  // SDA -> D1, SCL -> D2
  am2320.begin();      // Sensor starten
  setup_wifi();        // Wifi an
  client.setServer(mqtt_server, 1883); // MQTT+TLS= Port 8883

  if (client.connect(mqtt_client, mqtt_user, mqtt_password)) {
    dtostrf(am2320.readTemperature(), 3, 2, msg); //Wert in String umwandeln.
    Serial.print(F("Temp: "));
    Serial.println(msg);
    client.publish(topic_temp, msg, true);
    client.loop();

    dtostrf(am2320.readHumidity(), 3, 2, msg);
    Serial.print(F("Hum: "));
    Serial.println(msg);
    client.publish(topic_hum, msg, true);
    client.loop();

    client.disconnect();
    delay(1);
  }
  Serial.println("bye bye!");
  WiFi.disconnect();   // Vom Wifi abmelden
  WiFi.mode(WIFI_OFF); // Wifi explizit ausschalten
  delay(10);
  ESP.deepSleep(55UL * 1000UL * 1000UL); // Update alle 55+5 Sekunden
}

void loop(){ }
```

6.2 Home Assistant

Das erste Smart Home-Gateway in unserer Reihe heißt Home Assistant und erfreut sich immer größerer Beliebtheit, obwohl das Projekt in seiner heutigen Form erst seit Ende 2017 auf GitHub existiert. Es bietet mit seinen über 1200 Components Unterstützung für fast alle gängigen Smart Gadgets und Protokolle.

Die Konfiguration von Home Assistant erfolgt rein textbasiert über Konfigurationsdateien, wobei es die ersten Ansätze zur Konfiguration über die Weboberfläche gibt. Die Dokumentation von Home Assistant und dessen Komponenten ist jedoch sehr gut, sodass man trotzdem schnell das Gewünschte erreicht. Die Dokumentation und die Foren sind leider nur in Englisch verfügbar.

Home Assistant ist in der Skriptsprache Python 3 geschrieben und damit auch einfach erweiterbar. Lediglich der Name ist etwas unvorteilhaft gewählt, da bei der Suche nach

Informationen, sowohl beim offiziellen Namen Home Assistant als auch bei der offiziellen Abkürzung HASS sehr viele unerwünschte Treffer erscheinen.

6.2.1 Installation

Für die Installation von Home Assistant stehen dir verschiedenste Optionen zur Verfügung: Neben zwei vorgefertigten Images (Hasbian und Hass.io) sowie einem Docker Container gibt es noch die Möglichkeit der manuellen Installation. Um möglichst flexibel zu sein und gegebenenfalls alle Smart Home-Gateway-Lösungen parallel installieren zu können, wählst du genau diesen Weg. Home Assistant wird dabei in ein Python Virtual Environment (Virtual Env) installiert. Durch dieses Virtual Env verwendet Home Assistant für jedes Python-Paket seine eigene Installation und kommt damit weder dem System noch anderen Smart Home-Installationen in die Quere.

Beginne die Installation auf deinem Raspberry Pi, indem du in einem Terminal oder per SSH folgende Befehle ausführst (Listing 6.2).

Listing 6.2 Installation von Home Assistant vorbereiten

```
# System aktualisieren
sudo apt update && sudo apt upgrade
# Python3 und benötigte Pakete installieren
sudo apt-get install python3 python3-venv python3-pip python3-dev
# Neuen System-User homeassistant hinzufügen.
# Ein neues Verzeichnis unter /home/homeassistant wird automatisch erstellt.
# Außerdem wird homeassistant den Gruppen dialout und gpio hinzugefügt.
sudo useradd -rm homeassistant -G dialout,gpio
# Installationsverzeichnis für Home Assistant anlegen
sudo mkdir -p /srv/homeassistant
# Verzeichnis dem Benutzer homeassistant und der Gruppe homeassistant übereignen.
sudo chown homeassistant:homeassistant /srv/homeassistant
```

Anschließend wechselst du deine Identität zum neu angelegten `homeassistant`-User:

```
sudo -u homeassistant -H -s
```

Nach diesem Schritt sollte statt des gewohnten `pi@iotathome` nun `homeassistant@iotathome` stehen. Als dieser Nutzer Installierst du nun Home Assistant in ein neues Virtual Env (Listing 6.3).

Listing 6.3 Home Assistant in neues Virtual Env installieren

```
# Unbedingt als user homeassistant ausführen! (sudo -u homeassistant -H -s)
# Virtual Environment unter /srv/homeassistant anlegen
python3 -m venv /srv/homeassistant
# Virtual Environment betreten.
source /srv/homeassistant/bin/activate
# Der neue prompt sieht danach so aus:
```

```
# (homeassistant) homeassistant@iotathome:/home/pi $
# homeassistant und wheel mittels pip installieren
# wheel ist ein spezielles Paket-Format von Python.
pip3 install wheel homeassistant
```

Waren auch diese Schritte erfolgreich, brauchst du Home Assistant nur noch zu starten:

```
/srv/homeassistant/bin/hass
```

Beim ersten Start von Home Assistant werden alle notwendigen Pakete heruntergeladen und installiert. Dieser Vorgang kann durchaus eine Viertelstunde dauern. Sobald keine neuen Nachrichten mehr erscheinen, ist die Installation beendet und dein Home Assistant unter dem Port 8123 erreichbar.

Mit einem Browser rufst du nun die Home-Assistant-Oberfläche unter *http://iotathome:8123* auf und wirst vorbildlich mit einem Dialog zur Erstellung eines Benutzerkontos begrüßt. Hier gibst du deinen Namen, Usernamen und ein passendes Passwort ein. Mit diesen Daten musst du dich gleich und auch künftig an Home Assistant anmelden.

> Home Assistant überprüft beim Start, ob es bereits gewisse Gadgets in deinem Heimnetz erkennt. Die WeMo-kompatible Steckdose der Kaffeemaschine wurde sofort erkannt und automatisch Home Assistant hinzugefügt.

Nachdem du die Grundkonfiguration abgeschlossen hast, kehrst du wieder in das Terminalfenster auf dem Pi zurück und beendest Home Assistant hart mit der Tastenkombination STRG+C.

Konfiguration

Zwar lassen sich in der neuesten Version von Home Assistant einige Dinge auch über die Weboberfläche konfigurieren, die Konfiguration des Basissystems ist jedoch nach wie vor textbasiert. Um die Basiskonfiguration abzuschließen, öffnest du in einem Editor deiner Wahl die Datei `/home/homeassistant/.homeassistant/configuration.yaml` und änderst den Abschnitt `homeassistant` wie in Listing 6.4 ab.

Listing 6.4 Home-Assistant-Basiskonfiguration

```
homeassistant:
  # name: Name, der links oben angezeigt werden soll.
  name: Iot@Home
  # lattitude: Breitengrad, für Berechnung Sonnenauf- und -untergang (Augsburg)
  latitude: 48.365990
  # longitude: Längengrad, für Berechnung Sonnenauf- und -untergang (Augsburg)
  longitude: 10.893040
  # elevation: Hoehe über dem Meer – für Wetter und Sonnenstand
  elevation: 494
  # unit_system: metric  für das metrische System
```

```
    unit_system: metric
    # time_zone: Die Zeitzone, in unserem Fall Europe/Berlin
    time_zone: Europe/Berlin
```

Möchtest du die Einführungsmeldung auf der Weboberfläche verstecken, entfernst du die Zeile `introduction:` einfach. Den Längen- und Breitengrad für eine beliebige Adresse kannst du ganz einfach herausfinden, z. B. mithilfe von *https://www.latlong.net*. Damit ist die Basiskonfiguration abgeschlossen, und du kannst Home Assistant wieder mit `/srv/homeassistant/bin/hass`[10] starten.

Automatischer Start bei Systemstart

Möchtest du Home Assistant nicht immer händisch starten, legst du einen entsprechenden `systemd`-Service an, der Home Assistant automatisch für dich startet.[11] Dazu erstellst du eine neue Datei `/etc/systemd/system/homeassistant.service` und fügst dort die Zeilen aus Listing 6.5 ein.

Listing 6.5 `/etc/systemd/system/homeassistant.service`: Home Assistant als `systemd`-Service

```
1   [Unit]
2   Description=Home Assistant
3   After=network-online.target mosquitto.service
4
5   [Service]
6   Type=simple
7   User=homeassistant
8   ExecStart=/srv/homeassistant/bin/hass -c "/home/homeassistant/.homeassistant"
9
10  [Install]
11  WantedBy=multi-user.target
```

Falls du keinen Mosquitto-Service auf diesem Raspberry Pi am Laufen hast, musst du `mosquitto.service` in Zeile 3 entfernen.

Nachdem du die Datei gespeichert hast, musst du den Dienst `systemd` noch über `sudo systemctl --system daemon-reload` bekannt machen und ihn anschließend deiner Boot-Liste mit `sudo systemctl enable homeassistant` hinzufügen. Nun kannst du den Dienst auch händisch per `sudo systemctl start homeassistant` starten bzw. ihn per `sudo systemctl stop homeassistant` stoppen. Um zu sehen, ob der Service ordnungsgemäß läuft, rufst du einfach `sudo systemctl status homeassistant` auf. Sollten sich Probleme ergeben, lohnt ein Blick in die Logfiles über `sudo journalctl -f -u homeassistant`.

[10] Starte unbedingt als User **`homeassistant`** (siehe oben).

[11] Die folgenden Schritte werden wieder als normaler User `pi` bzw. als **`root`** (mit **`sudo`**) ausgeführt.

6.2.2 Einrichtung des MQTT-Sensors

Um Home Assistant etwas Leben einzuhauchen, fügst du nun den MQTT-Sensor der Konfiguration hinzu. Hierzu öffnest du wieder die Konfigurationsdatei `/home/homeassistant/.homeassistant/configuration.yaml` und fügst dort eine neue „Section" mit dem Namen `mqtt` ein (Listing 6.6).

Listing 6.6 `mqtt`-Section in `configuration.yaml`

```
mqtt:
  # broker: IP oder Hostname des Brokers
  broker: iotathome
  port: 1883
  username: iotathome
  # password in secrets.yaml als mqtt_passwort
  password: !secret mqtt_password
```

Unter `broker` gibst du die IP bzw. den Hostnamen des MQTT Brokers ein. Port, Username und Passwort sind optional. Eine kleine Besonderheit gibt es beim `password`. Um es nicht direkt in die für jedermann lesbare `configuration.yaml` zu speichern, gibst du mit `!secret` den Namen einer Variablen (hier `mqtt_password`) an, die in der `secrets.yaml` definiert ist.

Diese sieht dann aus, wie in Listing 6.7 dargestellt.

Listing 6.7 Geheimes Passwort in `/home/homeassistant/.homeassistant/secrets.yaml`

```
mqtt_password: geheimesPasswort
```

In der Standardinstallation von Home Assistant ist die `secrets.yaml` leider für jedermann lesbar. Damit kann man das Passwort auch direkt in die `configuration.yaml` speichern. Besser ist es jedoch, die Leserechte für alle außer dem User `homeassistant` zu entfernen:

```
sudo chmod go-r /home/homeassistant/.homeassistant/secrets.yaml
```

Nachdem der Broker konfiguriert ist, trägst du nun deine beiden Sensoren in die `configuration.yaml` ein. Dort suchst du die Section `sensors` und fügst beide nach dem bestehenden Sensor `yr`[12] ein. Komplett sieht dieser Abschnitt dann wie in Listing 6.8 aus.

[12] Der Name *yr* kommt von der verwendeten Webseite *http://yr.no*, ein Dienst vom norwegischen Wetterdienst. Auch diesen „Sensor" kann man konfigurieren: *https://www.home-assistant.io/components/sensor.yr*

Listing 6.8 MQTT-Sensor-Konfiguration in `configuration.yaml`

```
sensor:
  - platform: yr
  # mqtt als Plattform für unseren Sensor
  - platform: mqtt
    # Frei wählbarer Name, der in der Weboberfläche angezeigt wird
    name: "Temperatur"
    # MQTT Topic, so wie wir es in unserem ESP konfiguriert haben.
    state_topic: "sensors/zimmer_1/temp"
    # Einheit – hier Grad Celsius
    unit_of_measurement: '°C'
    # Damit keine Lücken bei der Visualisierung entstehen, setzen wir hier true
    force_update: true
    # Es handelt sich um einen Temperatursensor.
    # Damit wird ein Thermometer als Icon angezeigt
    # Alle Devices mit derselben Klasse werden in einem Graphen zusammengefasst
    device_class: temperature

  - platform: mqtt
    name: "Feuchtigkeit"
    state_topic: "sensors/zimmer_1/hum"
    unit_of_measurement: '%'
    force_update: true
    device_class: humidity
```

Wie man sieht, ist die Konfiguration sehr einfach. Wer mehr über MQTT-Sensoren erfahren will, findet in der Dokumentation (*https://www.home-assistant.io/components/sensor.mqtt*) alle Details.

Rufst du nun die Weboberfläche auf, sollten eigentlich deine beiden neuen Sensoren auftauchen, da Home Assistent in der Regel bemerkt, dass die Konfigurationsdatei verändert wurde. In der Praxis funktioniert dies leider nicht immer, auch ein Neuladen der Konfiguration über die Weboberfläche (Einstellungen > Allgemein > Hauptsystem Neu Laden) löst das Problem nicht zuverlässig. Im Zweifelsfall startest du Home Assistant einfach neu, in diesem Fall wird die neue Konfiguration definitiv übernommen.

Über Einstellungen > Allgemein > Konfiguration Prüfen kannst du vor einem Neustart überprüfen, ob deine Konfiguration Fehler enthält, die einen Neustart verhindern würden.

Sobald alles geklappt hat, erscheinen sowohl auf der Seite *Übersicht* der Weboberfläche (Dashboard, Bild 6.4) als auch im *Verlauf* deine beiden neuen Sensoren. In unserem Beispiel wurde der YR-Sensor noch so konfiguriert, dass auch die Außentemperatur und Außenfeuchtigkeit angezeigt werden (Bild 6.5).

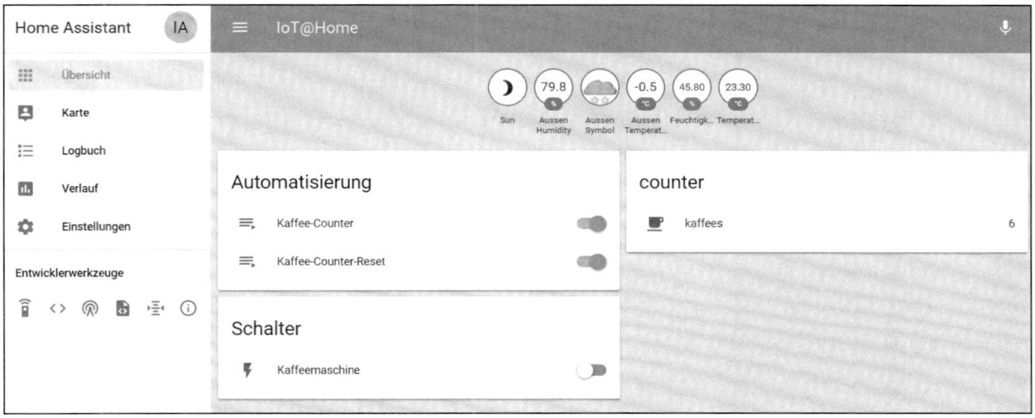

Bild 6.4 Home-Assistant-Übersichtsseite (Dashboard): Oben sind die aktuellen Sensorwerte dargestellt.

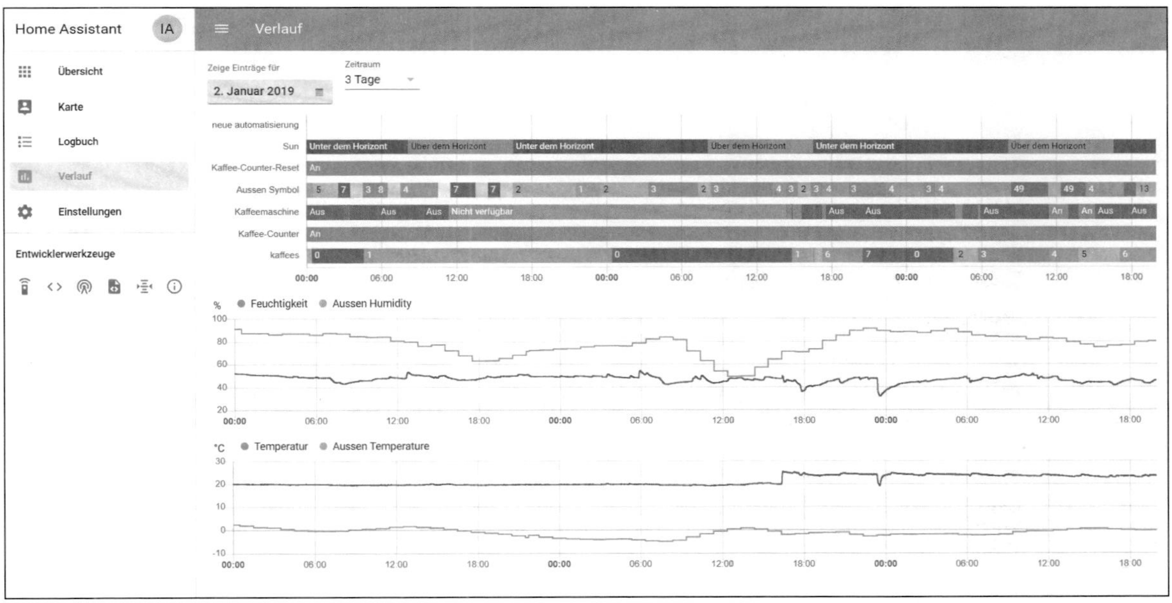

Bild 6.5 Unter *Verlauf* findet sich die grafisch aufbereitete Historie der Werte und Zustände.

Es ist auch möglich, die Broker-Komponente so zu konfigurieren, dass neue MQTT-Devices wie Sensoren automatisch entdeckt und hinzugefügt werden. Hierzu müssen die MQTT-Topics jedoch bestimmten Regeln entsprechen. Die Details hierzu findest du unter *https://www.home-assistant.io/docs/mqtt/discovery*. Dieses Vorgehen lohnt sich vor allem, wenn man sehr viele (gleichartige) Sensoren einsetzen möchte. ■

6.2.3 Weitere Features

Home Assistant unterstützt derzeit über 1200 Komponenten und deckt damit ein sehr weites Spektrum an Geräten ab, die du in deine Smart Home-Plattform einbinden kannst. Ein paar davon hast du schon kennengelernt und verwendet: MQTT, MQTT-Sensor, YR-Sensor und Belkin WeMo.

Schaut man sich die Liste an Komponenten (*https://www.home-assistant.io/components*) einmal genauer an, findet man Support für sämtliche gängigen Produkte: Von Alexa und Google über Philips Hue, Belkin Wemos und IKEA Trådfri bis hin zur Connected-Car-Ansteuerung von BMW und Tesla ist alles dabei. Daneben bietet es auch sehr viele Komponenten, die es ermöglichen, eigene Lösungen einzubinden, sei es MQTT, simple HTTP-Requests oder gar die Ausführung von beliebigen Programmen auf dem Pi. Sogar Bilderkennung mit OpenCV ist mittels Home Assistant-Komponente möglich. Wer Python beherrscht, kann auch selbst weitere Komponenten entwickeln und Home Assistant hinzufügen.

Wer möchte, kann seine IOTA-Spardose aus Abschnitt 5.1 mittels IOTA-Komponente einbinden (*https://www.home-assistant.io/components/iota*) oder sich per Telegram-Bot (*https://www.home-assistant.io/components/notify.telegram*) den aktuellen Wert eines MQTT-Sensors schicken lassen.

Automatisierungsregeln

Die wahre Stärke von Home Assistant zeigt sich jedoch erst, wenn man die Automatisierungsregeln verwendet. Diese lassen sich für die meisten Anwendungsfälle einfach über die Weboberfläche unter EINSTELLUNGEN > AUTOMATISIERUNG zusammenstellen. Um eine neue Regel zu erstellen, klickst du rechts unten auf das orangefarbene Plussymbol. Dort wählst du einen passenden Trigger und die dazugehörige Aktion aus, und fertig ist die Automatisierungsregel. Du kannst die Regeln auch noch weiter einschränken, indem du sie an optionale Bedingungen knüpfst. Mehr Informationen hierzu findest du wie immer in der Dokumentation: *https://www.home-assistant.io/docs/automation*.

Damit du dir etwas mehr darunter vorstellen kannst, folgen hier drei Automatisierungsregeln, die bei uns seit einiger Zeit Anwendung finden:

- Wenn Luftfeuchtigkeit im Keller höher ist als 70 %, schalte Steckdose mit Luftentfeuchter ein. Wenn Luftfeuchtigkeit im Keller geringer ist als 50 % schalte Steckdose mit Luftentfeuchter aus.
- Wenn Peters Handy im WLAN ist, um 9:00 Uhr, schalte Kaffeemaschine an.
- Wenn Kaffeemaschine angeschaltet wird, zähle Kaffee-Counter um 1 hoch. Wenn es 0 Uhr ist, schicke Telegram-Nachricht mit Kaffee-Counter und setze Counter auf 0 zurück.

6.2.4 Auf einen Blick

Konfiguration:	über Konfigurationsdateien, Regeln teilweise über Browser
Erweiterbarkeit:	über 1200 Komponenten
Sprache:	Python 3
Dokumentation:	sehr gut auf Englisch, praxisbezogen
Community:	sehr aktiv
Entwicklung:	sehr aktiv
Dashboards:	1 fixes Dashboard
Visualisierung:	automatisch
Komplexität:	einfach
Homepage:	*https://www.home-assistant.io*

6.3 FHEM

Mit FHEM haben wir einen wahren „Dinosaurier" unter den Smart Home-Gateways im Programm – die erste Version, die im Changelog erwähnt wird, ist die Version 1.3 aus dem Jahr 2005. Knapp 14 Jahre später steigt die Zahl der Installationen immer noch beständig, und auch die Entwicklung ist noch voll im Gange.

Aktuell unterstützt FHEM ca. 430 verschiedene Geräte bzw. Geräteklassen und Protokolle und ist modular erweiterbar. Dennoch kann FHEM an manchen Stellen seine Vergangenheit nicht leugnen, sei es bei der Weboberfläche oder der Steuerung via Telnet. Die Entwicklung findet auch noch klassisch mit SVN mit eigenem SVN-Server statt. Dies muss jedoch nicht schlecht sein. Wer auf Stabilität und Flexibilität setzt, ist mit FHEM gut beraten.

Eine große deutschsprachige Entwicklergemeinde und eine sehr gute deutschsprachige Dokumentation runden FHEM ab. FHEM ist in der Skriptsprache Perl geschrieben.

6.3.1 Installation

Im Gegensatz zu den anderen vorgestellten Smart Home-Gateways gibt es für FHEM keine fertigen Images zum Download, sondern man muss es auf einem bestehenden System installieren. Dazu könntest du entweder FHEM direkt vom Quellcodepaket installieren, oder du verwendest den etwas einfacheren Weg über die Paketverwaltung von Raspbian. Damit lässt sich FHEM einfach über `sudo apt install fhem` als Debian-Paket installieren.

Jedoch ist FHEM nicht in den offiziellen Paketquellen von Raspbian vorhanden, deshalb musst du es erst deinen Paketquellen hinzufügen. Wie das geht, zeigt Listing 6.9.

Listing 6.9 FHEM den Paketquellen hinzufügen und per `sudo apt install` installieren

```
# Zuerst müssen wir den FHEM-Schlüssel importieren, damit wird verifiziert,
# dass das Paket von einer vertrauenswürdigen Quelle stammt.
wget -qO - http://debian.fhem.de/archive.key | sudo apt-key add -
# Anschließend sollten wir selbst Schlüssel verifizieren
sudo apt-key list
# Die Ausgabe sollte ca. so aussehen:
#   pub   rsa4096 2016-12-26 [
SC] [expires: 2021-12-25]
#         EACD 29C3 5403 F960 5C79  58BC 65BD F9BA CC0B 9B66
#   uid             [ unknown] betateilchen (debian.fhem.de) gpg@betateilchen.de
#
# Danach fügen wir die FHEM-Paketquelle hinzu
echo "deb http://debian.fhem.de/nightly/ /" | sudo tee -a
/etc/apt/sources.list.d/fhem.list
# Sobald dies passiert ist, aktualisieren wir die Paketliste
sudo apt update
# Und installieren danach FHEM wie gewohnt.
sudo apt install fhem
```

Leider ist der GPG-Schlüssel von FHEM auf keinem Keyserver oder auf der Webseite hinterlegt. Damit ist es leider nicht möglich, zu überprüfen, ob der Schlüssel an sich nicht verändert wurde.

Nach der Installation wird FHEM automatisch gestartet und ist unter dem Port 8083 erreichbar. Öffnest du nun die Weboberfläche mit einem Browser unter *http://iotathome:8083/fhem*, erscheint eine relativ spartanische Oberfläche (Bild 6.6). Hierin liegt jedoch auch der Charme von FHEM, denn es macht genau das, was der User von ihm will, und eben nur das. Es lässt sich dadurch auch extrem genau den eigenen Bedürfnissen und Wünschen anpassen.

> **!** Eine weitere Besonderheit ist die Eingabezeile neben dem FHEM-Logo. Dies ist deine Schnittstelle zur FHEM-Konfiguration: FHEM lässt sich komplett über diese eine Eingabemaske (Kommandofeld) konfigurieren. Die Einstellungen sind jedoch erst einmal nur **temporär,** aber meist sofort wirksam. Möchtest du die gemachten Einstellungen permanent übernehmen, reicht ein Klick auf SAVE CONFIG. ■

Probier das Kommandofeld doch gleich einmal aus: Rufe einfach mal die Hilfe mittels `help` auf. Danach probierst du `version` und `list`. Damit kommen wir auch schon gleich zum zweitwichtigsten nach dem Kommandofeld: zur Kommandoreferenz. Diese findest du in der deutschen Variante unter *https://fhem.de/commandref_DE.html*. Sollte ein Kommando dort nicht beschrieben stehen, wird meistens direkt auf die englische Variante verwiesen (*https://fhem.de/commandref.html*). Damit hat man alles, was man für FHEM benötigt.

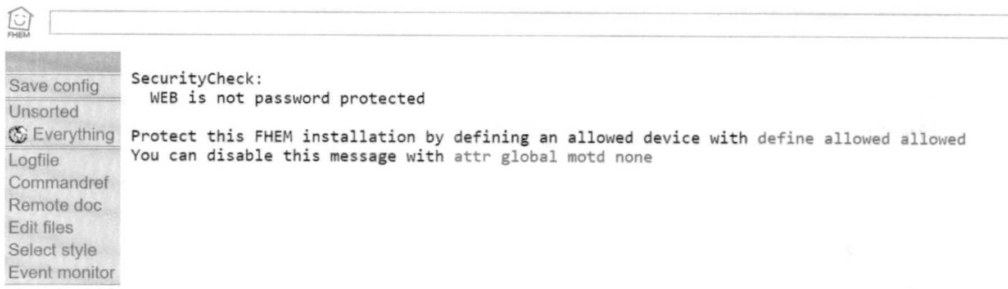

Bild 6.6 Die etwas spartanische Begrüßung von FHEM: Die Eingabezeile neben dem Logo ist dein Freund.

Username und Passwort setzen

Natürlich wollen wir dir auch hier etwas Hilfestellung geben, wie du das System initial konfigurierst. Fangen wir hierzu gleich mit der Benutzerverwaltung an, um dein FHEM-System abzusichern. Dazu gibst du den Befehl `define allowedWeb allowed` ein und bestätigst diesen mit Enter. Mit diesem Befehl hast du ein neues Device (Gerät) mit dem Namen `allowedWeb` vom Typ `allowed` definiert. Daraufhin erscheint eine neue Maske, wie in Bild 6.7 zu sehen ist. Hieran lässt sich die generelle Bedienung aller FHEM-Masken und der Zusammenhang mit Kommandos recht gut erklären.

Zuallererst setzt du das Häkchen bei *WEB* **(1)**, dadurch wird das Attribut `allowedWeb validFor` auf `WEB` gesetzt. Durch das Klicken auf ATTR **(2)** wird der Befehl `attr allowedWeb validFor WEB` an FHEM zur Ausführung geschickt. Du könntest diesen Befehl auch so in das Kommandofeld eingeben. Danach setzt du Username und Passwort, indem du sie in das Eingabefeld eingibst **(3)**. Hier wird auch wieder das Kommando zusammengebaut, und durch einen Klick auf SET **(4)** wird der Befehl `set allowedWeb basicAuth iotathome supersecret` an FHEM zur Ausführung geschickt. Auch dieses Mal hättest du `allowedWeb basicAuth iotathome supersecret` einfach in das Kommandofeld eingeben können.

FHEM bietet für die meisten seiner Einstellungen Eingabemasken an, die einem bei der Einrichtung helfen sollen.

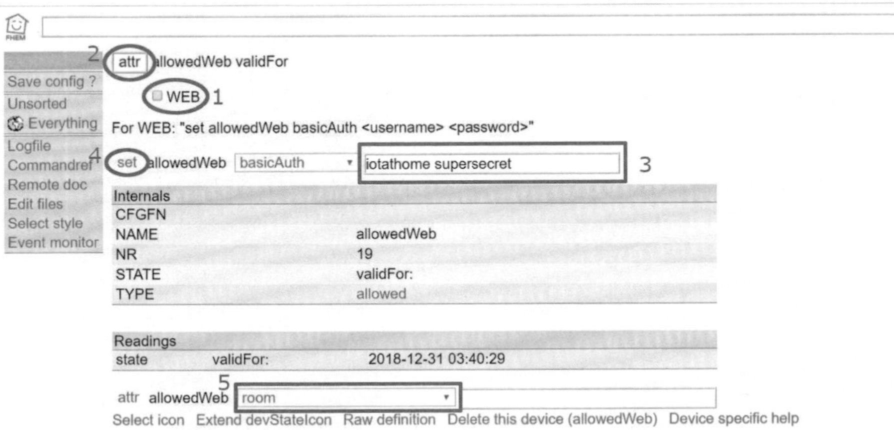

Bild 6.7 Setzen von Benutzername und Passwort zum Schutz der FHEM-Installation

Am Ende jeder Eingabemaske eines Devices findest du noch eine Dropdown-Liste aller seiner Attribute. Alle gesetzten Attribute werden am Ende auch noch mal aufgelistet. Durch einen Klick auf den Namen lässt sich das Attribut ändern. Alle deine bisher definierten Devices findest du auch links unter *Everything* wieder.

Passwort-Update

Das Passwort darfst du nicht über Attribut-Update unten ändern, sondern du setzt es oben neu mit `set`. Andernfalls würdest du dich aus deinem FHEM-System aussperren. Falls dies einmal passiert, startest du einfach den FHEM-Service mit (`sudo systemctl restart fhem`) neu, und dein Fauxpas ist verschwunden. Dies gilt für alle Einstellungen, die noch nicht mit SAVE CONFIG gespeichert wurden.

6.3.2 Einrichtung des MQTT-Sensors

Nachdem deine Basiskonfiguration abgeschlossen ist, widmen wir uns nun wieder dem MQTT-Sensor-Beispiel. Im ersten Schritt konfigurierst du den Broker für deinen Client (`MQTT2_CLIENT`), indem du ihn über das Kommandofeld definierst: `define mosquitto MQTT2_CLIENT localhost:1883`.[13] Sofern du Username und Passwort verwendest, setzt du dies in der neuen Eingabemaske. Das Passwort wird oben als `set mosquitto password` *`geheimesPassword`*-Befehl bereitgestellt. Den Usernamen findest du unten in der Attributliste als `attr mosquitto username iotathome`.

[13] mosquitto ist hier nur ein frei gewählter Name.

> **!** Setzt man bei einem MQTT2_CLIENT das Attribute autocreate, wird automatisch ein MQTT2_DEVICE erstellt, das auf alle Topics reagiert. Je nach Anzahl der Clients und der Topics kann dies eine gute oder schlechte Sache sein. ■

Anschließend legst du wieder über das Kommandofeld ein MQTT2_DEVICE mit define mqtt_sensor MQTT2_DEVICE an. In der neuen Maske wählst du aus der Attributliste nun readingList aus und klickst in das Eingabefeld. Dadurch öffnet sich ein großes Eingabefenster, in das du folgende beiden Zeilen einträgst:[14]

```
mosquitto:sensors/zimmer_1/temp:.* temp
mosquitto:sensors/zimmer_1/hum:.* hum
```

Nach einem Klick auf OK und ATTR hast du deinen Sensor erfolgreich konfiguriert.

Um auch eine ansprechende Visualisierung deiner Sensordaten zu erhalten, musst du die Werte noch zwischenspeichern. Dies geschieht über ein sogenanntes FileLog. Dieses definierst du mittels define FileLog_mqtt_sensor FileLog ./log/mqtt_sensor-%Y.log mqtt_sensor. Anstelle des %Y wird die Jahreszahl im Dateinamen der Logdatei verwendet.

In der folgenden Maske für das FileLog klickst du nun auf CREATE SVG PLOT. Nun erscheint eine neue Eingabemaske, wie sie in Bild 6.8 zu sehen ist. Dort klickst du als Erstes auf WRITE .GPLOT FILE (in Bild 6.8 markiert), um das initiale Datenset zu laden. Der Titel und die Achsenbeschriftung sind selbsterklärend. Interessanter sind die Eingabefelder unter *Diagram label, Source*: Hier gibst du im ersten Feld die Namen für die Legende an, die Sensorwerte werden in Spalte *(Column)* 4 gespeichert, und unter *Regexp* wählst du den passenden Eintrag aus, z.B. mqtt_sensor:hum. Mit *Y-Axis* kannst du noch steuern, zu welcher y-Achse der jeweilige Sensorwert gehört. Den *Plot-Type* belässt du erst einmal auf lines. Unter *Style* kannst du dann noch die Farbe für den jeweiligen Graphen auswählen (hier l2 für Blau, l1 für Grün). Anschließend klickst du nochmals auf WRITE .GPLOT FILE, und der Graph sollte erscheinen.

[14] Das Format, das hier erwartet wird, ist MQTT2_CLIENT:TOPIC:.* NAME.

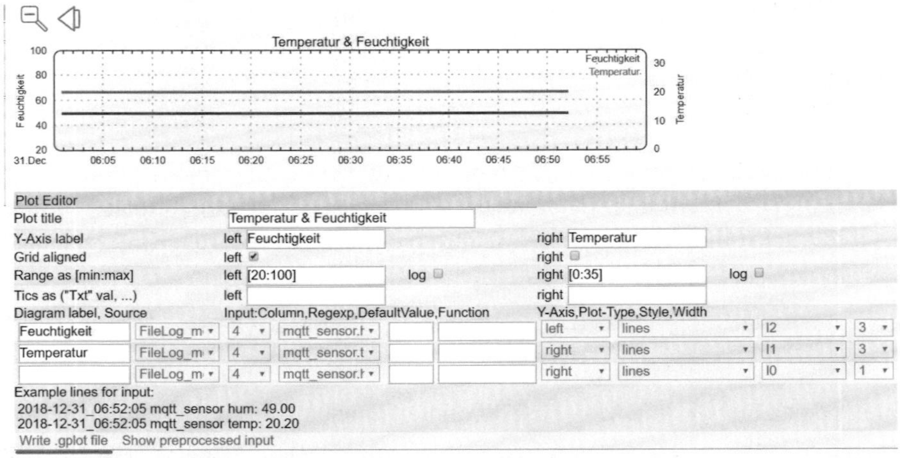

Bild 6.8 Erstellung eines SVG-Plots für Temperatur und Feuchtigkeit

Graph auf der Hauptseite anzeigen

Rufst du aktuell die FHEM-Hauptseite auf, ist diese leer. Möchtest du deinen neuen interaktiven Graphen dort anzeigen lassen, fügst du diesen erst einem Raum hinzu, z.B. dem Wohnzimmer, mit `attr SVG_FileLog_mqtt_sensor_1 room Wohnzimmer`. Falls der Raum noch nicht existiert, wird er jetzt angelegt. Nun wendest du noch einen kleinen Trick an: Du machst das Wohnzimmer zu deinem neuen Standard. Hierzu verwendest du `attr WEB defaultRoom Wohnzimmer`. Nun sieht die FHEM-Startseite in unserem Beispiel so aus wie in Bild 6.9. Der Graph wurde nur noch mit `attr SVG_FileLog_mqtt_sensor_1 plotsize 1000,400` vergrößert. ■

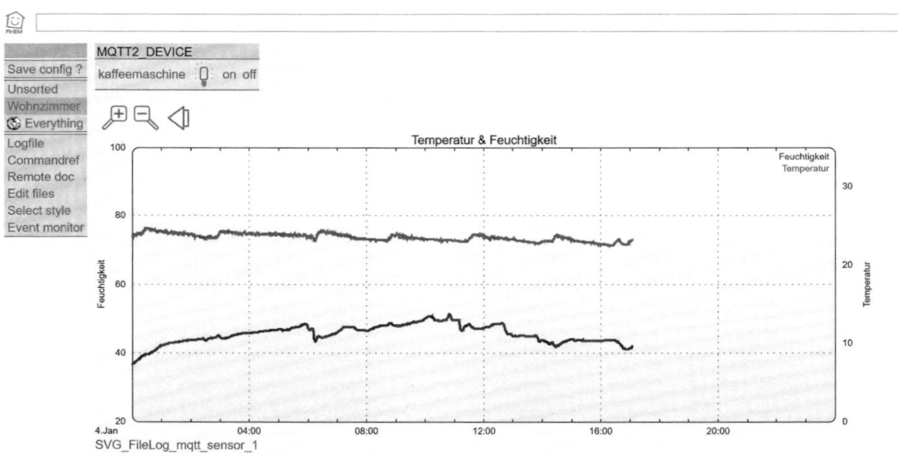

Bild 6.9 FHEM-Startseite mit Sensoren

6.3.3 Weitere Features

Auch wenn es kein direktes Feature von FHEM selbst ist, muss man definitiv das Wiki und das Forum und die damit verbundene Entwickler- und Nutzergemeinde erwähnen. Im Wiki findest du neben sehr vielen Lösungen zu den obskursten Problemen auch diverse inoffizielle Module, die du nachträglich in FHEM installieren kannst, darunter auch diverse alternative Frontends, um die etwas betagt aussehende Oberfläche zu ersetzen. Zu den alternativen Frontends gehört auch die native Android-App andFHEM. Die Graphen sind dort sehr viel schöner und interaktiver als im originalen FHEM (Bild 6.10).

Du würdest die Kaffeemaschine gerne per Garmin-Smartwatch ein- und ausschalten? Das ist kein Problem mit GarminFHEM[15] (*https://wiki.fhem.de/wiki/GarminFhem*), ein Widget für alle Garmin-Connect-IQ-fähigen Uhren (Bild 6.11).

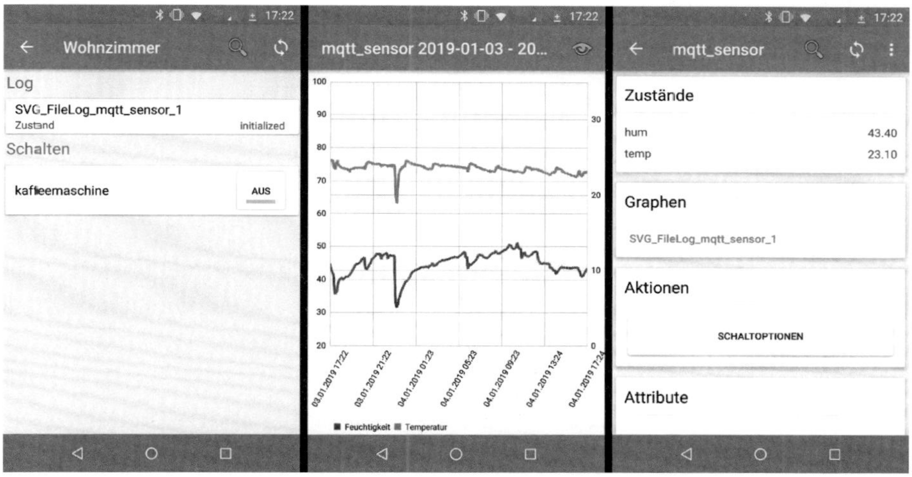

Bild 6.10 Android-App andFHEM als alternatives Frontend für FHEM

[15] Leider muss man die csfrToken hierfür ausschalten -(`attr WEB csrfToken none`), was die Sicherheit des Webfrontends etwas herabsetzt.

Bild 6.11
Das Smart Home mit der Uhr zu steuern ist kein Problem mit GarminFHEM (© Sonja Hemmersbach).

Man merkt, dass die Community viel Zeit und Liebe in eigene Projekte steckt, teils mit mehr, teils mit weniger Erfolg. Solltest du im Wiki nicht weiterkommen, hast du im deutschsprachigen Forum gute Chancen, eine Lösung zu finden.

6.3.4 Auf einen Blick

Konfiguration:	Befehle in Kommandofenster bzw. Konfigurationsdatei
Erweiterbarkeit:	über 400 Devices
Sprache:	Perl
Dokumentation:	sehr gut in Deutsch, nur teilweise in Englisch
Community:	aktive deutschsprachige Community
Entwicklung:	stabil
Dashboards:	ja, über Räume
Visualisierung:	ja
Komplexität:	mittel
Homepage:	*https://fhem.de*

■

Solltest du Gefallen an FHEM gefunden haben, dann empfehlen wir dir das Buch *Smart Home mit FHEM. Individuelle und flexible Open-Source-Hausautomatisierung* von Peter A. Henning (ISBN 978-3-446-45873-4).

6.4 openHAB

openHAB bzw. genauer gesagt openHAB2 ist vermutlich die professionellste und mächtigste Lösung auf dem Feld der Smart Home-Plattformen. Der Grund hierfür liegt unter anderem auch am Schwesterprojekt Eclipse SmartHome. Die Eclipse Foundation arbeitet hier eng mit diversen Hardwareherstellern zusammen, um die nächste Generation von Smart Home-Gateways zu bauen.[16] openHAB ist die Open-Source-Version von Eclipse SmartHome.

openHAB bietet neben einer professionellen, gepflegten Dokumentation auch Support für über 1500 sogenannte *Things* (Geräte) und über 300 Add-ons. Die sehr ausführliche Dokumentation ist jedoch auch notwendig, da die Komplexität der Konfiguration im Moment noch sehr hoch ist und das Zusammenspiel der einzelnen Komponenten zu diversen Problemen führen kann. Auch die hohe Anzahl an Alternativen (z. B. Anbindung an über 15 verschiedene Datenbanken) macht es dem Einsteiger nicht leichter. Zwar wird aktuell daran gearbeitet, die Konfiguration deutlich zu vereinfachen, indem die meisten Aktionen über die Weboberfläche erledigt werden können, jedoch ist dies bisher leider noch nicht komplett möglich.

Neben verschiedenen Weboberflächen gibt es mit HABPanel eine sehr einfache Möglichkeit, sehr ansprechende Dashboards zu erstellen. Die openHAB-Software ist in der Programmiersprache Java geschrieben.[17]

6.4.1 Installation

Möchtest du nicht auf die vorgefertigten Images (openHABian) zurückgreifen, installierst du openHAB einfach als Debian-Paket auf deinem bestehenden Raspberry-Pi-System. Die Vorgehensweise (Listing 6.10) ist nahezu identisch zu der Installation von FHEM (vgl. Listing 6.9).

[16] Es gibt bereits diverse kommerzielle Smart Home-Gateways auf Basis von Eclipse SmartHome auf dem Markt (siehe *https://www.eclipse.org/smarthome*).

[17] Damit ist die Einstiegshürde, eigene Plug-ins oder Ähnliches zu entwickeln, etwas höher als bei den auf anderen Skriptsprachen basierenden Lösungen.

Listing 6.10 openHAB den Paketquellen hinzufügen und per `sudo apt install` installieren

```
# Zuerst müssen wir den openHAB-Schlüssel importieren, damit wird verifiziert,
# dass das Paket von einer vertrauenswürdigen Quelle stammt.
wget -qO - 'https://bintray.com/user/downloadSubjectPublicKey?username=openhab' | sudo apt-key add -
# Anschließend sollten wir selbst Schlüssel verifizieren
sudo apt-key list
# Die Ausgabe sollte ca. so aussehen:
#   pub   rsa4096 2015-07-25 [SC] [expires: 2019-07-25]
#       EDB7 D030 4E2F CAF6 29DF  1163 0757 21F6 A224 060A
#   uid           [ unknown] openHAB Bintray Repositories <owner@openhab.org>
#   sub   rsa4096 2015-07-25 [E] [expires: 2019-07-25]
# diesen finden wir auch auf einem Keyserver
# https://keyserver.ubuntu.com/pks/lookup?search=owner%40openhab.org
#
# Anschließend fügen wir die openHAB-Paketquelle hinzu
echo 'deb https://dl.bintray.com/openhab/apt-repo2 stable main' | sudo tee /etc/apt/sources.list.d/openhab2.list
# Sobald dies passiert ist, aktualisieren wir die Paketliste
sudo apt update
# Und installieren danach openHAB wie gewohnt.
sudo apt install openhab2
```

Falls du doch openHABian verwenden möchtest, solltest du folgende Hinweise beachten:

- Die WLAN-Daten müssen in der Datei *openhabian.conf* unter */boot* abgelegt werden. Die in Abschnitt 4.1.3.4.4 beschriebene Methode über */boot/wpa_supplicant.conf* funktioniert hier nicht zuverlässig.
- Der erste Boot-Vorgang dauert sehr, sehr lange, in unserem Fall ca. 30 Minuten, da im Hintergrund erst einmal **alle** Pakete installiert werden müssen. Leider bekommt man hiervon erst mal nichts mit, und man könnte meinen, dass etwas schiefgelaufen ist.
- Der Standard-Login ist `openhabian` mit dem Passwort `openhabian`.

Damit openHAB wie alle anderen Dienste auch beim Systemstart automatisch geladen wird, fügst du es wie gewohnt der entsprechenden Liste hinzu:

```
sudo systemctl daemon-reload
sudo systemctl enable openhab2.service
```

Anschließend startest du openHAB mit `sudo systemctl start openhab2.service`.

Nach dem erstmaligen Starten von openHAB kann es ein paar Minuten dauern, bis die Weboberfläche vollständig verfügbar ist. Hier werden erst noch die passenden Pakete in openHAB installiert, und das dauert eben. Außerdem wird für jede Installation ein eigenes Self-Signed-Zertifikat erstellt. Auch dies kann je nach System ein paar Sekunden dauern. openHAB unterstützt damit HTTPS out of the box, was sehr vorbildlich ist.

Nach einer kurzen Pause ist openHAB unter dem Port 8080 bzw. mit HTTPS unter 8443 erreichbar. Also rufst du nun mit deinem Browser die Weboberfläche unter *https://iotathome:8443*[18] auf und wirst mit einer Paketauswahl begrüßt (Bild 6.12). Hier wählst du unbedingt *Standard* aus, auch wenn das *Simple*-Paket eventuell durch die Aussage „rein grafisch“ etwas verlockender scheint. Leider ist openHAB noch **nicht** vollständig per grafischer Oberfläche konfigurierbar. Für viele Schritte ist die Konfiguration über Dateien unerlässlich.

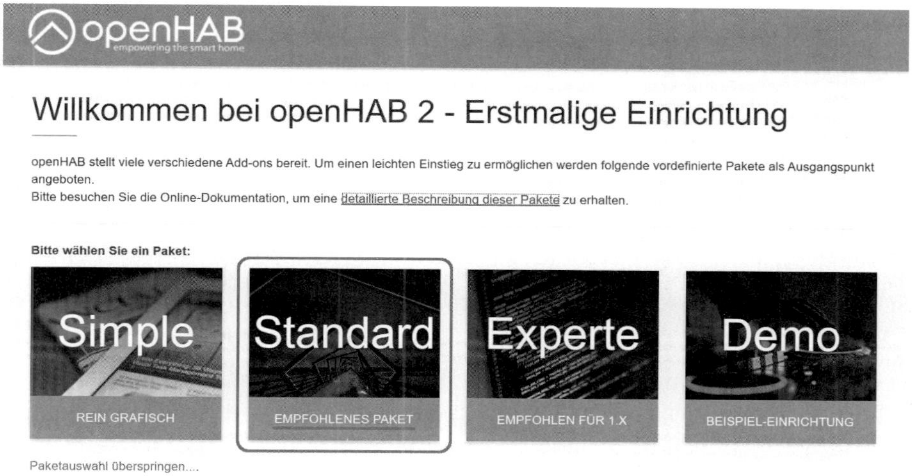

Bild 6.12 Die Wahl des richtigen openHAB-Installationspakets ist sehr wichtig. Wir wählen *Standard*.

Nun werden im Hintergrund wieder einige Pakete installiert, und du erhältst eine Auswahlmöglichkeit. Es handelt sich hierbei um die verschiedenen Weboberflächen von openHAB, die jeweils einem etwas anderen Zweck dienen (Bild 6.14).

HOME BUILDER	Hiermit lässt sich eine Sitemap deines Smart Homes erstellen, d. h., hiermit können Stockwerke und darin enthaltene Räume erstellt werden. Der Home Builder erstellt lediglich den Inhalt der Konfigurationsdateien. Diesen musst du dann noch an die passenden Stellen kopieren.
HABPANEL	Hiermit lassen sich Dashboards erstellen, die den Status deiner Items (z. B. des MQTT-Sensors) darstellen.
BASIC UI	Eine sehr einfache Darstellung von Werten und Zuständen unserer Items, die eine funktionierende Sitemap benötigt
PAPER UI	Die Administrationsoberfläche von openHAB

[18] Du erhältst die gewohnte Fehlermeldung: „Diese Verbindung ist nicht sicher.“
Möchtest du das Zertifikat in deinem Betriebssystem/Browser installieren, kannst du es über `keytool -exportcert -keystore /var/lib/openhab2/etc/keystore -rfc -v -file /tmp/openhab.crt` in die Datei */tmp/openhab.crt* exportieren und dann wie gewohnt kopieren und installieren. Das Passwort für die Abfrage lautet `openhab` (sehr kreativ).

Erstellen einer Sitemap mit Home Builder

Im ersten Schritt erstellst du eine Sitemap. Hierzu rufst du den Home Builder auf, stellst die Sprache auf Deutsch und gibst deinem Smart Home einen passenden Namen (etwa *IoT@home*). Unter *Floors* wählst du die passenden Stockwerke deines Hauses aus – vom Bungalow (nur Erdgeschoss) bis zum fünfstöckigen Haus mit Garten und Keller ist alles möglich. Für jedes Stockwerk erscheint nun unter *Rooms* ein weiteres Eingabefeld. Hier gibst du an, welche Räume sich in welchem Stockwerk befinden, z.B. Küche und Wohnzimmer.

> Gibt man das Treppenhaus mit an, sollte man sich für eine Variante entscheiden. Entweder gehört das Treppenhaus zum oberen oder zum unteren Stockwerk, aber nicht zu beiden. ■

Für jeden Raum erscheint nun unter *Objects* wieder ein Eingabefeld. Dort gibst du an, welche Art von Objekten sich in den Räumen befinden, angefangen bei Lichtschaltern über schaltbare Steckdosen bis hin zu Temperatur- und Feuchtigkeitssensoren. Wie du siehst, kann man hiermit relativ einfach die Struktur seines kompletten Hauses abbilden.

Für die weitere Beschreibung verwenden wir ein einfaches Beispiel, mit einem Stockwerk, zwei Räumen und drei Objekten (Bild 6.13). Sobald du alles definiert hast, klickst du rechts oben unterhalb von ITEMS auf COPY. Nun legst du auf dem Raspberry Pi eine neue Datei *iotathome.items* unter `/etc/openhab2/items/`[19] an und fügst dort den Inhalt aus der Zwischenablage ein. Das Gleiche machst du nun mit dem Inhalt der Sitemap und fügst diese in `/etc/openhab2/sitemap/iotathome.sitemap` ein.

> Der Inhalt des Home Builders wird leider weder gespeichert noch lässt er sich wiederherstellen. Baust du ein neues Stockwerk auf dein Haus, musst du von vorn beginnen. ■

> Man kann sich über Home Builder auch die Konfiguration für das HABPanel erstellen lassen, doch in den wenigsten Fällen entspricht das Ergebnis dem, was man gerne sehen möchte. Es ist daher einfacher, die Konfiguration direkt im HABPanel vorzunehmen. ■

[19] Dieses Verzeichnis ist leider nur vom User **openhab** bzw. **root** schreibbar, weshalb du die Datei gegebenenfalls mit **sudo nano** bearbeiten solltest.

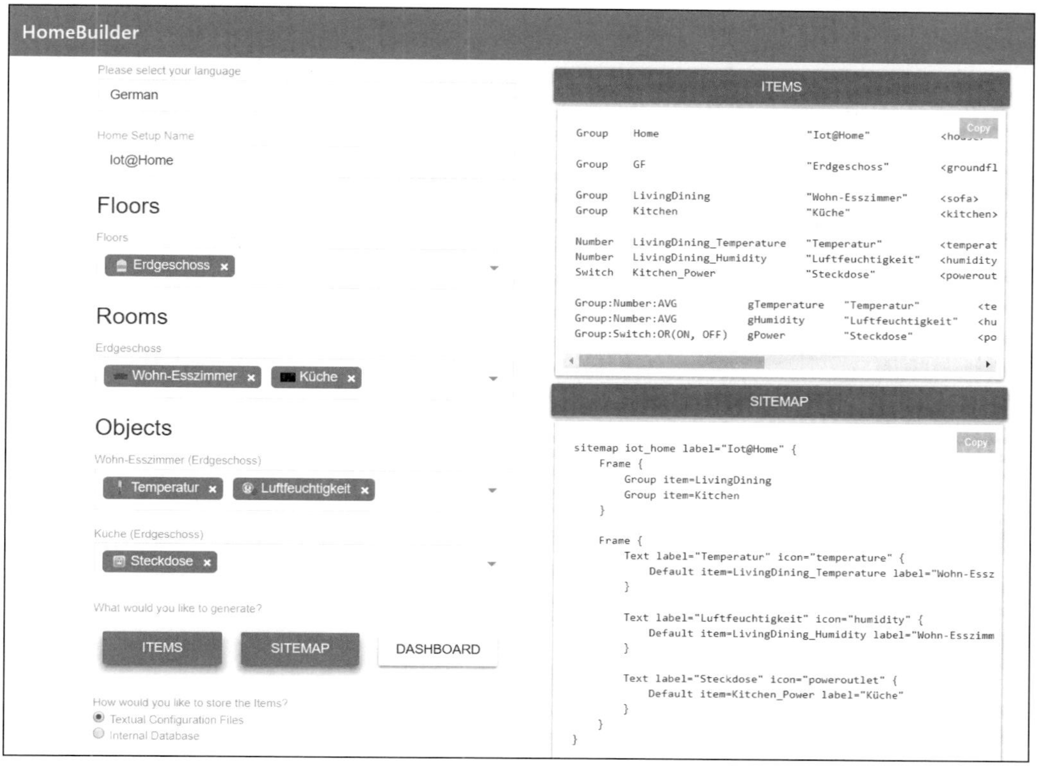

Bild 6.13 Eine sehr einfache Sitemap: ein Stockwerk, zwei Räume und drei Objekte

Die weitere Konfiguration wirst du folglich in der Paper UI vornehmen, soweit dies möglich ist, oder in den Konfigurationsdateien unter `/etc/openhab2`. Damit ist die Basisinstallation von openHAB abgeschlossen.

Username und Passwort?

Der aufmerksame Leser wird sich nun fragen, wo der Abschnitt über das Setzen von Username und Passwort geblieben ist. Die Kurzantwort lautet, dass openHAB selbst dies nicht unterstützt. Deshalb solltest du eine openHAB-Installation **keinesfalls** direkt per Port-Weiterleitung für das Internet freigeben. Möchtest du dies dennoch machen und openHAB mit Username und Passwort absichern, lässt sich der Webserver NGINX als Reverse Proxy dazu verwenden. Wie das geht und weitere Informationen über den sicheren Betrieb von openHAB findest du unter *https://www.openhab.org/docs/installation/security.html*.

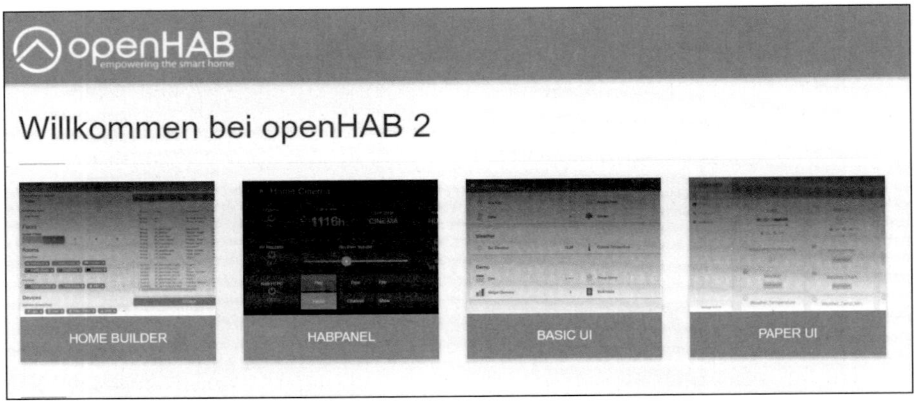

Bild 6.14 Die vier Weboberflächen von openHAB

6.4.2 Einrichtung des MQTT-Sensors

Nun ist es an der Zeit, den MQTT-Sensor in openHAB zu integrieren. Hierzu öffnest du die Paper UI und installierst zuerst den Support für MQTT. Dazu benötigst du ein sogenanntes Add-on. Aus dem Menü links wählst du ADDONS aus und suchst dann unter dem Registerreiter *Bindings* nach *MQTT*. Durch einen Klick rechts auf INSTALL installierst du nun das MQTT-Binding *(binding-mqtt)*. Um die Daten der Sensoren für die Visualisierung abzuspeichern, benötigst du noch einen persistenten Speicher. Hierzu installierst du auf der Registerkarte *Persistence* die Datenbank *RRD4J*.

Wer eine WeMo-kompatible Steckdose zu Hause verwendet, kann hier gleich noch das WeMo Binding installieren. Damit wird die vielzitierte Kaffeemaschine nun auch in openHAB verfügbar. Alternativ kann man sich die Liste der vorhandenen Add-ons anschauen und passende Bindings mit einem Klick installieren. ■

Im nächsten Schritt konfigurierst du die Verbindung zum MQTT Broker. Hierzu wählst du im Menü CONFIGURATION > THINGS aus. Durch einen Klick auf das blaue Plussymbol erscheint ein Dialog zur Auswahl des passenden Bindings, in dem du natürlich das *MQTT-Thing-Binding* auswählst. Nachdem der nächste Dialog erscheint und erfolglos versucht, Things zu suchen, fügst du manuell ein Thing deiner Liste hinzu, indem du auf MANUALLY ADD THING klickst und auf der nächsten Seite *MQTT Broker* auswählst. Daraufhin erscheint ein Formular zu den Details des MQTT Brokers, in welchem du die bekannten Details ausfüllst. Solltest du Usernamen und Passwort verwenden, so ist diese Einstellung unter *SHOW MORE* versteckt. Wenn du dies möchtest, kannst du den Namen, die Thing-ID (muss einmalig sein, deshalb Zufalls-String) und die Location ändern. In unserem Beispiel behalten wir hier die Standardwerte bei.

Sobald alles ausgefüllt ist, klickst du oben auf das blaue Symbol mit dem Haken, und der MQTT Broker sollte dir als neues Thing angezeigt werden und den Status *online* besitzen. Nun fügst du deinen MQTT-Sensor hinzu. Hierzu klickst du wieder auf das blaue Plussymbol und wählst *MQTT-Thing-Binding* aus. Dieses Mal wählst du jedoch *Generic MQTT Thing* als Typ aus. Den Namen änderst du z. B. auf *MQTT-Sensor*, wählst unten als *Bridge* den vorher definierten MQTT Broker aus und bestätigst wieder durch einen Klick auf das blaue Symbol mit dem Haken.

Nun sollte auch der MQTT-Sensor in der Liste der Things als *online* erscheinen. Um deine beiden MQTT-Topics zu abonnieren, klickst du nun auf MQTT-SENSOR. Es erscheint wieder eine neue Seite (Bild 6.15). Nach einem Klick auf das blaue Plussymbol neben *Channels* **(1)** erscheint ein Pop-up-Dialog. Dort wählst du *Number Value* als *Channel-Type* aus. Dadurch erhält die Eingabemaske deutlich mehr Felder, darunter auch das *MQTT state topic*, das du auf `sensors/zimmer_1/temp` setzt. Außerdem setzt du oben ein passendes Label für deinen Channel, z. B. *Temperatur*, und eine Channel-ID, z. B. *zimmer_1_temp*, und bestätigst die Eingaben mit SAVE.

Um den Wert deines Sensors anzuzeigen, fehlt noch ein letzter Schritt. Du musst den Channel mit einem Item verlinken. Hierzu klickst du auf das blaue Symbol mit dem Kreis **(2)**, woraufhin wieder ein Pop-up erscheint. In diesem wählst du unter *item to link* aus der Liste *Temperatur (LivingDining_Temperature)* aus und klickst anschließend auf LINK **(3)**. Bei dem Item *Temperatur (LivingDining_Temperature)* handelt es sich um das Temperaturobjekt aus Home Builder.

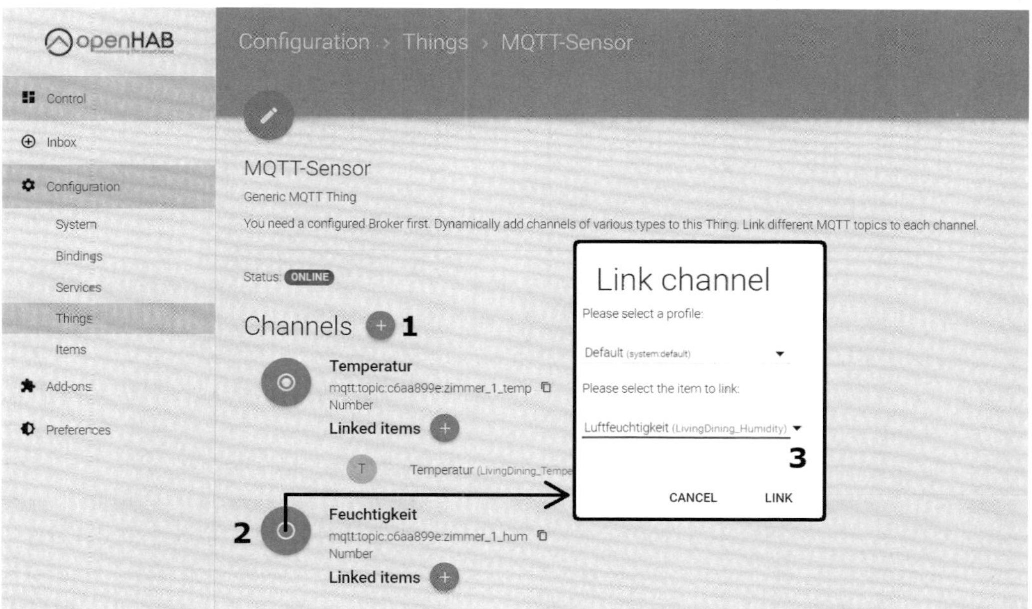

Bild 6.15 MQTT-Sensor: Neuen Channel anlegen **(1)** und mit einem Item verlinken **(2 und 3)**

Nun legst du analog dazu einen zweiten Channel für die Feuchtigkeit an und verlinkst diesen mit der Luftfeuchtigkeit. Um dein Werk bewundern zu können, wählst du links aus dem Menü *Control*. Dort erscheinen nun deine beiden Sensoren (Bild 6.16).[20] Eine deutlich schönere Ansicht findest du nun bereits in der Basic UI. Rufst du diese auf (*http://iota-thome:8080/basicui/app*), werden dir deine Zimmer mit den jeweiligen Items präsentiert oder eben die Items gruppiert nach ihrem Typ. Bild 6.17 zeigt die verschiedensten Ansichten, die dir Basic UI bietet. Die Pfeile zeigen, welche Ansicht du durch einen Klick erreichst.

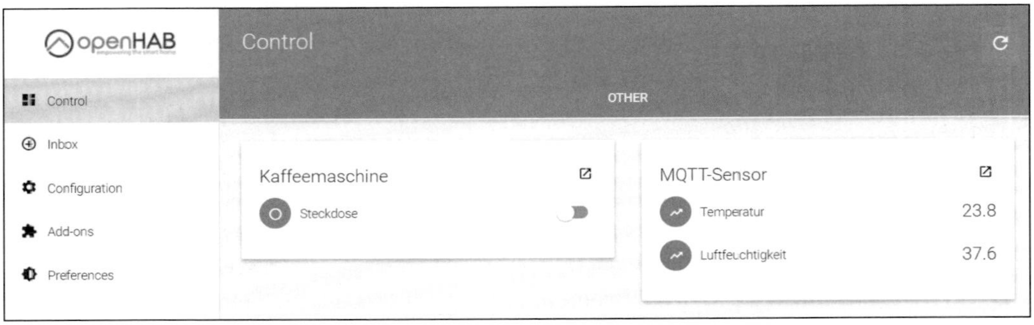

Bild 6.16 Übersicht über die Sensoren (auch die Kaffeemaschine funktioniert)

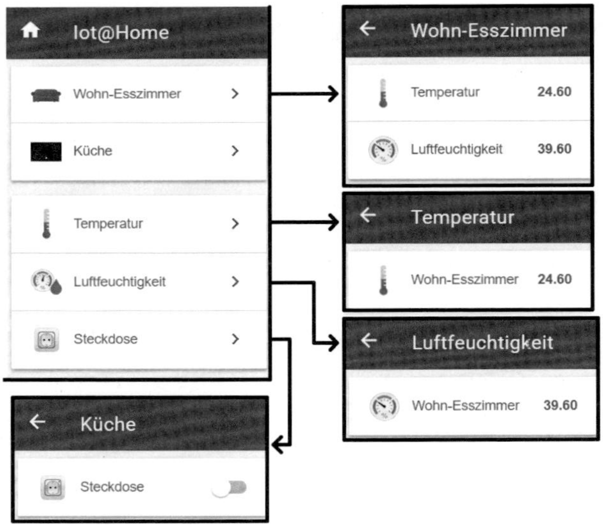

Bild 6.17 Die Basic UI zeigt auf engstem Raum alle Daten, gruppiert nach Raum oder Typ.

[20] Sie erscheinen unter der Location *OTHER*, da du bei der Erstellung die Location nicht explizit gesetzt hast. Die Verbindung auf der Sitemap hat auf diese Ansicht keinen Einfluss.

Historie von Werten speichern

So schön die Basic UI auch ist, zeigt sie leider nur die aktuellen Werte an und keine Historie, auch kann man die Reihenfolge der Elemente nicht anpassen oder gar weitere Informationen anzeigen, die nicht in der Sitemap vorhanden sind, z.B. das aktuelle Wetter. Hier kommen die Dashboards ins Spiel.

Um schöne Verlaufsdiagramme zu erhalten, musst du die Werte jedoch erst in einer Datenbank abspeichern, damit sie anschließend visualisiert werden können. Dazu hast du bereits das RRD4J Persistence Add-on installiert, das nun noch passend für deine Items konfiguriert werden muss.

RRD4J – Round Robin Database for Java

Die RRD4J ist eine etwas ungewöhnliche Datenbank, da sie im Gegensatz zu traditionellen Datenbanken im Laufe der Zeit **nicht** anwächst, sondern immer die gleiche Größe behält. Die Größe der Datenbank hängt bei RRD4J somit nicht von der Anzahl der gespeicherten Werte ab. Egal, ob 1000 oder 1 000 000 Werte gespeichert wurden, die Datenbank ist stets gleich groß.

Den Trick, um dies zu erreichen, verrät RRD4J bereits im Namen: Round Robin. Hierbei werden alte Werte in der Datenbank mit neuen Werten überschrieben. Um dabei jedoch nicht die alten Informationen vollständig zu verlieren, werden bei Platzmangel mehrere ältere Datensätze zu einem neuen aggregierten Wert zusammengefasst, wodurch wieder Platz in der Datenbank frei wird. Durch dieses Verfahren wird die Informationsdichte immer geringer, je älter die Daten sind.

Am Beispiel der Temperaturwerte könnte dies zum Beispiel so aussehen, dass von heute alle Messwerte im Minutentakt gespeichert sind, die Werte vom letzten Monat aber bereits in stündliche Werte zusammengefasst wurden. Für letztes Jahr ist lediglich noch die tägliche Durchschnittstemperatur gespeichert. Für viele Anwendungsgebiete reicht diese Art der Speicherung vollkommen aus, denn wen interessiert schon die minutengenaue Temperaturangabe von vor fünf Jahren?

Die Konfiguration von RRD4J erfolgt leider nicht aus der Paper UI, sondern in einer neuen Konfigurationsdatei: `/etc/openhab2/persistence/rrd4j.persist`. Diese legst du neu an und fügst die in Listing 6.11 dargestellten Zeilen ein.

Listing 6.11 Konfigurationsdatei rrd4j.persist

```
Strategies {
    everyMinute : "0 * * * * ?"
    everyHour   : "0 0 * * * ?"
    everyDay    : "0 0 0 * * ?"
    default = everyChange
}
Items {
    * : strategy = everyChange, restoreOnStartup
    LivingDining_Humidity : strategy = everyMinute
    LivingDining_Temperature : strategy = everyMinute
}
```

Zuerst legst du die möglichen Speicherstrategien an, die angeben, wie häufig ein Wert gespeichert werden soll (Zeile 1–6). Die Standardstrategie ist `everyChange`, d.h., es wird jedes Mal ein Wert gespeichert, wenn sich dieser ändert. Die Werte hinter `everyMinute`, `everyHour`, `everyDay` entsprechen der Syntax der Cron-Implementierung Quartz.[21] Anschließend legst du für deine Items die gewünschte Speicherstrategie fest. Für alle Items gilt, dass der Wert bei einer Änderung gespeichert werden soll. Wird openHAB gestartet, wird der letzte bekannte Wert wiederhergestellt. Für deine beiden Items *(LivingDining_Humidity und LivingDining_Humidity)*[22] verwendest du die Strategie `everyMinute`. Damit wird unabhängig von einer Änderung der Wert in die Datenbank geschrieben. Dies ist zwingend notwendig, wenn man das Diagrammmodul *(charting)* von RRD4J verwenden möchte.

> Jedes Item, das ein Verlaufsdiagramm erhalten soll, **muss** die Strategie `everyMinute` erhalten, ansonsten kann es zu Problemen bei der Darstellung kommen. ■

Sobald du die Datei gespeichert hast, übernimmt openHAB die Änderungen und zeichnet die Werte in der RRD4J-Datenbank auf.

Diagramme und Dashboards mit HABPanel

Um die Verlaufskurven und weitere Werte in einem Dashboard darzustellen, verwendest du das HABPanel (*http://iotathome:8080/habpanel/index.html*). Nachdem du es aufgerufen hast, klickst du auf FÜGE NEUES DASHBOARD HINZU, gibst einen passenden Namen ein (z.B. Wohnzimmer) und bestätigst diesen mit OK. Klickst du nun auf den Namen des Dashboards, gelangst du zur (noch leeren) Ansicht deines Dashboards.

Füge nun durch einen Klick rechts oben auf WIDGET HINZUFÜGEN ein neues Diagramm hinzu. Dieses wird nun automatisch auf dem Dashboard platziert. In der linken oberen Ecke kann man Widgets verschieben, in der rechten unteren Ecke die Größe ändern. Durch einen Klick in die rechte obere Ecke eines Widgets (...) erscheint ein kleines Menü, in dem du BEARBEITEN auswählst. Dort gibst du einen passenden Namen (z.B. Temperatur) ein, wählst beim *Typ* RRD4J und wählst das openHAB Item *LivingDining_Temperature* aus. Da deine Datenbank noch nicht so viele Werte beinhaltet, verwendest du als Zeitraum z.B. 1 h und speicherst. Anschließend klickst du links oben auf AUSFÜHREN. Sollte alles geklappt haben, erscheint nun der Verlauf deiner Temperaturkurve.

> Möchtest du wieder in den Bearbeiten-Modus zurückwechseln, klickst du auf den kleinen Bleistift neben dem Namen deines Dashboards. Dieser erscheint jedoch nur, wenn die Maus in der Nähe ist. ■

---

[21] *http://www.quartz-scheduler.org/documentation/quartz-2.x/tutorials/tutorial-lesson-06.html*

[22] Diese Namen wurden durch Home Builder festgelegt (siehe `/etc/openhab2/items/iotathome.items`).

Das Gleiche machst du jetzt noch mal für die Feuchtigkeit. Wie könnte man Temperatur und Feuchtigkeit in einem Diagramm darstellen? (Hinweis: Man kann bei *Typ* auch eine Gruppe auswählen.)

Möchtest du einzelne Werte anzeigen, verwendest du das *Dummy Widget*.

Wenn dies alles geklappt hat, ist es an der Zeit, dein eigenes Dashboard zu basteln. Wie dies aussehen könnte, siehst du in Bild 6.18. Hier wurde *Material* als *Theme* verwendet.[23]

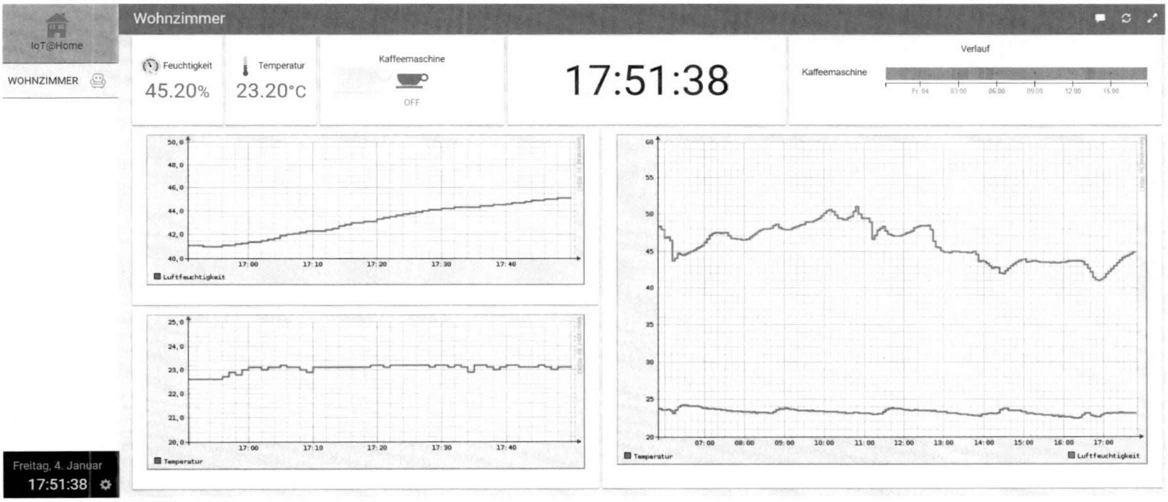

Bild 6.18 Ein einfaches Dashboard mit HABPanel (links: 1 Stunde Verlauf, rechts: 12 Stunden Verlauf)

Die aktuelle Dashboard-Konfiguration wird nur für den aktuellen Browser gespeichert. Möchtest du sie für mehrere Geräte verfügbar machen, klickst du in die HABPanel-Einstellungen (links in der Sidebar, das Zahnrädchen) und klickst dort auf SPEICHERE DIE AKTUELLE KONFIGURATION IN EINE NEUE PANEL-KONFIGURATION. Auf einem anderen Gerät wählst du über diesen Weg das gespeicherte Panel wieder aus.

[23] Den nächtlichen Kaffeeverbrauch rechts oben bitte nicht beachten.

6.4.3 Weitere Features

openHAB liefert auch einen Kommandozeilen-Client openhab-cli mit. Damit kann man die openHAB-Installation auch interaktiv administrieren. In Bild 6.19 werden die Zustände unserer Things über dieses Tool ausgelesen. Dabei werden die Subbefehle von `smarthome` verwendet.

Bild 6.19 openhab-cli: ein Kommandozeilen-Client für openHAB

Die angebotenen Features sind sehr weitreichend. Damit lassen sich auch Interna von openHAB ändern, die sonst nicht zugänglich wären. Konfiguriert man diese Interna falsch, kann man seine openHAB-Installation unter Umständen zerstören. Mehr Informationen zu `openhab-cli` und dessen Benutzung findest du unter *https://www.openhab.org/docs/administration/runtime.html* und *https://www.openhab.org/docs/administration/console.html*.

6.4.4 Auf einen Blick

Konfiguration:	teilweise über Browser, teilweise über Konfigurationsdateien
Erweiterbarkeit:	über 1500 Things, über 300 Add-ons
Sprache:	Java
Dokumentation:	sehr umfangreich, oft sehr theoretisch
Community:	aktiv
Entwicklung:	stabil, zusammen mit Eclipse SmartHome
Dashboards:	sehr einfach erstellbar
Visualisierung:	über Dashboards oder externe Tools
Komplexität:	sehr hoch
Homepage:	*https://www.openhab.org*

6.5 ioBroker

Das etwas unbekanntere ioBroker-Projekt entsprang 2014 aus dem in der HomeMatic-Community bekannten CCU.io-Projekt und setzt bei der Konfiguration durchgängig auf seine Weboberfläche. Die Bearbeitung von Konfigurationsdateien auf dem Raspberry Pi entfällt damit nach der initialen Installation komplett. Dies macht ioBroker zur perfekten Lösung für alle, die sich **nicht** ständig auf dem Raspberry Pi einloggen wollen, um ein neues Feature oder Gerät zu installieren, sondern dies bequem vom Browser aus erledigen möchten.

Die Anzahl der Adapter (Komponenten, Funktionen und Geräteklassen) beträgt aktuell um die 240[24] und deckt damit die wichtigsten Smart Home-Geräte ab. Als einziges Projekt werden sämtliche Versionsstände von Komponenten sauber und übersichtlich ausgewiesen. Neben relativ guter Dokumentation auf Deutsch und Englisch gibt es auch ein deutschsprachiges Forum, das dir bei Problemen zur Seite stehen kann. Hat man das Grundprinzip jedoch erst mal verstanden, ergeben sich erstaunlich wenige Probleme bei der Konfiguration von ioBroker. Durch die Konfiguration über das Webinterface ist man in manchen Dingen etwas eingeschränkt. Hier bieten andere Lösungen mehr Flexibilität. Interessant ist auch die Einbindung von anderen Diensten in ioBroker.[25]

Mit der hauseigenen Visualisierungslösung iobroker.vis ist es möglich, schöne und mächtige Dashboards zu erstellen, sofern man über die entsprechende Lizenz verfügt. ioBroker ist in JavaScript geschrieben und verwendet Node.js und den Paketmanager npm als Basis.

[24] *http://download.iobroker.net/list.html*

[25] Dazu später mehr (wer nicht warten kann: es gibt Adapter für FHEM und openHAB).

6.5.1 Installation

Für ioBroker gibt es natürlich auch wieder vorgefertigte Images auf der Projekt-Website *https://iobroker.net.*[26] Sucht man auf der gleichen Website nach der manuellen Installationsanleitung, erhält man mehrere, teils veraltete Links, mit leicht unterschiedlichen Installationsschritten.

ioBroker verwendet die JavaScript-Engine Node.js und die dazugehörige Paketverwaltung npm in der Version 6.0 oder höher. Leider ist diese bei älteren Raspbian-Systemen nicht in den Paketquellen vorhanden bzw. nur in einer inkompatiblen Version. Deshalb empfiehlt es sich, für den Betrieb von ioBroker Node.js direkt aus den Paketquellen von *deb.nodesource.com* zu installieren. Hierzu entfernst du erst einmal alle alten Spuren von Node, Node.js und npm von deinem System:

```
sudo apt purge npm node nodejs
```

Anschließend fügst du Nodesource als Paketquelle deinem System hinzu und installierst Node.js und ein paar weitere Pakete, die du für ioBroker benötigst:

```
wget https://deb.nodesource.com/setup_10.x
# Check setup_10.x ! Siehe Kasten
sudo -E bash setup_10.x
sudo apt install build-essential libavahi-compat-libdnssd-dev libudev-dev libpam0g-dev
nodejs
```

Wir verwenden die Version 10.x von Node.js. Diese bietet „Long Term Support" bis April 2021.

Für das Hinzufügen der Paketquellen verwendest du das Installationsskript (`setup_10.x`) von Nodesource und führst es **ungesehen** mit `root`-Rechten aus. Dies ist zwar sehr komfortabel, aber auch sehr unsicher. In diesem Skript könnte alles drinstehen und das eigene System komplett kompromittieren. Da es mit sudo und damit mit Administratorrechten ausgeführt wird, haben die Befehle darin uneingeschränkten Zugriff auf dein gesamtes System.

Wenn wir unseren Paranoia-Aluhut wieder abnehmen und uns das Skript genauer anschauen, werden wir feststellen, dass dort nur die Paketquellen hinzugefügt werden. Diese Schritte hättest du auch manuell ausführen können. Generell macht es jedoch immer Sinn, sich ein Skript aus dem Internet erst einmal anzuschauen, bevor man es mit `root`-Rechten ausführt.

Den hinzugefügten Paketquellen und den darin enthaltenen Paketen musst du natürlich auch vertrauen. Es gibt keine Garantie, dass diese keine Schadsoftware enthalten. Die Wahrscheinlichkeit ist natürlich gering.

[26] *http://www.iobroker.net/docu/?page_id=2563&lang=de* bzw *http://www.iobroker.net/docu/?ddownload=8063* für die Version vom 23. April 2018. Hier verwenden wir die reguläre Variante ohne Homematic.

Sobald diese Installation abgeschlossen ist, lädst du dir das Installationsskript von ioBroker herunter und führst es aus:

```
wget https://raw.githubusercontent.com/ioBroker/ioBroker/stable-installer/installer.sh
# Check installer.sh !
bash installer.sh
```

Im Prinzip legt dieses Skript nur einen neuen Ordner unter `/opt/iobroker` mit entsprechenden Rechten an und führt darin `npm install iobroker` aus. Nachdem zusätzlich noch ein paar weitere Dinge überprüft werden, verwendest du dennoch lieber das Installationsskript. Anschließend ist ioBroker erfolgreich installiert und wartet auf Port 8081.[27]

Rufst du nun die Admin-Oberfläche unter *http://iotathome:8081* auf, wirst du von einer Lizenzvereinbarung begrüßt (Bild 6.20). Die verwendete MIT-Lizenz ist im Prinzip absolut in Ordnung und wird weltweit im Open-Source-Bereich verwendet. Jedoch musst du neben der eigentlichen Lizenz auch der Sammlung anonymer Benutzerstatistiken zustimmen, bevor du fortfahren darfst. Diese Statistiken lassen sich jedoch später in den Optionen wieder deaktivieren.[28] Diese Kombination aus Lizenzvereinbarung und Zustimmung zu anonymen Benutzerstatistiken ist dennoch zugegebenermaßen etwas ungewöhnlich. Sobald du diesen Dialog erfolgreich bestätigt hast, erscheint ein Konfigurationsdialog für die initiale Einrichtung, und direkt danach versucht ioBroker auch schon, die ersten Gadgets und Geräte in deinem Netzwerk zu finden. Die entsprechenden Dialoge bestätigst du einfach.

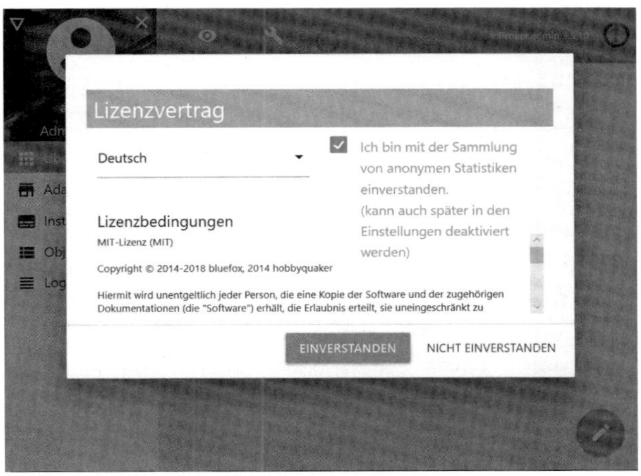

Bild 6.20 Der Lizenzvertrag von ioBroker zur Begrüßung: Ohne Einwilligung in anonyme Statistiken kommst du hier – unabhängig von der Lizenz – leider nicht weiter.

[27] Und auf Port 8082, dazu aber später mehr.

[28] Die gesammelten Daten sind auf den ersten Blick unkritisch, da sie nur die installierten Paketversionen enthalten. Immerhin ist ioBroker hier sehr transparent bezüglich der Erhebung und Nutzung von Daten.

Username und Passwort setzen

Möchtest du anschließend deine Installation noch mit einem Passwort absichern, klickst du links im Menü auf INSTANZEN. Im erscheinenden Fenster klickst du neben dem *Adapter admin.0* auf den kleinen Schraubenschlüssel, um die *Einstellungen* zu öffnen. Um die Passwortabfrage zu aktivieren, setzt du das Häkchen bei *Authentifikation*. Im folgenden Pop-up-Fenster wird korrekt darauf hingewiesen, dass das Passwort in diesem Fall im Klartext übertragen wird und man besser *HTTPS*-Support aktivieren sollte.

Dies kannst du in der gleichen Maske direkt einstellen. Hierzu setzt du das Häkchen bei *Verschlüsselung (HTTPS) benutzen* und wählst anschließend ein passendes öffentliches und privates Zertifikat aus. Es handelt sich hierbei auch um ein Self-Signed-Zertifikat (siehe Abschnitt 6.1.1.2), das von den Autoren von ioBroker **einmal** angelegt und für **alle** ioBroker-Installationen samt privatem Schlüssel ausgeliefert wurde. Damit ist dieses Zertifikat **in jedem Fall** als unsicher einzustufen. Immerhin ist es mittlerweile auch schon seit 2017 abgelaufen. In diesem Fall solltest du also lieber bewusst unsicher per HTTP arbeiten (sofern du dich nur im geschützten heimischen WLAN befindest), oder du erstellst ein passendes Zertifikat, wie in Abschnitt 6.1.1.2 beschrieben.

Das Standardpasswort von `admin` lautet wenig überraschend `iobroker`. Du solltest dieses also direkt ändern. Hierzu klickst du links oben auf das kleine Dreieck und wählst *Benutzer* an. Im Menü links sollte nun ein neuer Eintrag *(Benutzer)* erscheinen. Sobald du daraufklickst, erscheint die Benutzer- und Gruppenverwaltung. Auf der rechten Seite findest du unseren Admin-Benutzer. Durch einen Klick auf den Bleistift kannst du seine Details, wie z. B. das Passwort, bearbeiten.

Sobald du ioBroker erneut mit deinem Browser aufrufst, solltest du mit einem Passwortdialog begrüßt werden.

6.5.2 Einrichtung des MQTT-Sensors

Ein letztes Mal wollen wir den MQTT-Sensor in ein Smart Home-Gateway einbauen und ansprechend visualisieren lassen. Hierzu musst du jedoch zunächst einmal die Sprache von ioBroker verstehen, damit du dich nicht von den Begriffen verwirren lässt:

Adapter	Funktionalität, die du ioBroker hinzufügen kannst, vergleichbar mit Components bei Home Assistant. Um einen Adapter zu installieren, musst du eine Instanz von ihm hinzufügen. Jeden Adapter gibt es exakt einmal. Beispiele: `mqtt-client`, `yr.no`
Instanz	Die Instanz eines Adapters repräsentiert die Funktionalität eines Adapters zusammen mit einer passenden Konfiguration. Es können beliebig viele Instanzen eines Adapters vorhanden sein, dabei bekommt jede Instanz ihre eigene Nummer, beginnend bei 0. Beispiele: `mqtt-client.0`, `mqtt-client.1`

Objekte	Ein Objekt repräsentiert eine Eigenschaft einer Instanz, z. B. einen Wert eines Sensors. Eine Instanz kann beliebig viele Objekte besitzen. Objekte können hierarchisch aufgebaut sein. Beispiel: `mqtt-client.0.sensors.zimmer_1.hum`
Aufzählungen	Gruppierung von Objekten zu Räumen oder Funktionen, z. B. Wohnzimmer (`enums.rooms.wohnzimmer`) oder Sensoren (`enums.functions.sensoren`). Ein Objekt kann mehreren Aufzählungen zugeordnet sein.

Installation der notwendigen Adapter

Da der Sensor ein MQTT-Device ist, benötigst du zuallererst einen passenden Adapter. Dazu suchst du in der Adapteransicht nach *MQTT-Client* **(1)** und installierst eine Instanz davon mit einem Klick **(2)** auf das kleine Plussymbol (Bild 6.21). Sobald die Installation nach ein paar Sekunden abgeschlossen ist, erscheint der Konfigurationsdialog für den MQTT-Client. Hier füllst du die Details deines MQTT Brokers ein, gibst unten unter *zusätzliche Subscriptions* deine beiden Topics durch ein Komma getrennt ein (`sensors/zimmer_1/temp, sensors/zimmer_1/hum`) und klickst anschließend auf SPEICHERN UND SCHLIESSEN.

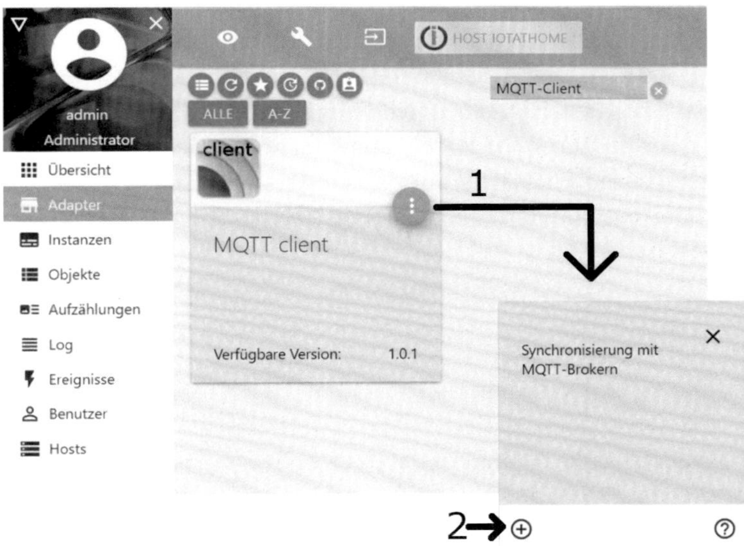

Bild 6.21 Installation des MQTT-Client-Adapters

Über den gleichen Weg installierst du außerdem noch die Adapter *history* und *Flot-Diagramme*. Die entsprechenden Standardeinstellungen kannst du übernehmen. Der *Web*-Adapter wird automatisch mit installiert. Dieser Adapter öffnet eine weitere Weboberfläche unter *http://iotathome:8082*. Wenn alles geklappt hat, erscheinen alle deine neuen Adapterinstanzen auf der Instanzenübersicht und zeigen dort einen grünen Status an (Bild 6.22).

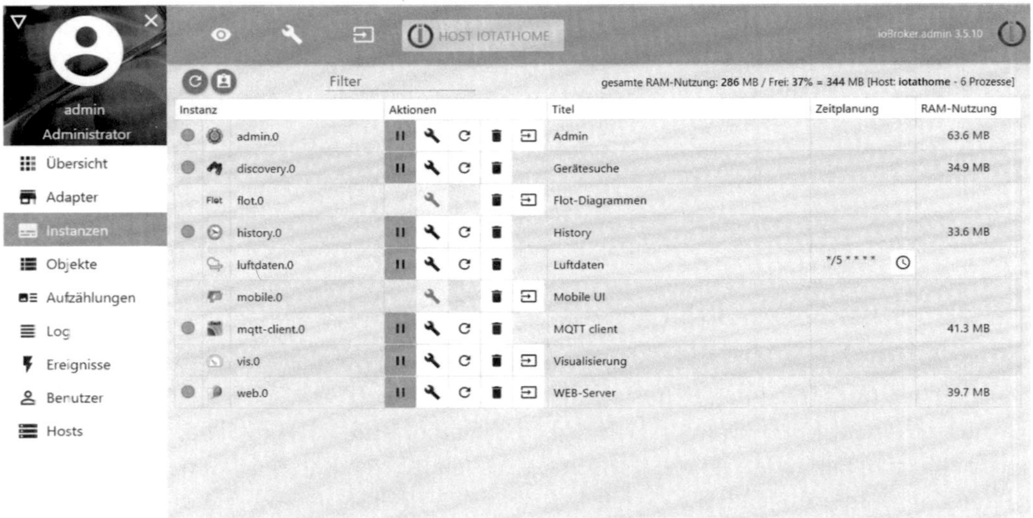

Bild 6.22 Alle notwendigen Adapterinstanzen sind installiert und funktionsfähig (grün). Unter *Aktionen* findet sich auch der Link zur neuen Weboberfläche (rechtes Icon unter *Aktionen*).

Bevor du mit den Objekten weitermachst, erstellst du unter *Aufzählungen* erst noch einen passenden *Raum*, dem du deine Sensorobjekte hinzufügen kannst (Bild 6.23). Hierzu klickst du zuerst auf den Reiter *Räume* und dort auf das eckige Plussymbol **(1)**. In unserem Beispiel sind die Sensoren im *Wohnzimmer* angebracht. Um deine Sensoren also z. B. dem Wohnzimmer zuzuweisen, klickst du auf das Editieren-Symbol **(2)** und ziehst anschließend die beiden Sensoren mit der Maus per Drag & Drop **(3)** in dein neues Wohnzimmer.

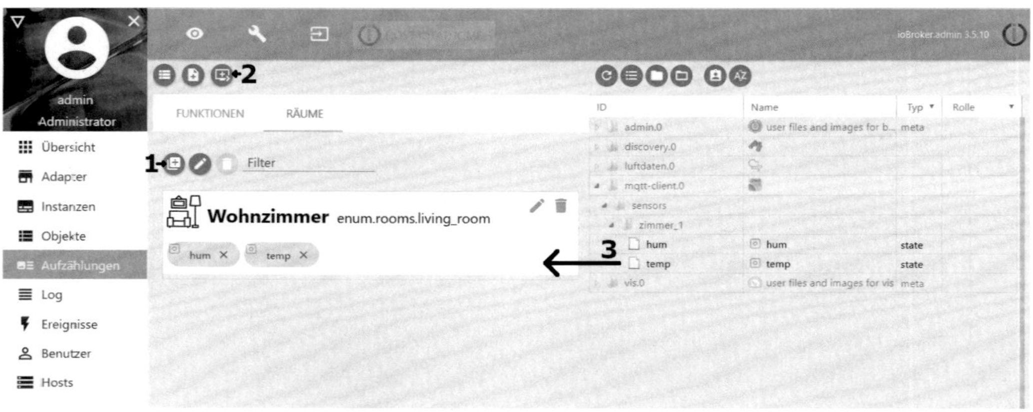

Bild 6.23 Das neue Wohnzimmer mit den beiden MQTT-Sensoren

Innerhalb von ioBroker funktionieren verschiedene Komponenten nur dann korrekt, wenn ein Objekt einer passenden Aufzählung (Funktion oder Raum) hinzugefügt wurde. Damit soll vermieden werden, dass ungenutzte Objekte bei Auswahlmenüs den Endanwender verwirren. ■

Sobald dies erledigt ist, kannst du zwar deine Sensorobjekte verwenden, jedoch im Moment nur jeweils den aktuellen Wert. Um den Verlauf deiner Werte anzeigen lassen zu können, musst du die Werte mit protokollieren lassen, indem du eine History-Instanz zuweist. Hierzu wechselst du zu den *Objekten* und klappst alles unter *mqtt-sensor.0* auf, bis du *hum* und *temp* findest. Hier siehst du auch in der Spalte *Raum,* dass sie nun dem *Wohnzimmer* angehören, sowie den aktuellen Wert (Bild 6.24). Über das Schraubenschlüsselsymbol gelangst du zu den Einstellungen für das jeweilige Objekt. Dort musst du auf EINSTELLUNGEN FÜR HISTORY.0 klicken und je ein Häkchen bei *Aktiviert* und *Änderungen aufzeichnen* setzen. Um eine schnellere Visualisierung zu erhalten, stellst du die maximale Anzahl an Datenpunkten im RAM auf 250. Dies führst du einmal für *hum* und einmal für *temp* aus.

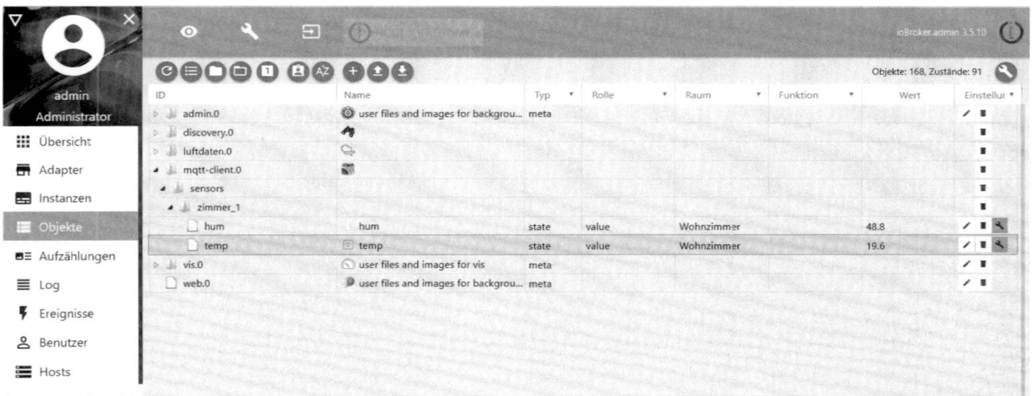

Bild 6.24 Übersicht über die ioBroker-Objekte mit ihren Werten

Neue Weboberfläche und Visualisierung mit Flot

Nachdem du die History-Instanz zugewiesen hast, siehst du leider immer noch nichts von einer Visualisierung. Das liegt daran, dass du dich aktuell auf der Administrationsoberfläche von ioBroker befindest. Durch die Installation von z. B. Flot wird auch die allgemeine Weboberfläche durch den Adapter *Web* installiert. Du kannst diesen entweder durch einen Klick auf die Aktion *Adapter-Webseite öffnen* bei den Instanzen aufrufen (Bild 6.22) oder indem du einfach *http://iobroker:8082* aufrufst. Hier findest du auch den Link zu Flot: *http://iotathome:8082/flot/edit.html.* Rufst du diesen nun auf, erscheinen eine Menge Eingabefelder, die du füllen musst, um dein Diagramm zu erhalten.

Unter *Instanz* wählst du *history.0* aus der Dropdown-Liste, die ID suchst du über einen Klick auf das Ordnersymbol und wählst dort deinen Feuchtigkeitssensor *mqtt-client.0.sensors.zimmer_1.hum* aus. Um die Temperatur anzuzeigen, klickst du oben auf Linie hinzufügen und setzt das Häkchen bei *Auto-update*. Dann wählst du analog die entsprechende ID aus. Der erste Graph sollte nun erscheinen. Die anderen Felder sind weitestgehend selbsterklärend. Wer Inspiration sucht, findet diese in Bild 6.25.

Unter dem Registereiter *Zeit* lässt sich die Zeitspanne einstellen, die du gerne angezeigt hättest. Wählst du hier einen Wert für Autoupdate, „scrollt" der Graph im Laufe der Zeit mit. Dies ist praktisch, wenn man den Graphen ständig auf einem Info-Monitor anzeigen lassen möchte.

Etwas versteckt findest du unter dem Registerreiter *Options* die sehr wichtige Option *Aktiviere Zoom und schieben*, die den Graphen interaktiv macht. Auf die Art lässt er sich deutlich besser auswerten. Im gleichen Register kannst du auch noch angeben, ob eine Legende angezeigt werden soll oder nicht.

Hast du den Graphen erfolgreich konfiguriert, speicherst du ihn als Preset ab. Über den Registerreiter *Presets* kannst du ihn dort auch später wiederfinden.

Möchtest du den Graphen ohne Konfiguration im Vollbild anzeigen lassen, klickst du rechts auf Zeige im Fenster. Möchtest du diese Vollbildansicht direkt aufrufen, musst du dir leider im Moment noch die URL als Favorit im Browser speichern. Das direkte Auswählen von Presets über die URL selbst funktioniert leider derzeit noch nicht.

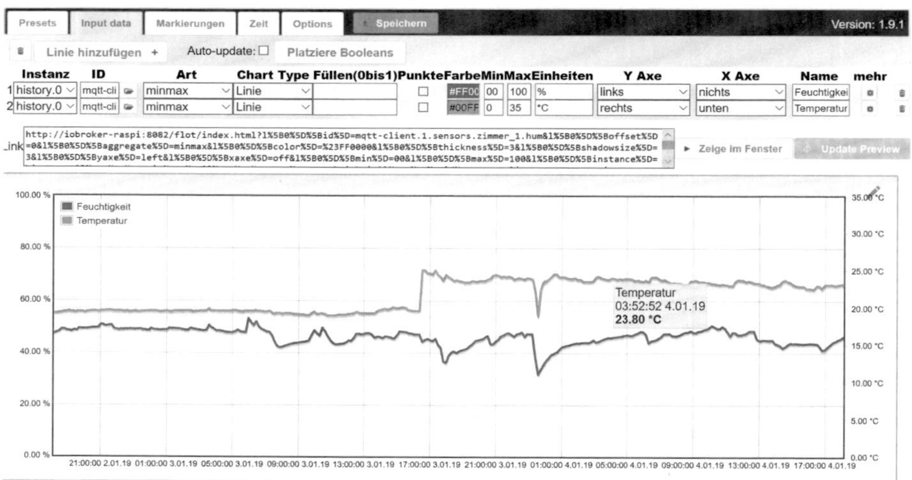

Bild 6.25 Flot-Diagramme in ioBroker (oben: Settings, unten: Vorschau)

6.5.3 Weitere Features

Ein weiteres Feature von ioBroker, das nicht unerwähnt bleiben soll, ist die hauseigene Visualisierungslösung ioBroker.vis. Sie verspricht, dass man alle Informationen seiner Smart Home-Landschaft mit wenigen Klicks in ansprechenden Dashboards darstellen kann. Probiert man ioBroker.vis aus, stellt man jedoch sehr schnell fest, dass dieses Tool sehr mächtig ist und durchaus eine gewisse Lernkurve hat. Dennoch ist eine einfache Visualisierung von Zuständen tatsächlich mit ein paar Klicks erledigt. Mit ein paar Minuten Aufwand kann man sich ein einfaches Dashboard wie in Bild 6.27 zusammenstellen, für schönere Dashboards muss man schon etwas mehr Zeit investieren. Man hat dabei alle Möglichkeiten, die einem HTML, SVG und CSS bieten. Als Anregung, wie ein ioBroker.vis-Dashboard am Ende aussehen kann, lohnt es sich definitiv, nach Beispielen zu recherchieren. Die jeweiligen Ersteller haben jedoch vermutlich einiges an Zeit und Kreativität in diese Ergebnisse investiert.[29] Eine erste Übersicht findest du unter *https://iobroker.click*.

Dennoch möchten wir dir kurz zeigen, wie du dein erstes Widget auf ein Dashboard bekommst. Dazu installierst du zuerst den Adapter *Visualisierung* und akzeptierst die Lizenzbedingungen.[30] Anschließend gibst du im Konfigurationsdialog einen Lizenzschlüssel an. Eine Installation von iobroker.vis ist für Privatanwender[31] kostenlos, die passende Lizenz bekommst du nach der Registrierung auf iobroker.net per E-Mail zugeschickt. Sobald der Registrierungsvorgang erfolgreich abgeschlossen wurde und du den Lizenzschlüssel eingegeben hast, kannst du vis unter *http://iotathome:8082/vis/edit.html* aufrufen und wirst mit der DemoView im Editor begrüßt (siehe Bild 6.26).[32]

Du klickst nun auf den Registerreiter *Views* **(1)** und fügst durch einen Klick auf das Plussymbol eine neue View (z. B. *Wohnzimmer*) hinzu. Aus der Liste links suchst du das Widget *Meter Gauge* **(2)** und ziehst es in deine Wohnzimmer-View **(3)**. Nun wählst du im rechten Teil des Fensters *(Eigenschaften)* unter *Allgemein* die *Object ID* aus **(4)**. Hier wählst du den Feuchtigkeitssensor *mqtt-client.0.sensors.zimmer_1.hum* und vergibst anschließend noch einen passenden Titel für dein Widget. Nun sollte der Zeiger schon den aktuellen Feuchtigkeitswert anzeigen. Um das Feuchtigkeits-Widget etwas schöner zu gestalten, färbst du die Intervalle noch entsprechend ein, indem du etwas weiter unten bei den *Eigenschaften* unter *Intervale* **(5)** den Wert `20;40;60;80;100` und unter *Intervalfarben* den Wert `red;yellow;green;yellow;red` eingibst. Anschließend setzt du den inneren Radius auf 90, den äußeren auf 120.

Damit hast du ein relativ anschauliches Widget, das du nun unter *http://iotathome:8082/vis/index.html#Wohnzimmer* anschauen und verwenden kannst (Bild 6.27).

[29] Leider fehlt uns hier die künstlerische Ader.

[30] Sofern du sie gelesen und verstanden hast und damit einverstanden bist.

[31] Für den kommerziellen Einsatz werden derzeit 100 € netto pro Installation fällig.

[32] Zum leichteren Verständnis der nächsten Schritte wurde in Bild 6.26 auch schon das Widget Meter Gauge verwendet, um die passenden Stellen im Screenshot hervorzuheben, siehe Schritte **(1)** bis **(5)**.

Bild 6.26 DemoView im iobroker.vis-Editor: Viele Möglichkeiten und Optionen stehen zur Auswahl.

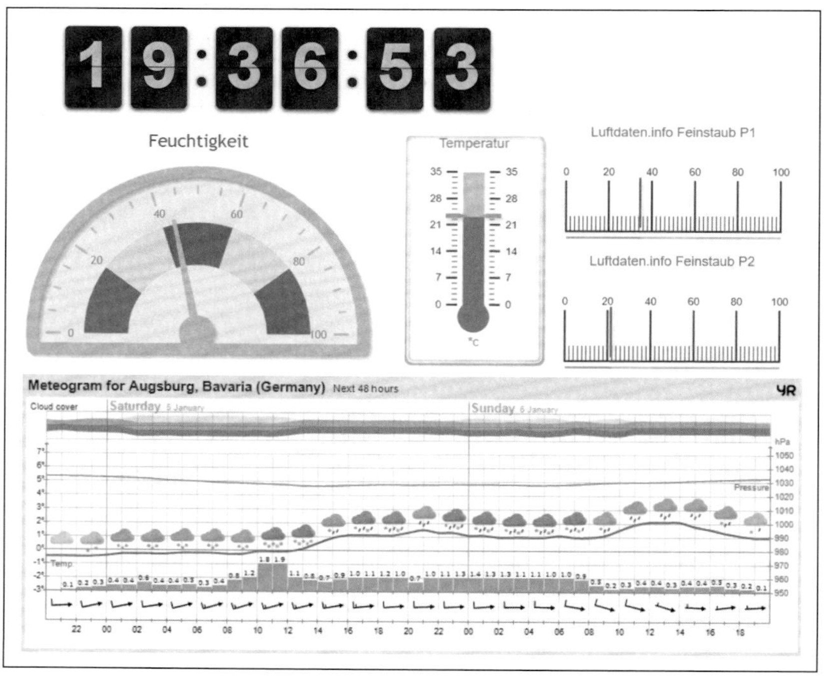

Bild 6.27 iobroker.vis-Dashboard

FHEM und openHAB als Adapter für ioBroker

Wenn du dir die Liste der verfügbaren Adapter durchliest, erscheinen dort nicht nur viele Bekannte, die du schon von Home Assistant her kennst (z. B. der Wetterdienst yr.no), sondern auch zwei ganz besondere Adapter: FHEM und openHAB. Richtig gelesen, ioBroker bietet eine Integration der beiden Smart Home-Plattformen an und kann z. B. deren Geräte und Sensoren einfach mitbenutzen. ioBroker, bzw. speziell iobroker.vis, kann damit als alternative Weboberfläche dienen.

Um den FHEM-Adapter nutzen zu können, musst du dort die Telnet-Schnittstelle aktivieren und solltest sie mit einem Passwort schützen. Also wechselst du fix zur FHEM-Installation unter *http://iotathome:8083*[33] und führst im Kommandofeld die in Listing 6.12 dargestellten Befehle aus.

Listing 6.12 Telnet aktivieren für den FHEM-Adapter

```
define tPort telnet 7072 global
define allowedTelnet allowed
set allowed password PASSWORD
attr allowed validFor tPort
```

Anschließend installierst du in ioBroker den FHEM-Adapter, gibst dort das soeben gesetzte Passwort ein und speicherst. Wechselst du danach zu *Objekte*, erscheint dort ein neuer Eintrag *fhem.0*, unter dem du alle FHEM-Internas findest, z. B. den MQTT-Sensor (Bild 6.28).

Für die openHAB-Integration musst du nur den passenden Adapter installieren und die IP-Adresse deiner openHAB-Installation eingeben. Danach erscheinen auch die Items aus openHAB als Objekte (Bild 6.28).

Wir hätten uns also theoretisch einen Teil der Arbeit aus Abschnitt 6.5.2 sparen können, aber so schließt sich der Kreis zum Anfang des Kapitels.

[33] Port 8080, 8081, 8082, 8083 ... (nur Home Assistant fällt aus der Reihe)

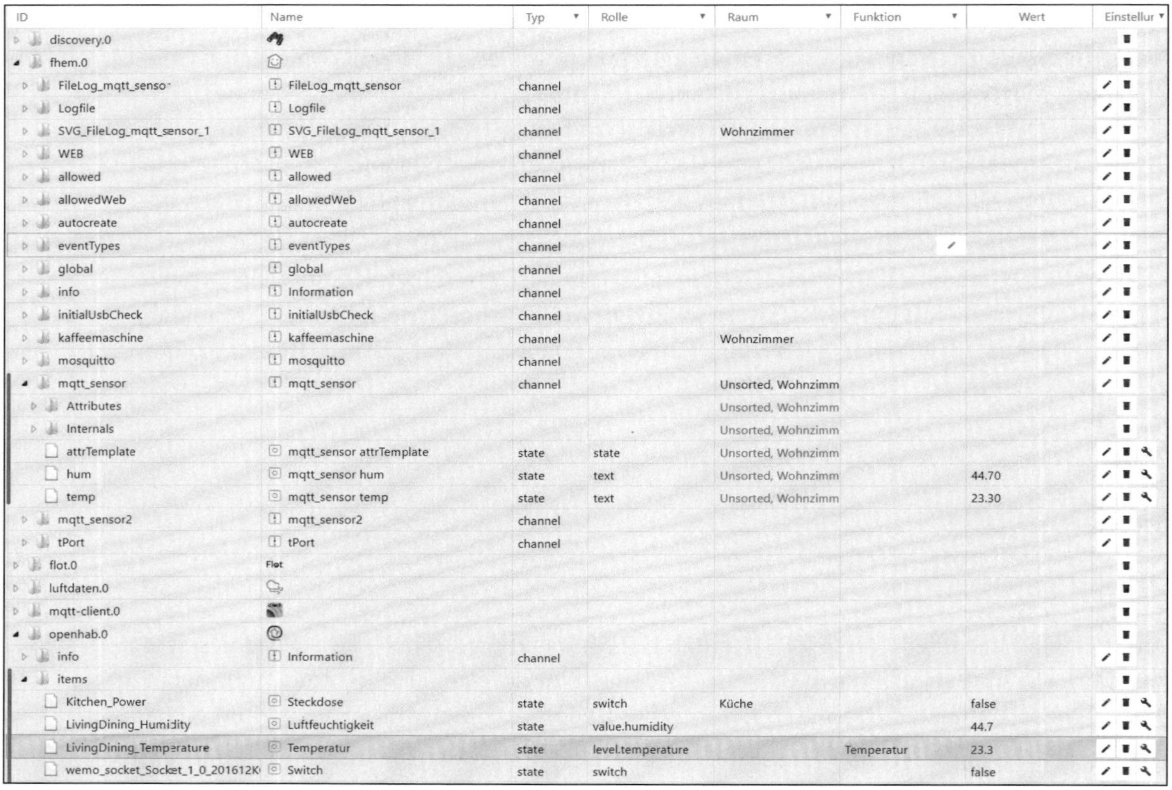

ID	Name	Typ	Rolle	Raum	Funktion	Wert	Einstellur
discovery.0							
fhem.0							
FileLog_mqtt_senso·	FileLog_mqtt_sensor	channel					
Logfile	Logfile	channel					
SVG_FileLog_mqtt_sensor_1	SVG_FileLog_mqtt_sensor_1	channel		Wohnzimmer			
WEB	WEB	channel					
allowed	allowed	channel					
allowedWeb	allowedWeb	channel					
autocreate	autocreate	channel					
eventTypes	eventTypes	channel					
global	global	channel					
info	Information	channel					
initialUsbCheck	initialUsbCheck	channel					
kaffeemaschine	kaffeemaschine	channel		Wohnzimmer			
mosquitto	mosquitto	channel					
mqtt_sensor	mqtt_sensor	channel		Unsorted, Wohnzimm			
Attributes				Unsorted, Wohnzimm			
Internals				Unsorted, Wohnzimm			
attrTemplate	mqtt_sensor attrTemplate	state	state	Unsorted, Wohnzimm			
hum	mqtt_sensor hum	state	text	Unsorted, Wohnzimm		44.70	
temp	mqtt_sensor temp	state	text	Unsorted, Wohnzimm		23.30	
mqtt_sensor2	mqtt_sensor2	channel					
tPort	tPort	channel					
flot.0	Flot						
luftdaten.0							
mqtt-client.0							
openhab.0							
info	Information	channel					
items							
Kitchen_Power	Steckdose	state	switch	Küche		false	
LivingDining_Humidity	Luftfeuchtigkeit	state	value.humidity			44.7	
LivingDining_Temperature	Temperatur	state	level.temperature		Temperatur	23.3	
wemo_socket_Socket_1_0_201612K	Switch	state	switch			false	

Bild 6.28 openHAB- und FHEM-Adapter in ioBroker: Hier sollte dir einiges bekannt vorkommen.

6.5.4 Auf einen Blick

Konfiguration: browserbasiert
Erweiterbarkeit: 240 Adapter
Sprache: JavaScript/Node.js
Dokumentation: gut in Deutsch, Englisch
Community: kleine, aktive deutschsprachige Community
Entwicklung: aktiv
Dashboards: mittels iobroker.vis (benötigt eine Lizenz)
Visualisierung: ja, über Flot oder vis
Komplexität: einfach
Homepage: *http://www.iobroker.net*

Stichwortverzeichnis

E

F

G

H

I

J

K

L

M

N

O

P

R

S

T

U

V

W